高等职业教育精品工程系列教材

电气控制及 PLC 应用技术
（基于西门子 S7-1200）

主 编 汤 平 李 纯

电子工业出版社

Publishing House of Electronics Industry

北京·BEIJING

内 容 简 介

本书以典型电气控制系统及西门子 S7-1200 PLC 为主要学习内容，系统地介绍低压电器、PLC、变频器、伺服系统、触摸屏、工业自动化网络等自动化系统的知识及典型应用。

本书分为 4 部分，第 1、2 部分系统地介绍了低压电器控制与西门子 S7-1200 PLC 技术的相关基础知识及应用技术，将这些知识碎片化成知识卡，共设计 9 个项目 20 个知识卡，既方便学生根据工作过程需要来学习，又不失知识的系统性和完整性，为工程应用打下坚实基础；第 3、4 部分将实训教程活页化，设计 30 个实训卡，将常用的交流电动机控制、PLC 编程组态及变频控制、运动控制、触摸屏控制、网络通信等典型应用包含其中，通过实操全面掌握电气控制、PLC 控制与西门子博途软件的操作与应用。

本书可供高职高专电气自动化类、机电一体化类、智能控制类、应用电子类、智能楼宇类等专业使用，也可作为电气控制工程技术人员的自学参考书或培训教材。

未经许可，不得以任何方式复制或抄袭本书之部分或全部内容。
版权所有，侵权必究。

图书在版编目（CIP）数据

电气控制及 PLC 应用技术：基于西门子 S7-1200 / 汤平，李纯主编. —北京：电子工业出版社，2022.5
ISBN 978-7-121-43548-5

Ⅰ. ①电… Ⅱ. ①汤… ②李… Ⅲ. ①电气控制－高等学校－教材②PLC 技术－高等学校－教材
Ⅳ. ①TM571.2②TM571.6

中国版本图书馆 CIP 数据核字（2022）第 088689 号

责任编辑：郭乃明　　特约编辑：田学清
印　　刷：中煤（北京）印务有限公司
装　　订：中煤（北京）印务有限公司
出版发行：电子工业出版社
　　　　　北京市海淀区万寿路 173 信箱　邮编　100036
开　　本：787×1092　1/16　印张：26.25　字数：688 千字
版　　次：2022 年 5 月第 1 版
印　　次：2022 年 5 月第 1 次印刷
定　　价：59.00 元

凡所购买电子工业出版社图书有缺损问题，请向购买书店调换。若书店售缺，请与本社发行部联系，联系及邮购电话：（010）88254888，88258888。
质量投诉请发邮件至 zlts@phei.com.cn，盗版侵权举报请发邮件至 dbqq@phei.com.cn。
本书咨询联系方式：（010）88254561，guonm@phei.com.cn。

前　言

本书是中国特色高水平高职学校和专业建设计划（简称"双高计划"）专业群——智能控制技术专业群建设项目的研究成果，根据高等职业教育产教融合、服务经济转型升级，适应国家"中国制造 2025"战略规划的需要，紧跟工业互联网、数字孪生等技术热点，以职业岗位对专业知识和技能的需要来确定教材的知识深度和范围；按照高职高专培养高素质技术技能人才的要求，突出应用型知识的学习和应用技能的培养；兼顾 1+X 工业互联网实施与运维职业技能等级证书及国家职业技能证书——维修电工的需要；结合低压电器、PLC 控制技术的实际应用和发展趋势，在 PLC 部分以西门子 S7-1200 为学习对象，具有较强的针对性、实用性和先进性。本书对所需知识进行碎片化处理，分为 20 个知识卡；对实训部分进行活页化处理，分为 30 个实训卡，满足了建设高职高专教材工作手册式、活页式新型教材的需要，充分体现了高职高专教材知识碎片化、实训活页化、应用系统化的特点。

本书项目 1、项目 2 主要介绍常用的低压电器控制系统中电气元件的原理、结构、符号和元件的选用、典型的低压电器控制电路分析和设计。项目 3~项目 9 主要介绍 PLC 的基础知识，西门子 S7-1200 硬件选型、指令系统、编程方法、系统设计及电动机控制、变频器控制、运动控制、触摸屏控制和网络通信等典型工业应用案例。

本书由重庆航天职业技术学院汤平和李纯主编，汤平编写了本书 1、2 部分的项目 1~3、项目 7~9 和第 3、4 部分；李纯编写了本书 1、2 部分的项目 4~6。在本书的编写过程中得到了重庆航天职业技术学院、重庆市松澜科技有限公司、重庆长安汽车股份有限公司的大力支持，在此一并表示感谢。

为了方便教材使用，本书配有电子教案和习题参考答案，如有需要请联系出版社或到华信教育资源网（https://www.hxedu.com.cn）注册登录后免费下载。由于作者学识水平和时间有限，书中难免会存在疏漏和不足之处，敬请广大读者不吝赐教。作者联系方式：492357042@qq.com。

目　　录

第 1 部分　低压电器控制知识 ··· 1

项目 1　低压电器知识 ··· 2

知识卡 1　安全用电基本知识 ··· 2
　　一、用电常识 ·· 2
　　二、触电事故 ·· 3
　　三、触电急救 ·· 5

知识卡 2　常用低压电器知识 ··· 8
　　一、低压电器的结构 ··· 8
　　二、低压熔断器 ··· 10
　　三、低压隔离器 ··· 12
　　四、低压断路器 ··· 13
　　五、接触器 ·· 14
　　六、继电器 ·· 15
　　七、主令电器 ·· 18

练习卡 1 ··· 22

项目 2　交流电动机控制电路知识 ·· 25

知识卡 3　电动机及控制电路基础知识 ·· 25
　　一、交流电动机基础知识 ·· 25
　　二、三相异步电动机调速知识 ·· 28
　　三、电气识图、制图基础知识 ·· 29
　　四、电气控制系统图纸 ··· 31
　　五、阅读和分析电气控制线路图的方法 ·· 35

知识卡 4　三相异步电动机控制电路 ··· 37

练习卡 2 ··· 56

第 2 部分　西门子 S7-1200 应用知识 ·· 57

项目 3　可编程控制器（PLC） ·· 58

知识卡 5　可编程控制器基础知识 ·· 58
　　一、概述 ·· 58
　　二、PLC 的分类与特点 ··· 59

三、PLC 的结构及工作原理 ·· 61
　　四、PLC 的基本技术指标及应用领域 ·································· 65
知识卡 6　S7-1200 硬件基础 ··· 67
　　一、CPU 模块 ·· 67
　　二、I/O 信号模块 ··· 71
　　三、通信板与通信模块 ·· 77
　　四、PLC 选型 ·· 78
练习卡 3 ··· 84

项目 4　西门子 S7-1200 编程基础知识 ·································· 86

知识卡 7　西门子博途软件 ·· 86
　　一、开发环境 ·· 86
　　二、博途 V14 的基本使用 ·· 87
　　三、博途软件编程 ·· 91
　　四、程序的调试、运行监控与故障诊断 ······························· 93
知识卡 8　S7-1200 的编程基础 ··· 95
　　一、编程语言 ·· 95
　　二、数据 ··· 97
　　三、存储区与地址 ·· 99
知识卡 9　S7-1200 指令及应用 ·· 103
　　一、指令的知识 ·· 103
　　二、S7-1200 基本指令 ·· 104
　　三、S7-1200 扩展指令 ·· 128
练习卡 4 ··· 132

项目 5　西门子 S7-1200 程序结构 ·· 135

知识卡 10　S7-1200 用户程序结构 ··· 135
　　一、西门子 PLC 程序结构 ··· 135
　　二、FC 编写与调用 ··· 138
　　三、FB 编写与调用 ··· 140
　　四、块的区别 ··· 141
知识卡 11　中断事件与中断指令 ·· 142
　　一、事件与 OB ··· 142
　　二、初始化 OB 与循环中断 OB ·· 143
　　三、时间中断 OB ·· 145
　　四、硬件中断 OB ·· 145
　　五、延时中断 OB ·· 147
练习卡 5 ··· 148

项目6　PLC程序设计方法 ··· 150

知识卡12　顺序功能图设计法及应用 ·· 150
一、顺序功能图知识 ·· 150
二、根据顺序功能图编写LAD ·· 153

知识卡13　经验设计法及其他设计方法 ·· 159
一、经验设计法及应用 ·· 159
二、时序图设计法及应用 ·· 166
三、逻辑设计法 ·· 168

练习卡6 ·· 169

项目7　PLC控制系统设计与应用 ··· 173

知识卡14　PLC控制系统设计 ·· 173
一、PLC控制系统设计概述 ·· 173
二、PLC控制系统硬件设计 ·· 175
三、PLC系统软件设计 ·· 179
四、PLC控制系统的安装、调试、试运行及维护 ·· 184

知识卡15　PLC在工业控制中的应用 ·· 186

练习卡7 ·· 205

项目8　西门子S7-1200通信与网络技术 ··· 207

知识卡16　S7-1200 PROFINET和PROFIBUS通信技术 ··································· 207
一、S7-1200通信技术概述 ··· 207
二、PROFINET通信技术 ··· 212
三、PROFIBUS通信技术 ··· 222

知识卡17　S7-1200其他通信技术 ·· 227
一、西门子S7通信技术 ·· 227
二、AS-i通信技术 ··· 228
三、Modbus通信技术 ··· 229
四、串行通信技术 ··· 230

练习卡8 ·· 240

项目9　西门子S7-1200高级应用 ·· 242

知识卡18　变频器控制 ·· 242
一、PLC控制变频器端子方式 ·· 242
二、PLC以通信方式控制变频器 ·· 248

知识卡19　高速计数器、高速脉冲与运动控制 ··· 255
一、高速计数器 ·· 255
二、高速脉冲 ·· 261
三、运动控制 ·· 264

知识卡 20　触摸屏组态与应用 282
　　　　一、精简系列面板 282
　　　　二、精简系列面板的画面组态 283
　　　　三、精简系列面板的仿真与运行 289
　　练习卡 9 291

第 3 部分　电气控制实训指导 292

　　实训卡 1　三相电动机手动控制电路的安装与调试 293
　　实训卡 2　三相电动机长动控制电路的安装与调试 297
　　实训卡 3　带过载保护长动控制电路的安装与调试 301
　　实训卡 4　三相电动机两地启/停长动控制电路的安装与调试 303
　　实训卡 5　三相电动机点动与长动控制电路的安装与调试 307
　　实训卡 6　三相电动机电气互锁正、反转控制电路的安装与调试 309
　　实训卡 7　三相电动机双重互锁正、反转控制电路的安装与调试 313
　　实训卡 8　三相电动机自动往返运动控制电路的安装与调试 317
　　实训卡 9　三相电动机顺序启动、同时停止控制电路的安装与调试 321
　　实训卡 10　三相电动机星-三角降压启动控制电路的安装与调试 325
　　实训卡 11　双速三相电动机手动调速控制电路的安装与调试 329
　　实训卡 12　三相电动机反接制动控制电路的安装与调试 333
　　实训卡 13　三相电动机时间原则能耗制动控制电路的安装与调试 337
　　实训卡 14　外接模拟量变频控制电路的安装与调试 341
　　实训卡 15　外接开关量变频器控制电路的安装与调试 345

第 4 部分　PLC 控制实训指导 349

　　实训卡 16　西门子博途软件的使用 351
　　实训卡 17　基本指令编程 357
　　实训卡 18　定时与计数编程 361
　　实训卡 19　单台电动机三地启/停控制 365
　　实训卡 20　四人抢答器控制 369
　　实训卡 21　电动机点动与长动控制 373
　　实训卡 22　电动机正、反转控制 377
　　实训卡 23　自动往返小车控制 381
　　实训卡 24　星-三角降压启动控制 385
　　实训卡 25　循环流水灯控制 389
　　实训卡 26　三传送带控制 393
　　实训卡 27　交通灯控制 397
　　实训卡 28　变频器控制 401
　　实训卡 29　运动控制 405
　　实训卡 30　触摸屏控制 409

参考文献 413

第 1 部分

低压电器控制知识

低压电器（Low Voltage Apparatus）通常是指工作在交流电压 1200V 或直流电压 1500V 以下的电路中，起通断、控制、保护和调节作用的电气设备。

要掌握低压电器控制电路，一是熟知交流电的相关知识，掌握安全用电的基本知识；二是了解常用的低压电器，掌握基本的电路图识图与分析、基本的三相电动机控制电路、直流电动机控制电路等知识。本书第 1 部分的 2 个项目将介绍这些知识。

项目1 低压电器知识

本项目主要介绍安全用电基本知识和常用低压电器（低压熔断器、低压隔离器、低压断路器、接触器、继电器、主令电器）的基本结构、功能及工作原理。

【知识目标】 能分辨交流电和直流电符号，理解三相四线制的线电压、相电压，会解释低压电器概念，会列举生产、生活中常用的低压电器，熟记常用低压电器的用途。

【能力目标】 能识别常用低压电器实物，能识别常用低压电器的电路图符号，能根据用电要求进行常用低压电器选型，会基本的触电急救处理措施。

【素质目标】 具备安全用电常识，耐心细致。

知识卡1 安全用电基本知识

一、用电常识

1. 交流电和直流电

在日常生活中，我们经常会碰到两种类型的电压或电流：交流电（Alternating Current，AC）和直流电（Direct Current，DC）。

交流电一般指大小和方向随时间进行周期性变化的电压或电流。它的最基本形式是正弦电压或电流。我国交流电供电的标准频率规定为50Hz。

直流电是指方向保持不变的电压或电流。若直流电流或电压的大小保持不变，则称为恒定直流电，否则称为脉动直流电。

交流电和直流电在社会中的应用都是很普遍的，直流电的典型应用就是电池，交流电更广泛地应用于家庭用电电器和工业动力用电设备中。

2. 交流电线颜色的国家标准

（1）U 相——黄色。

（2）V 相——绿色。

（3）W 相——红色。

（4）相线 L——红色。

（5）零线 N——蓝色或黑色。

（6）地线 PE——黄绿双色。

（7）整个装置及设备内部布线——黑色。

注意：以上颜色是国家标准，但是在实际中有可能会有用错或应急的情况，应该以测量结果为准。

3．插座接线示意图

常用插座接线示意图如图 1.1 所示。

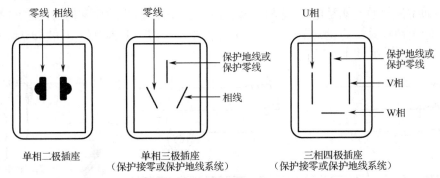

图 1.1　常用插座接线示意图

4．三相四线制

在低压配电系统中，输电线路一般采用三相四线制，如图 1.2 所示。其中三条线路分别代表 U、V、W 三相，另一条线路是中性线 N 或 PEN（如果该回路电源侧的中性点接地，则中性线也称为零线；如果不接地，那么从严格意义上来说，中性线不能称为零线，所以现在改称为 PEN）。任意两条相线间的电压称为线电压，其值为 380V，如 U 相和 V 相之间、U 相和 W 相之间、V 相和 W 相之间的线电压均为 380V；任意一条相线和中性线之间的电压称为相电压，其值为 220V，如 U 相和 N 之间、V 相和 N 之间、W 相和 N 之间的相电压均为 220V。

在进入用户的单相输电线路中，有两条线，一条线称为相线 L，另一条线称为中性线 N，中性线正常情况下要通过电流以构成单相线路中电流的回路。而在三相系统中，当三相平衡时，中性线（零线）是无电流的，故称为三相四线制；在 380V 低压配电网中，为了从 380V 线电压中获得 220V 相电压而设 N 线。

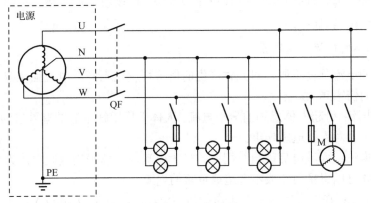

图 1.2　三相四线制

二、触电事故

触电是指人体触及带电体后，电流对人体造成的伤害。

1．触电事故种类

1）电击（内伤）

人们通常说的触电就是电击，是指电流通过人体时所造成的内部伤害，它会破坏人的心脏、呼吸及神经系统的正常工作，甚至危及生命。电击可分为单线电击、两线电击和跨步电压电击三种，如图1.3所示。

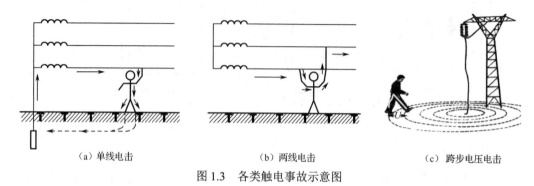

(a) 单线电击　　　　　　(b) 两线电击　　　　　　(c) 跨步电压电击

图1.3　各类触电事故示意图

万一电力线恰巧断落在离自己很近的地面上，那么首先不要惊慌，更不能撒腿就跑。这时候应该用单腿跳跃着离开现场，否则很可能会在跨步电压的作用下使人体触电。

2）电伤（外伤）

电伤是指电流的热效应、化学效应、机械效应及电流本身作用造成的人体伤害。例如，当人体过分接近高于1000V的高压电气设备时，高压电可将空气电离，然后通过空气进入人体，此时还伴有高电弧，能把人烧伤。电伤有电灼伤、皮肤金属化、电烙印等类型。

2．电流对人体作用的相关因素

电流对人体的危害程度与通过人体电流的大小、持续时间的长短、电流通过的途径等因素有关。

1）通过人体的电流强度因素

通过人体的电流强度不同，对人体产生的伤害程度也不同。电流强度越大，人体在电流作用下受到的伤害越大。

（1）感知电流：引起人体感知的最小电流。人体平均感知电流的有效值为0.7～1.1mA。感知电流一般不会对人体造成伤害。

（2）摆脱电流：人触电后能自行摆脱的最大电流。人体平均摆脱电流为10～16mA。摆脱电流是人体可以忍受而一般不会造成危险的电流。

（3）致命电流：在短时间内危及生命的最小电流，当电流为100mA以上时，足以致人死亡；而直流50mA以下、工频30mA以下的电流通常不会使人有生命危险（可视为安全电流）。

2）电流通过人体的时间因素

电流通过人体的时间越长，人体电阻因出汗等而降低，导致通过人体的电流增加，触电的危险性也随之增加。

电流通过人体的时间越长，越容易引起人体心室颤动，即触电的危险性越大。

3）电流通过人体的途径因素

电流通过人体的途径，以经过心脏为最危险。因为通过心脏会引起心室颤动，较大的电流还会使心脏停止跳动，这都会使血液循环中断而导致死亡。

从左手到胸部是最危险的电流途径。从手到手、从手到脚也都是很危险的电流途径。从脚到脚是危险性较小的电流途径。

因此，电流纵向通过人体比横向通过人体的危险性大。

3．安全电压

触电死亡的直接原因，不是电压，而是电流。但在制定保护措施时，还应考虑电压这一因素。

安全电压：6、12、24、36、42V。42V 一般用于三类手持电动工具的电源，36V 一般用于机床照明和普通手持照明灯，24V 一般用于控制回路，12V 及以下用于特殊情况下照明等用途，6V 可用于水下环境。当设备采用超过 24V 的安全电压时，必须采取防直接接触带电体的保护措施。

4．安全措施

保护接地和保护接零是常用的防触电措施。

保护接地指 PE 线与 N 线是相互独立的，PE 线直接与电气设备的金属外壳、底盘、机座用良好的导体与大地连接成等电位。当发生相线触壳时，第一时间会发生接地故障，并形成短路电流，从而使前端的保护开关动作而跳闸，而不会导致人体在接触这些设备时发生触电事故。

保护接地还有一种保护方式，就是加漏电开关，是防止前一个功能失灵或者断电时间不满足或不足以保护人身安全时所采用的后备保护。

保护接零指 PE 线和 N 线合一的系统接地保护，功能和保护接地的功能相同，但因为它的 PE 线和 N 线是合一的，所以它不能加漏电开关作为后备保护，现在这种系统已经不多见了。

三、触电急救

电流通过人体的心脏、肺部和中枢神经系统时的危险性比较大，特别是电流通过心脏时，危险性最大。

1．处理步骤

（1）立即切断电源，尽快使伤者脱离电源。

（2）轻者神志清醒，但感到心慌、乏力、四肢麻木者，应就地休息 1～2h，以免加重心脏负担，招致危险。

（3）心跳、呼吸停止者，应立即进行口对口人工呼吸和胸外心脏按压抢救生命，并且要注意伤者可能出现的假死状态，如未确定死亡，千万不要随便放弃，要积极抢救。

(4)经过紧急抢救后,迅速将伤者送往医院。

2. 使触电者脱离电源的方法

1)低压触电时脱离电源的方法

低压触电时脱离电源的方法如图1.4所示。

(1)"拉"——拉开电源开关或拔掉电源插头。

(2)"切"——使用有绝缘柄的电工钳或有干燥木柄的斧头、铁锹等利器切断电源线。

(3)"挑"——使用干燥的手套、绳索、皮带、木板、木棒等绝缘物挑开搭落在触电者身上的电源线。

(4)"拽"——可戴上绝缘手套或用干燥衣服、帽子、围巾等把一只手缠包起来去拽触电者干燥的衣服,把触电者拽开。

(5)"垫"——若电流通过触电者入地且其紧握导线,则可设法用干燥的木板塞进触电者身下与地绝缘,然后采取其他方法切断电源。

(a)拉开电源开关或拔掉电源插头

(b)用绝缘的锋利工具切断电源线

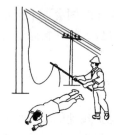
(c)用绝缘体挑开电源线

(d)带绝缘手套拽开触电者

(e)垫干燥木板后切断电源

图1.4 低电触电时脱离电源的方法

2)高压触电时脱离电源的方法

高压触电时脱离电源的方法如图1.5所示。

(a)戴绝缘手套、穿绝缘靴救护

(b)抛掷裸金属线使电源线路短路

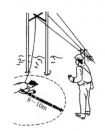
(c)未采取安全措施前不能接近断线

图1.5 高压触电时脱离电源的方法

（1）救护人员可使用适合该电压等级的绝缘工具（戴绝缘手套、穿绝缘靴和持绝缘棒）切断电源或拽开触电者。

（2）当有人在架空线路上触电时，救护人员应尽快用电话通知当地电力部门迅速停电，以备抢救；或者，可采取应急措施，抛掷足够截面、适当长度的裸金属软导线，使电源线路短路，迫使断路器跳闸。

（3）若触电者触及断落在地上的带电高压导线，在尚未确认线路无电且救护人员未采取安全措施（如穿绝缘靴等或临时双脚并紧跳跃地接近触电者）前，则不能走进断线点8～10m范围内，防止跨步电压伤人。若要想救人，则可戴绝缘手套、穿绝缘靴并用与触电电压等级相一致的绝缘棒将电源线挑拉开。

3．心搏呼吸骤停的快速判断三大主要指标

（1）突然倒地或意识丧失。轻轻拍打触电者，观察是否有反应，若确定没有反应，则说明其意识丧失。

（2）自主呼吸停止。自主呼吸停止主要表现为胸廓无起伏、鼻孔无气体呼出、听诊双肺听不到呼吸音。

（3）颈动脉搏动消失。食指和中指的指尖触摸患者气管正中部，以喉结为定点标志，食指、中指沿甲状软骨向侧下方滑动2～3cm，至胸锁乳突肌前缘凹陷处，进入颈动脉三角区，如无动脉搏动，即心搏骤停。

心搏呼吸骤停的快速判断方法如图1.6所示，要求判断动作要快，三大主要指标检查要求在10s内完成。

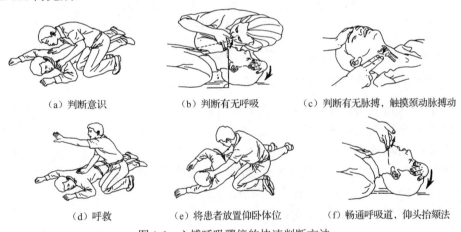

图1.6　心搏呼吸骤停的快速判断方法

4．心肺复苏法步骤

（1）畅通气道。在实施人工呼吸和胸外挤压法之前，必须迅速地将触电者身上妨碍呼吸的衣领、上衣扣、裤带等解开；清理口腔，将触电者的头侧向一边，用手指探入口腔清除分泌物及异物，取出口中的假牙、血块、黏液等异物，使呼吸道畅通。将触电者仰头抬颏后，随即低下头判断呼吸，并看触电者胸廓有无起伏，听触电者有无气流呼出的声音，感觉触电者面部有无气流呼出。

（2）胸外按压。右手中指放在胸骨下切迹，左手掌根压在右手食指上，右手与左手重叠按压，频率为100次/min，按压时大声数出来，胸外按压与人工呼吸的比例为15∶2。每次按压都能触摸到颈动脉搏动为适度、有效，按压时肘部不能弯曲，如图1.7所示。

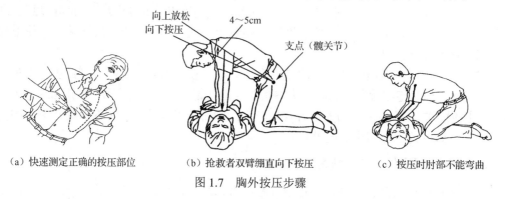

图1.7 胸外按压步骤

（3）人工呼吸。捏紧两侧鼻翼，防止嘴唇之间的缝隙漏气，频率为15次/min左右，如图1.8所示。

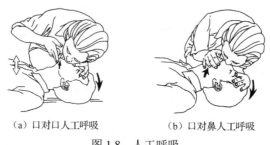

图1.8 人工呼吸

注意：触电急救时，一定要及时和正确施救。

5. 小知识：心肺复苏的"黄金8分钟"

心搏骤停1min内实施——成功率大于90%。
心搏骤停4min内实施——成功率约60%。
心搏骤停6min内实施——成功率约40%。
心搏骤停8min内实施——成功率约20%，且侥幸存活者可能已"脑死亡"。
心搏骤停10min外实施——成功率很小。
绝对不可以轻易放弃现场心肺复苏。

知识卡2 常用低压电器知识

低压电器（Low Voltage Apparatus）通常是指工作在交流电压1200V或者直流电压1500V以下的电路中，起通断、控制、保护和调节作用的电气设备。

一、低压电器的结构

从结构上来看，低压电器有两个基本组成部分：感测机构、执行机构。

感测机构接收外界输入的信号,并通过转换、放大、判断,做出有规律的反应,使低压电器执行部分动作,输出相应的指令,实现控制的目的。

执行机构是触点。对于有触点的电磁式电器,感测机构大都是电磁机构。对于非电磁式的自动电器,感测机构因其工作原理不同而各有差异,但执行机构仍与电磁式电器的执行机构相同,是触点。下面对电磁式电器的电磁机构和执行机构进行分析。

1. 电磁机构

电磁机构是各种自动化电磁式电器的主要组成部分,它将电磁能转换成机械能,带动触点动作,控制回路的闭合或断开。电磁机构由线圈和磁路两部分组成,其中磁路包括铁芯、衔铁、线圈、铁轭和空气隙,如图1.9所示。

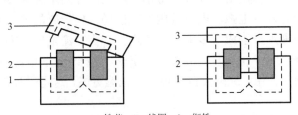

1—铁芯;2—线圈;3—衔铁

图1.9 常用电磁机构的形式

2. 执行机构

电磁式电器的执行机构一般由触点及其灭弧装置组成。

1)触点

触点的用途是根据指令接通或断开被控制的电路。它的结构形式有很多,按其接触形式可分为3种,即点接触、线接触和面接触,如图1.10所示。

图1.10(a)所示为点接触,它由两个半球形触点或一个半球形与一个平面形触点构成。它常用于小电流的电器中,如接触器的辅助触点或继电器触点。

图1.10(b)所示为线接触,它的接触区域是一条直线。触点在通断过程中是滚动接触,这样可以自动清除触点表面的氧化膜,同时长期工作的位置不是在易烧灼的起始点,而是在终点,保证了触点的良好接触。这种滚动接触多用于中等容量的触点,如接触器的主触点。

图1.10(c)所示为面接触,它可允许通过较大的电流。这种触点一般在接触面上镶有合金,以减小触点接触电阻和提高耐磨性,多用作较大容量接触器或断路器的主触点。

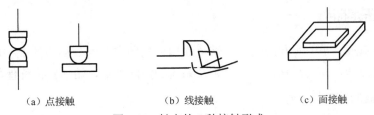

(a)点接触　　　　(b)线接触　　　　(c)面接触

图1.10 触点的3种接触形式

2)电弧的产生与灭弧装置

当断路器或接触器触点切断电路时,若电路中电压超过10~20V和电流超过80~

100mA，在拉开的两个触点之间将出现强烈火花，这实际上是一种气体放电的现象，通常称为电弧。

根据电弧产生的物理过程可知，欲使电弧熄灭，应设法降低电弧温度和电场强度，以加强消电离作用。当电离速度低于消电离速度时，电弧熄灭。根据上述灭弧原则，常用的灭弧装置有以下几种。

（1）磁吹式灭弧装置。

磁吹式灭弧装置利用电弧电流产生的磁场来灭弧，因而电弧电流越大，吹弧的能力也越强。它广泛应用于大电流的直流接触器中。

（2）灭弧栅。

灭弧栅灭弧原理：灭弧栅由许多镀铜薄钢片组成，片间距离为2～3mm，安放在触点上方的灭弧罩内。一旦发生电弧，电弧周围产生磁场，使导磁的钢片上有涡流产生，将电弧吸入栅片，电弧被栅片分割成许多串联的短电弧。当交流电压过零时，电弧自然熄灭，两栅片间必须有150～250V的电压，电弧才能重燃。这样一来，电源电压不足以维持电弧，同时由于栅片具有散热作用，故电弧自然熄灭后很难重燃。这是一种常用的交流灭弧装置。

（3）灭弧罩。

比灭弧栅更为简单的是采用一个用陶土和石棉水泥做成的耐高温的灭弧罩，用以降温和隔弧，可用于交流灭弧和直流灭弧。

（4）多触点灭弧。

在交流电路中可采用桥式触点，如图1.11所示。有两处断点，相当于两对电极。若有一处断点要使电弧熄灭后重燃需要150～250V的电压，则现有两处断点就需要2×（150～250）V的电压，所以后者有利于灭弧。当采用双极或三极触点控制一个电路时，根据需要可灵活地将两个极或三个极串联起来当成一个触点使用，这个触点便成为多断点，加强了灭弧效果。

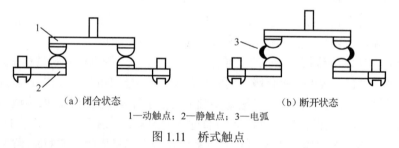

(a) 闭合状态　　　　　　　　(b) 断开状态

1—动触点；2—静触点；3—电弧

图1.11　桥式触点

二、低压熔断器

熔断器（Fuse）是一种利用熔体的熔化作用而切断电路的最初级的保护电器，适用于交流低压配电系统，作为线路的过载保护及系统的短路保护，熔断器俗称保险。

1．熔断器的结构与符号

熔断器的作用原理可用安-秒特性来表示。安-秒特性又称为保护特性，主要用来描述流过过载保护装置的电流与保护装置动作时间的关系。它是衡量过载保护装置性能的主要指标之一。熔断器的安-秒特性如表1.1和图1.12（a）所示。

表 1.1　安-秒特性表

熔断电流	$1.25I_{RN}$	$1.6I_{RN}$	$2I_{RN}$	$2.5I_{RN}$	$3I_{RN}$	$4I_{RN}$
熔断时间	∞	1h	40s	8s	4.5s	2.5s

熔断器的电路图符号如图 1.12（b）所示，FU 为其电路图文字符号。

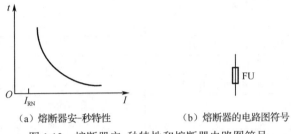

（a）熔断器安-秒特性　　　　　　（b）熔断器的电路图符号

图 1.12　熔断器安-秒特性和熔断器电路图符号

图 1.12 中，I_{RN} 为熔体额定电流。假设一个熔断器的额定电流为 10A，那么当流过熔断器的电流小于 12.5A 时，熔断器不会熔断；若流过的电流为 16A，则 1h 后熔断器熔断。

熔断器作为过载及短路保护电器，具有分断能力高，限流特性好，结构简单，可靠性高，使用维护方便，价格低，又可与开关组成组合电器等优点，所以得到广泛应用。

熔断器由熔断体及支持件组成。熔断体常制成丝状或片状，熔断体的材料一般有两种：一种是低熔点材料，如铅锡合金、锌等；另一种是高熔点材料，如银、铜等。支持件是底座与载熔件的组合。支持件的额定电流表示配用熔断体的最大额定电流。

熔断器有很多类型和规格，图 1.13 所示为各种熔断器的实物，熔体额定电流从最小的 0.5A（FA4 型）到最大的 2100A（RSF 型），按不同的形式有不同的规格。

（a）有填料封闭管式RT型　（b）无填料封闭管式RM型　（c）螺旋式RL型　（d）快速式RS型　（e）插入式RC型　（f）PPTC自动恢复型

图 1.13　各种熔断器的实物图

有填料封闭管式熔断器具有较好的限流作用，因此各种形式的有填料封闭管式熔断器得到了广泛的应用。

目前，较新式的熔断器有取代 RL1 的 RL6、RL7 型螺旋式熔断器，取代 RT0 的 RT16、RT17、RT20 型有填料封闭管式熔断器，取代 RS0、RS3 的 RS、RSF 型快速式熔断器，取代 RLS 的 RLS2 型螺旋式快速熔断器。另外，还有取代 R1 型可用于二次回路的 RT14、RT18、RT19B 型有填料封闭管式圆筒型熔断器。

2．熔断器的选择原则

选择熔断器的依据：形式、熔体额定电流（I_{RN}）。

（1）对电流较为平稳的负载（如照明、信号电路等），熔体额定电流就取线路的额定电流。

（2）对具有冲击电流的负载（如电动机），熔体额定电流可按表 1.2 中的计算公式求取。

表 1.2　熔断器选型计算

负载性质		熔体额定电流（I_{RT}）
电炉和照明等电阻性负载		$I_{RN} \geq I_N$（电动机额定电流）
单台电动机	线绕式电动机	$I_{RN} \geq (1 \sim 1.25) I_N$
	笼型电动机	$I_{RN} \geq (1.5 \sim 2.5) I_N$
	启动时间较长的某些笼型电动机	$I_{RN} \geq 3 I_N$
	连续工作制直流电动机	$I_{RN} = I_N$
	反复短时工作制直流电动机	$I_{RN} = 1.25 I_N$
多台电动机		$I_{RN} \geq (1.5 \sim 2.5) I_{Nmax} + \Sigma I_{de}$ I_{Nmax} 为最大一台电动机额定电流 ΣI_{de} 为其他电动机额定电流之和

三、低压隔离器

低压隔离器是指在断开位置能满足隔离功能要求的低压机械开关电器，而隔离开关的含义是在断开位置能满足隔离器隔离要求的开关。

1. 开关板用刀开关（不带熔断器式刀开关）

开关板用刀开关用于不频繁地手动接通、断开电路和隔离电源，其实物图和电路图符号如图 1.14 所示。

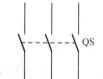

（a）开关板用刀开关实物图　　（b）开关板用刀开关电路图符号

图 1.14　开关板用刀开关实物图和电路图符号

2. 带熔断器式刀开关

带熔断器式刀开关用作电源开关、隔离开关和应急开关，并作为电路保护装置。其实物图和电路图符号如图 1.15 所示。

（a）带熔断器式刀开关实物图　　（b）带熔断器式刀开关电路图符号

图 1.15　带熔断器式刀开关实物图和电路图符号

3. 负荷开关

1）开启式负荷开关

- 用途：用于不频繁带负荷操作和短路保护。
- 结构：由刀开关和熔断器组成。瓷底板上装有进线座、静触点、熔丝、出线座及刀片式动触点，工作部分用胶木盖罩住，以防电弧灼伤人手。
- 分类：单相双极刀开关和三相三极刀开关两种，如图1.16所示。

（a）单相双极刀开关　　　　　　　　　　（b）三相三极刀开关

图1.16　负荷开关实物图

2）封闭式负荷开关

- 作用：手动通断电路及短路保护。
- 结构：与开启式负荷开关类似，只是外壳是铁壳，如图1.17所示。

图1.17　封闭式负荷开关实物图

四、低压断路器

低压断路器（Low Voltage Circuit Breaker）又称为自动空气断路器，简称自动空气开关或自动开关，按其结构形式可分为万能式和塑料外壳式两类。其中，万能式断路器原称为框架式断路器，为与IEC标准使用的名称相符合，已改称为万能式断路器。

低压断路器相当于闸刀开关、熔断器、热继电器和欠电压继电器等的组合，是一种自动切断电路故障用的保护电器。低压断路器与接触器都能通断电路，不同的是，低压断路器虽然允许切断短路电流，但允许的操作次数少，不适宜频繁操作。低压断路器实物图和电路图符号如图1.18所示。

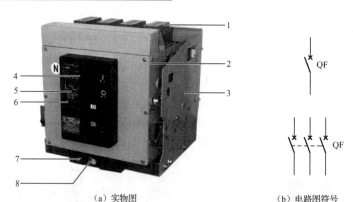

(a) 实物图　　　　　　　　　(b) 电路图符号

1—灭弧罩；2—开关本体；3—抽屉座；4—合闸按钮；5—分闸按钮；6—智能脱扣器；7—摇匀柄插入位置；8—连接/试验/分离指示

图1.18　低压断路器实物图和电路图符号

五、接触器

接触器（Contactor）分为交流接触器和直流接触器，它应用于电力、配电与用电场合。接触器广义上是指工业电中利用线圈流过电流产生磁场，使触头闭合，以达到控制负载的电器。它是用来频繁接通和切断电动机或其他负载主电路的一种自动切换电器。

1）接触器的结构和符号

接触器一般由电磁系统、触点系统、灭弧装置和其他部件组成。图1.19（a）所示为交流接触器实物图；图1.19（b）所示为交流接触器电路图符号，交流接触器一般由一个电磁线圈、三对主触点、若干对常开（动合）触点、常闭（动断）触点构成；图1.19（c）所示为交流接触器工作原理图。

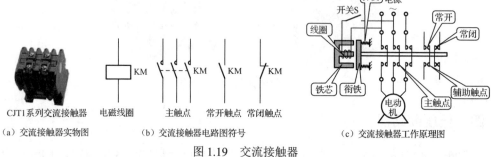

(a) 交流接触器实物图　　(b) 交流接触器电路图符号　　(c) 交流接触器工作原理图

图1.19　交流接触器

接触器的工作原理：当开关接通时，线圈通电，静铁芯被磁化产生磁场，并把动铁芯（衔铁）吸上，带动转轴使主触点闭合，接通电动机电源电路，电动机转动。在接通主触点的同时，接触器的辅助常开触点闭合、辅助常闭触点断开；当开关断开时，线圈失电，磁场消失，主触点断开，断开电动机电源电路，电动机停止。接触器的辅助常开触点断开、辅助常闭触点闭合。

2）接触器的主要技术数据

① 额定电压。

接触器铭牌额定电压是指主触点上的额定电压。通常用的电压等级如下：

直流接触器：220V、440V、660V。

交流接触器：220V、380V、500V。

按规定，在接触器线圈已发热稳定时，加上85%的额定电压，衔铁应可靠地吸合；反之，若在工作中电网电压过低或者突然消失，则衔铁也应可靠地释放。

② 额定电流。

接触器铭牌额定电流是指主触点的额定电流。通常用的电流等级如下：

直流接触器：25A、40A、60A、100A、150A、250A、400A、600A。

交流接触器：5A、9A、12A、16A、20A、25A、32A、40A、52A、63A、75A、110A、170A、250A、400A、630A。

当接触器安装在箱柜内时，由于冷却条件变差，故电流要降低10%～20%使用。

当接触器工作于长期工作制时，通电持续率不应超过40%；敞开安装，电流允许提高10%～25%；箱柜安装，允许提高5%～10%。

③ 线圈的额定电压。

通常用的电压等级如下：

直流线圈：24V、48V、110V、220V、440V。

交流线圈：24V、36V、120V、220V、380V。

一般情况下，交流负载用交流接触器，直流负载用直流接触器，但交流负载频繁动作时也可采用直流吸引线圈的接触器。

④ 额定操作频率。

额定操作频率指每小时接通的次数。现代生产的接触器，允许接通次数为150～1500次/h。

⑤ 电寿命和机械寿命。

电寿命是指接触器的主触点在额定负载条件下，所允许的极限操作次数。机械寿命是指接触器在不需要修理的条件下，所能承受的无负载操作次数。现阶段生产的接触器，其电寿命可达50万次～100万次，机械寿命可达500万次～1000万次（$10^{6\sim7}$数量级）。

3）接触器分类

接触器按应用场合分为交流接触器和直流接触器。

① 交流接触器。

交流接触器（Alternating Current Contactor）一般有3对主触点，两个常开辅助触点，两个常闭辅助触点。中等容量及以下为直动式，大容量为转动式。

② 直流接触器。

直流接触器（Direct Current Contactor）是一种通用性很强的电器产品，除用于频繁控制电动机外，还用于各种直流电磁系统中。随着控制对象及其运行方式的不同，接触器的操作条件也有较大差别。接触器铭牌上规定的电压、电流、控制功率及电气寿命，仅对应一定类别的额定值。

六、继电器

1. 继电器的结构及分类

继电器（Relay）是一种根据特定形式的输入信号而动作的自动控制电器。一般来说，继电器由承受机构、中间机构和执行机构三部分组成。承受机构反映继电器输入量,并传递给中间机构,将它与预定的量(整定值)进行比较,当达到整定值时(过量或欠量),中间机构就使执行机构产生输出量,用于控制电路的通断。

继电器通常触点容量较小,接在控制电路中,主要用于响应控制信号,是电气控制系统中的信号检测元件;而接触器触点容量较大,直接用于接通、断开主电路,是电气控制系统中的执行元件。

继电器有以下几种分类方法:按输入量的物理性质分为电压继电器、电流继电器、功率继电器、时间继电器、温度继电器、速度继电器等,按动作原理分为电磁式继电器、感应式继电器、电动式继电器、热继电器、电子式继电器等,按动作时间分为快速继电器、延时继电器、一般继电器,按执行环节作用原理分为有触点继电器、无触点继电器。下面主要介绍电磁式(电压、电流、中间)继电器、时间继电器、热继电器等。

2. 电磁式继电器

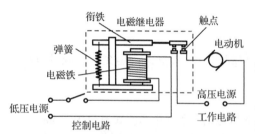

图1.20 电磁式继电器的工作原理图

常用的电磁式继电器有电流继电器、电压继电器和中间继电器。中间继电器实际上也是一种电压继电器,只是它具有数量较多、容量较大的触点,起到中间放大(触点数量及容量)的作用。电磁式继电器的结构和原理与接触器类似,其由铁芯、衔铁、线圈、弹簧和触点等部分组成。电磁式继电器的工作原理如图1.20所示。

当接通低压电源开关时,电磁铁上的线圈得电,产生磁场,吸附衔铁,从而闭合常开触点,接通右侧的电动机。当低压电源开关断开时,线圈失电,衔铁在弹簧的作用下复位,常开触点复位,电动机停止转动。

电磁式继电器种类很多,下面仅介绍几种较典型的电磁式继电器。

(1)中间继电器。

中间继电器(Auxiliary Relay)在结构上是一个电压继电器,是用来转换控制信号的中间元件。它输入的是线圈的通电/断电信号,输出信号为触点的动作。其触点数量较多,各触点的额定电流相同。中间继电器的实物图和电路图符号如图1.21所示,从图中可知,中间继电器有一个线圈、若干组常开触点和常闭触点。中间继电器的工作原理和电磁继电器的工作原理相近。

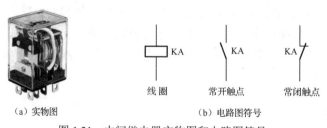

(a)实物图　　　　　　　(b)电路图符号

图1.21 中间继电器实物图和电路图符号

中间继电器通常用来放大信号,增加控制电路中控制信号的数量,以及用于信号传递、联锁、转换及隔离。

（2）电流继电器和电压继电器。

电流继电器（Current Relay）与电压继电器（Voltage Relay）在结构上的区别主要是线圈不同。电流继电器的线圈与负载串联以反映负载电流，故它的线圈匝数少而导线粗，这样通过电流时的压降很小，不会影响负载电路的电流，而导线粗、电流大仍可获得需要的磁势，其电路图符号如图 1.22 所示。电压继电器的线圈与负载并联以反映负载电压，其线圈匝数多而导线细，其电路图符号如图 1.23 所示。

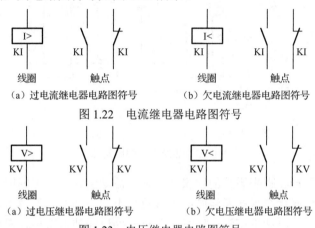

（a）过电流继电器电路图符号　　（b）欠电流继电器电路图符号

图 1.22　电流继电器电路图符号

（a）过电压继电器电路图符号　　（b）欠电压继电器电路图符号

图 1.23　电压继电器电路图符号

3. 时间继电器

在敏感元件获得信号后，执行元件要延迟一段时间才动作的继电器称为时间继电器（Time Delay Relay）。这里指的延时区别于一般电磁继电器从线圈得到电信号到触点闭合的固有动作时间。

时间继电器一般有通电延时型和断电延时型，其电路图符号如图 1.24 所示。时间继电器种类很多，常用的有电磁阻尼式、空气阻尼式、电动式，新型的有电子式、数字式等。

通电延时型继电器的动作原理：当时间继电器线圈通电时，衔铁被吸合，活塞杆在宝塔形弹簧的作用下移动，移动的速度要根据进气孔的节流程度而定，各延时触点不立即动作，而要通过传动机构延长一段整定时间才动作，线圈断电时延时触点迅速复原，其电路图符号如图 1.24（a）所示。

断电延时型继电器的动作原理：当时间继电器线圈通电时，衔铁被吸合，各延时触点瞬时动作，而线圈断电时触点延时复位，其电路图符号如图 1.24（b）所示。

（a）通电延时型继电器电路图符号　　（b）断电延时型继电器电路图符号

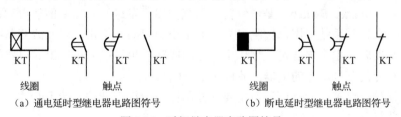

图 1.24　时间继电器电路图符号

通电延时型继电器和断电延时型继电器的共同点：由于两类时间继电器的瞬动触点不具有延时作用，故通电时立即动作，断电时立即复位，恢复到原来的状态。

4．热继电器

热继电器（Thermal Relay）是利用电流的热效应原理来工作的保护电器，它在电路中用于三相异步电动机的过载保护。

如图1.25所示，热继电器由三对主触点、热元件、导板、双金属片和一个常闭触点组成。热继电器的测量元件通常用双金属片，它是由主动层和被动层组成的。

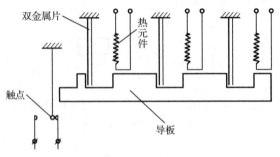

图1.25 热继电器的结构图

主动层材料采用较高膨胀系数的铁镍铬合金，被动层材料采用膨胀系数很小的铁镍合金。因此，这种双金属片在受热后将向膨胀系数较小的被动层一面弯曲。发热元件串联于电动机工作回路中，当电动机正常运转时，发热元件仅能使双金属片弯曲，还不足以使触点动作。当电动机过载时，即流过发热元件的电流超过其整定电流时，发热元件的发热量增加，使双金属片弯曲得更厉害，位移量增大，经一段时间后，双金属片推动导板使热继电器的常闭触点断开，切断电动机的控制电路，使电动机停止运行。热继电器电路图符号如图1.26所示。

图1.26 热继电器电路图符号

热继电器分为两相式、三相式、三相带缺相保护式三种形式。

七、主令电器

主令电器（Master Switch）是电气控制系统中用于发送控制指令的非自动切换的小电流开关电器。在控制系统中用以控制电力拖动系统的启动与停止，以及改变系统的工作状态，如正转与反转。主令电器可直接作用于控制线路，也可以通过电磁式电器间接作用。由于它是一种专门发号施令的电器，故称为主令电器。

主令电器种类繁多，应用广泛，主要有控制按钮、行程开关、接近开关、光电开关、万能转换开关等。

1．控制按钮

控制按钮（英语用Push Button表示）是一种结构简单、应用广泛的主令电器，是一种按下即动作、释放即复位的用来接通和断开小电流电路的电器。一般用于交/直流电压440V以下、电流小于5A的控制电路中，一般不直接操控主电路，通常用于电路中发出启动或停止指令，以控制接触器、继电器等电器线圈电流的接通和断开。

控制按钮（简称按钮）的基本结构图如图1.27（a）所示，一般由按钮帽、复位弹簧、桥式动触点、静触点和接线柱等组成。

如图1.27（b）所示，当按下按钮时，常开按钮闭合（常用于启动），常闭按钮断开（常用于停止）。按下复合按钮时，先断开常闭触点，然后接通常开触点；当释放复合按钮后，在恢复弹簧的作用下使按钮自动复原（先断开常开触点，再接通常闭触点）。这种按钮通常称为自复式按钮。

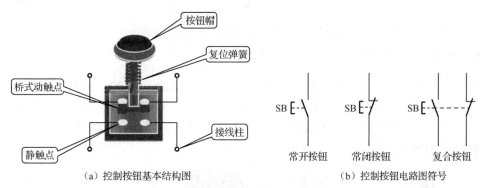

图1.27 控制按钮

市场上也有带自保持机构的按钮（自锁功能），第一次按下后，由机械结构锁定，手松开后不复原；第二次按下后，锁定机构脱扣，手松开后自动复原。

在生产控制中，按钮常常成组使用。为了便于识别各个按钮的作用，避免误操作，通常在按钮上做出不同标志或涂以不同的颜色。一般情况下：启动使用绿色按钮；停止使用红色按钮；紧急操作使用红色蘑菇式按钮。

2. 行程开关

行程开关（Travel Switch）又称为限位开关，是一种根据生产机械运动的行程位置而动作的小电流开关电器。它通过其机械结构中可动部分的动作，将机械信号变换为电信号，以实现对机械的电气控制。

结构上的行程开关由3部分组成：操作头、触点系统和外壳。操作头是开关的感测部分，它接收机械结构发出的动作信号，并将此信号传递到触点系统。触点系统是开关的执行部分，它将操作头传来的机械信号，通过本身的转换动作，变换为电信号，输出到有关控制回路，使之能按需要做出必要的反应。

1）行程开关的工作原理

习惯上把尺寸很小且极限行程很短的行程开关称为微动开关，图1.28所示为JW系列基本型微动开关结构图。JW系列基本型微动开关由带纯银触点的动静触点、作用弹簧、操作钮和胶木外壳等组成。当外来机械力加于操作钮上时，操作钮向下运动，通过拉钩将作用弹簧拉伸，弹簧拉伸到一定位置时触点离开常闭触点，转而同常开触点接通。当外力除去后，触点借弹簧力自动复位。微动开关体积小，动作灵敏，适用于小型机构。由于操作钮允许的极限行程很短，开关的机械强度不高，故使用时必须注意避免撞坏。

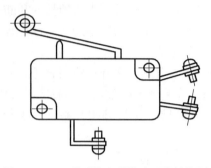

图 1.28　JW 系列基本型微动开关结构图

2）常见的行程开关

国产行程开关的种类很多，目前常用的有 LX21、LX23、LX32、LXK3 等系列。近年来国外生产技术不断引入，引进德国西门子公司生产的 3XE3 系列行程开关，规格全、外形结构多样、技术性能优良、拆装方便、使用灵活、动作可靠，有开启式、保护式两大类。图 1.29 所示为常见行程开关实物图和电路图符号。

（a）实物图　　　　　　　　　　　　　　　（b）电路图符号

图 1.29　常见行程开关实物图和电路图符号

3. 接近开关与光电开关

1）接近开关

接近开关是一种非接触式的位置开关，简称接近开关。一般由感应头、高频振荡器、放大器和外壳组成。运动部件与感应头接近，使接近开关输出一个电信号。

接近开关分为电感式接近开关和电容式接近开关。电感式接近开关只能检测金属体，电容式接近开关可以检测金属、非金属及液体。常用的电感式接近开关有 LJ1、LJ2 等系列，电容式接近开关有 LXJ15、TC 等。图 1.30 所示为一些接近开关的实物图。

图 1.30　一些接近开关的实物图

2）光电开关

光电开关分为反射式光电开关和对射式光电开关两种，光线可以是红外线或者激光。

① 反射式光电开关：利用物体将光电开关发出的光线反射回去，由光电开关接收，从而判断物体是否存在。有物体存在，光电开关触点动作，否则其触点复位。按照工作原理，光电开关分为直射型、反射型（漫反射和镜反射）、对射型和光纤型。

如图1.31（a）所示，直射型光电开关包含在结构上相互分离且光轴相对放置的发射器和接收器，发射器发出的光线直接进入接收器，当被检测物体经过发射器和接收器之间且阻断光线时，光电开关就产生了开关信号。当被检测物体为不透明时，采用对射式光电开关是最可靠的检测模式。检测距离最大可达十几米。

如图1.31（b）所示，镜反射型光电开关集发射器与接收器于一体，光电开关发射器发出的光线经过反射镜，反射回接收器，当被检测物体经过且完全阻断光线时，光电开关就产生了检测开关信号。在使用时需要单侧安装，但反射镜在安装时应根据被测物体的距离调整反射镜的角度以取得最佳的反射效果，它的检测距离一般为几米。

如图1.31（c）所示，漫反射型光电开关是一种集发射器和接收器于一体的传感器，当有被检测物体经过时，被检测物体将光电开关发射器发射的足够量的光线反射到接收器，于是光电开关产生了开关信号。当被检测物体的表面光亮或其反光率极高时，漫反射型光电开关是首选的检测传感器。只要不是全黑的物体均能产生漫反射。散射型光电开关的检测距离更小，只有几百毫米。

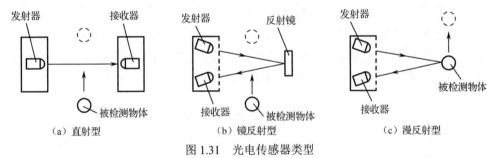

图1.31 光电传感器类型

② 对射式光电开关：利用物体对光电开关发出的光线进行遮挡，光电开关通过判断光信号来判断物体是否存在。若有物体存在，光电开关则触点动作，否则其触点复位。

图1.32（a）所示为槽型光电开关，通常采用标准的U型结构，其发射器和接收器分别位于U型槽的两边，并形成一个光轴，当被检测物体经过U型槽且阻断光轴时，光电开关就产生了开关量信号。槽型光电开关比较适合检测高速运动的物体，并且它能分辨透明与半透明物体，使用安全、可靠。

图1.32（b）所示为光纤型光电开关，它采用塑料或玻璃光纤传感器来引导光线，可以对距离远的被检测物体进行检测。

目前，光电开关和接近开关的用途已经远远超出了行程控制和限位保护，可应用于高速计数、测速、液位控制、检测物体的存在、检测零件尺寸等场合。它们都是自动化设备上应用广泛的自动开关。

(a) 槽型光电开关　　　　　　　　(b) 光纤型光电开关

图 1.32　槽型和光纤型光电开关

4．万能转换开关

万能转换开关是一种多挡式、控制多回路的主令电器。它一般可用于各种配电装置的远距离控制，也可作为电压表、电流表的转换开关，或作为小容量电动机的启动、调速和换向之用。由于换接的线路多、用途广，故有"万能"之称。万能开关实物图如图 1.33 所示。

图 1.33　万能开关实物图

近年来，随着新材料、新技术的不断推广，一批新型开关已经上市，其中最有代表性的有基于国内技术生产的 LW12-16 系列万能转换开关，引进 ABB 技术生产的 ABG10 系列开关、ADA10 转换开关、ABG12 万能转换开关等。

练习卡 1

一、填空题

1．低压电器通常是指工作在交流电压（　　）V 或直流电压 1500V 以下的电路中，起通断、控制、保护和调节作用的电气设备。

2．熔断器俗称（　　），低压断路器俗称（　　）。

3．交流接触器线圈得电，其主触点（　　）、辅助常开触点闭合、辅助常闭触点断开。

4．中间继电器线圈得电，其辅助常开触点（　　）、辅助常闭触点断开。

5．时间继电器分为（　　）延时型继电器和断电延时型继电器。

6．运动的物体碰到限位开关，限位开关的辅助常开触点闭合、辅助常闭触点（　　）。

7．继电器与接触器比较，继电器触点的（　　）很小，一般不设灭弧罩。

8．低压断路器相当于闸刀开关、熔断器、热断器、热继电器和欠电压继电器的组合，是一种（　　）用的保护电器。

9．电流继电器分为过电流继电器和欠电流继电器，电压继电器分为（　　）继电器和欠电压继电器。

10. 通电延时继电器定时时间到,其延时接通的常开触点(　　)、常闭触点断开。

二、单选题

1. 按下复合按钮时,其触点动作正确的是(　　)。
   A. 常开触点先闭合,常闭触点后断开　　B. 常闭触点先断开,常开触点后闭合
   C. 常开触点、常闭触点同时动作　　　　D. 常闭触点动作,常开触点不动作

2. 在电气控制原理图中,熔断器的文字符号是(　　),刀开关的文字符号是(　　),交流接触器的文字符号是(　　),低压断路器的文字符号为(　　)。
   A. FU　　　　B. QS　　　　C. QF　　　　D. KM

3. 热继电器中的双金属片弯曲是由于(　　)。
   A. 机械强度不同　　　　　　　　　　　B. 热膨胀系数不同
   C. 温差效应　　　　　　　　　　　　　D. 受到外力的作用

4. 在电气控制原理图中,交流接触器主触点的电路图符号是(　　),刀开关触点的电路图符号是(　　),低压断路器的电路图符号是(　　)。

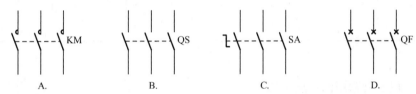

A.　　　　　　　　B.　　　　　　　　C.　　　　　　　　D.

三、多选题

1. 关于低压控制的常用电压,以下说法正确的有(　　)。
   A. 两条相线之间的电压是 380V
   B. 一条相线和零线之间的电压为 220V
   C. 工业生产上,人体安全电压是 36V
   D. 工业控制柜使用的控制电压一般是 24V

2. 起保护作用的低压电器是(　　)。
   A. 熔断器　　　B. 接触器　　　C. 低压断路器　　　D. 急停按钮

3. 起控制作用的低压电器是(　　)。
   A. 刀开关　　　B. 低压断路器　　　C. 接触器　　　D. 继电器

四、填写下表

低压电器名称	字母代号	电路图符号	用　途
熔断器			
低压断路器			
刀开关			

续表

低压电器名称	字母代号	电路图符号	用途
交流接触器			
中间继电器			
热继电器			
时间继电器			
按钮开关			

五、简答题

1．列举出5种常用的低压电器

2．简述交流接触器的工作原理。

3．简述中间继电器的工作原理。

项目 2　交流电动机控制电路知识

本项目主要介绍电动机及控制电路基础知识，三相异步电动机控制电路（启/停，长动，点动，星-三角降压启动，调速，制动正、反转）。

【知识目标】了解三相异步电动机的结构、工作原理，熟记其主要技术参数；识别电气控制图常用的图形符号和文字符号；熟记三种电气图的组成、用途；会解释什么是自锁，互锁，长动，点动，顺序启/停，星-三角降压启动，反接制动，能耗制动；熟记三相异步电动机转速公式。

【能力目标】能做（接线）会说（原理）；能读懂三相异步电动机的电气控制系统图纸，并说出长动，点动，正、反转控制，顺序启/停，星-三角降压启动，反接制动，能耗制动等典型三相异步电动机控制电路的工作原理，并能根据这些电路的原理图完成接线、调试。

【素质目标】安全用电，团队合作，布线规范、美观。

知识卡 3　电动机及控制电路基础知识

电机是能够实现电能与其他形式的能相互转换的装置，按用电和发电的情况分为发电机和电动机。电动机按供电类型分为交流电动机和直流电动机。

一、交流电动机基础知识

1. 交流电动机的分类

交流电动机按照电动机运行的转速（转子转速）与旋转磁场是否同步可分为同步电动机和异步电动机。其中，同步电动机可分为永磁同步电动机、磁阻同步电动机和磁滞同步电动机。异步电动机可分为感应电动机和交流换向器电动机。感应电动机可分为三相异步电动机、单相异步电动机和罩极异步电动机等。交流换向器电动机可分为单相串励电动机，交、直流两用电动机，以及推斥电动机。

2. 三相异步电动机的结构

三相异步电动机主要由定子和转子构成，定子是静止不动的部分，转子是旋转部分，在定子与转子之间有一定的气隙。三相异步电动机结构如图 2.1 所示。

定子由铁芯、绕组与机座三部分组成。转子由铁芯与绕组组成，转子绕组有鼠笼式和线绕式。鼠笼式转子绕组是在转子铁芯槽里插入铜条，再将全部铜条两端焊在两个铜端环上而组成；线绕式转子绕组与定子绕组一样，由线圈组成绕组放入转子铁芯槽里。鼠笼式与线绕式两种电动机虽然结构不一样，但工作原理是一样的。

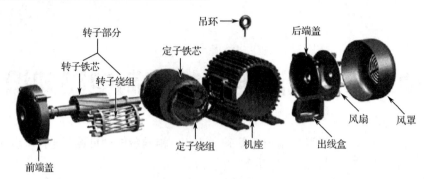

图 2.1 三相异步电动机结构图

3．三相异步电动机的工作原理

在三相异步电动机的定子绕组中通入对称三相电流后，就会在电动机内部产生一个与三相电流的相序方向一致的旋转磁场。这时，静止的转子导体与旋转磁场之间存在相对运动，切割磁感线而产生感应电动势，转子绕组中就有感应电流通过。有电流的转子导体受到旋转磁场的电磁力作用，产生电磁转矩，使转子按旋转磁场方向转动，其转速略小于旋转磁场的转速，所以称为异步电动机。

4．三相异步电动机的铭牌和技术数据

1）铭牌

每台电动机在出厂前，机座上都钉有一块铭牌，如表 2.1 所示，它就是一个最简单的说明书，主要包括型号、额定值、接法等。

表 2.1 三相异步电动机铭牌技术数据

型号	Y112M-4	额定功率	4kW
额定电压	380V	额定电流	8.8A
接法	△	额定转速	1440r/min
频率	50Hz	绝缘等级	E
温升	80℃	工作制	S1
防护等级	IP44	质量	45kg
×××电机厂		生产日期	××××年××月

2）技术数据

在购买前和在使用电动机之前，应该要看懂铭牌上的技术数据。

（1）型号：电动机的类型和规格代号。国产的三相异步电动机型号由汉语拼音字母和阿拉伯数字组成，如 Y112M-4 电动机。

Y——三相异步电动机的代号（异步）；112——机座中心高度为 112mm；

M——机座长度代号（L 为长机座，M 为中机座，S 为短机座）；4——磁极数为 4 极。

（2）额定功率：电动机在额定运行工作条件下，轴上输出的机械功率，该电动机的额定功率为 4kW。

（3）额定电压：电动机在额定运行工作条件下，定子绕组应加的线电压值，该电动机的额定电压为380V。

（4）额定电流：电动机在额定运行工作条件下，定子绕组的线电流值，该电动机的额定电流为8.8A。

（5）额定转速：电动机在额定运行工作条件下的转速，该电动机的额定转速为1440r/min。

（6）工作制：电动机在不同负载下的允许循环时间。电动机工作制为S1～S10。

S1：连续工作制，表示可长期运行，温升不会超过允许值，如水泵、风机等。

S2：短时工作制，按铭牌额定值工作时，只能在短时间内运行，时间为10s、30s、60s、90s，否则会引起电动机过热。

S3：断续工作制，按铭牌额定值工作时，可长期工作于间歇方式，如吊车等。

（7）频率：三相异步电动机使用的交流电源的频率，我国将其统一为50Hz。

（8）温升：三相异步电动机在运行时允许温度的升高值。最高允许温度等于室温加上此温升，该电动机的温升为80℃。

（9）绝缘等级：电动机所用绝缘材料的耐热等级，分A、E、B、F、H。各级允许的最高温度分别为105℃（A）、120℃（E）、130℃（B）、155℃（F）、180℃（H）。该电动机绝缘等级为E。

（10）防护等级：三相异步电动机外壳防护等级。该电动机的防护等级为IP44，其中，IP是防护的英文缩写，后两位数字分别表示防异物和防水的等级均为4级。

（11）接法：三相异步电动机定子绕组与交流电源的连接方式。有星形（Y）和三角形（△）两种连接方式，其接线盒如图2.2（a）所示。

国家标准规定3kW以下的三相异步电动机均采用星形（Y）连接，如图2.2（b）所示，将三相绕组的尾端U2、V2、W2接在一起，首端U1、V1、W1分别接到三相电源。注意：星形（Y）连接方式的启动电压为220V。

国家标准规定4kW以上的三相异步电动机均采用三角形（△）连接，如图2.2（c）所示，将第一相的尾端U2接第二相的首端V1，将第二相的尾端V2接第三相的首端W1；将第三相的尾端W2接第一相的首端U1，然后将三个接点分别接三相电源。注意：三角形（△）连接方式的启动电压为380V。

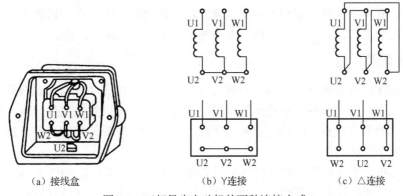

（a）接线盒　　　　（b）Y连接　　　　（c）△连接

图2.2　三相异步电动机的两种连接方式

5．三相异步电动机的应用

三相异步电动机广泛应用于工业生产中设备拖动、电梯拖动、电风扇、电冰箱、洗衣机、空调、电吹风、吸尘器、油烟机、洗碗机、电动缝纫机、食品加工机等家用电器及各种电动工具、小型机电设备中。

二、三相异步电动机调速知识

三相异步电动机的转速与旋转磁场的转速有关，旋转磁场的转速又取决于磁场的极数，旋转磁场的极数和定子绕组结构有关。旋转磁场转速的公式为：

$$n = \frac{60f}{p}(1-s) \qquad (2-1)$$

其中，f 代表电源频率；p 为磁极对数；n_0 代表三相异步电动机的旋转磁场转速，常称为同步转速；s 代表转差率。

三相异步电动机"极数"是指定子磁场磁极的个数。三相交流电动机每组线圈都会产生 N、S 磁极，每个电动机每相含有的磁极个数就是磁极数。由于磁极是成对出现的，磁极对数 p 等于磁极数除以 2，所以电动机有 2 极、4 极、6 极、8 极……之分，那么对应的磁极对数 p 分别为 1、2、3、4。在中国，电源频率为 50Hz，所以二极电动机的同步转速为 3000r/min，四极电动机的同步转速为 1500r/min，以此类推。

异步电动机的转速即转子转速 n，n 总是和 n_0 存在差值，否则转子与旋转磁场之间就没有相对运动，磁力线就不切割转子导体，转子电动势、转子电流和转矩也就不存在，转子就不可能继续以转速 n 转动，异步电动机之名由此而来。

转子转速 n 与同步转速 n_0 相差程度可以用转差率 s 来表示，即

$$s = (n_0 - n)/n_0 \qquad (2-2)$$

通常，异步电动机在额定负载时的转差率为 1%～9%。三相异步电动机的实际转速会比上述的同步转速偏低。如极数为 6 的同步转速为 1000r/min，其实际转速一般为 960r/min。

从式（2-1）可知，三相异步电动机调速方法有三种：改变电源频率 f，改变转差率 s，改变磁极对数 p。

实际应用的三相异步电动机调速方法主要有变极调速、变阻调速和变频调速等。其中，变极调速是通过改变定子绕组的磁极对数以实现调速的；变阻调速是通过改变转子电阻以实现调速的；变频调速目前使用专用变频器，可以轻松实现异步电动机的变频调速控制。因此，在工农业生产，家电中的空调、冰箱等大功率电器上应用广泛。

1．变极调速

变极调速通过改变定子空间磁极对数的方式改变同步转速，从而达到调速的目的。在恒定频率情况下，电动机的同步转速与磁极对数成反比，磁极对数增加一倍，同步转速就减少一半，从而引起异步电动机转子转速下降。显然，这种调速方法只能一级一级地改变转速，而不能平滑地调速。

双速电动机定子绕组的结构及接线方式如图 2.3 所示。其中，图 2.3（a）所示为定子绕组结构图。改变接线方式可获得两种接法：图 2.3（b）所示为三角形接法，磁极对数为 2 对极，同步转速为 1500r/min，是一种低速接法；图 2.3（c）所示为双星形接法，磁极对

数为1对极,同步转速为3000r/min,是一种高速接法。

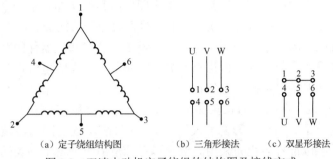

(a) 定子绕组结构图　　(b) 三角形接法　　(c) 双星形接法

图 2.3　双速电动机定子绕组的结构图及接线方式

2．变频调速

变频调速的功能是将电网提供的恒压恒频交流电变换为变压变频的交流电,它通过平滑改变异步电动机的供电频率 f 来调节异步电动机的同步转速 n,从而实现异步电动机的无级调速。

变频调速由于调节同步转速 n,故可以由高速到低速保持有限的转差率,效率高、调速范围大、精度高,是交流电动机一种比较理想的调速方法。

因为电动机每极气隙主磁通要受电源频率的影响,所以在实际调速控制方式中要保持定子电压与其频率为常数这一基本原则。

由于变频调速技术日趋成熟,故把交流电动机调速装置做成产品,即变频器。按变频器的变频原理来分,可分为交-交变频器和交-直-交变频器。随着现代电力电子技术的发展,PWM(脉冲宽度调制)变频器已成为当今变频器的主流。

交-交变频器和交-直-交变频器的方框图如图2.4所示。

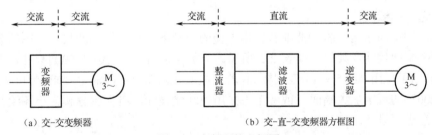

(a) 交-交变频器　　　　　　(b) 交-直-交变频器方框图

图 2.4　变频器的方框图

交-交变频器也称为直接变频器,它没有明显的中间滤波环节,电网交流电被直接变成可调频调压的交流电。

交-直-交变频器也称为间接变频器,它先将电网交流电转换为直流电,经过中间滤波环节之后,再进行逆变才能转换为变频变压的交流电。

三、电气识图、制图基础知识

1．电气控制系统图的基本概念

电气控制系统图是电气技术人员统一使用的工程语言。电气制图应根据国家标准,用规定的图形符号、文字符号及画法绘制。

电气控制系统图中的图形符号通常是指用于图样或其他文件表示一个设备或概念的图形、标记或字符。图形符号由符号要素、一般符号及限定符号构成。

电气控制系统图中的文字符号用于标明电气设备、装置和元器件的名称、功能、状态和特征，可在电气设备、装置和元器件上或其近旁使用，以表明电气设备、装置和元器件种类的字母代码和功能字母代码。电气技术中的文字符号分为基本文字符号和辅助文字符号。基本文字符号中的单字母符号按英文字母将各种电气设备、装置和元器件划分为23个大类，每个大类用一个专用单字母符号表示，如"K"表示继电器、接触器类，"F"表示保护器件类等，单字母符号应优先采用。双字母符号是由一个表示种类的单字母符号与另一个字母组成的，其组合应以单字母符号在前，另一个字母在后的次序列出。

电气控制线路是由许多电气元件按一定的要求连接而成的。为了表达生产机械的电气控制系统的结构、原理等设计意图，以及便于电气系统的安装、调试、使用和维修，需要将电气控制系统中各电气元件及其连接线路用一定的图形表达出来，这种图就是电气控制系统图。

2．电气控制系统图绘制

1）绘图工具

电气控制系统图可以采用 AutoCAD 软件绘制，也可以采用天正电气等专门软件进行绘制。

2）图纸画法

各种图纸有其不同的用途和规定画法，应根据简明易懂的原则，采用统一规定的图形符号、文字符号和画法来绘制。

（1）选择图纸尺寸。

在保证图幅面布局紧凑、清晰和使用方便的原则下选择图纸幅面尺寸。图纸分横图和竖图，图纸幅面尺寸及其代号如表 2.2 所示。应优先选用 A4～A0 号幅面尺寸，若需要加长的图纸，则可采用 A4×5～A3×3 的幅面，若上述所列幅面仍不能满足要求，则可按照 GB/T 14689—2008 的规定加大幅面，或者考虑采用模块化设计，将大图分解为小图绘制，再按组装的方法进行设计。

表2.2 电气控制系统图幅面尺寸及其代号

代　号	尺寸/（mm×mm）	代　号	尺寸/（mm×mm）
A0	841×1189	A3×3	420×891
A1	594×841	A3×4	420×1189
A2	420×594	A4×3	297×630
A3	297×420	A4×4	297×841
A4	210×297	A4×5	297×1051

（2）图纸分区。

为了便于确定电气控制系统图上的主要内容、补充、更改和组成部分等的位置，可以在各种幅面的图纸上分区，如图 2.5 所示。分区数应该是偶数。每个分区的长度一般不小于 25mm，不大于 75mm。每个分区内竖边方向用大写英文字母，横边方向用阿拉伯数字分别编号。编号的顺序应从标题栏相对的左上角开始，分区代号用该区域的字母和数字表示，如 B3、C5。

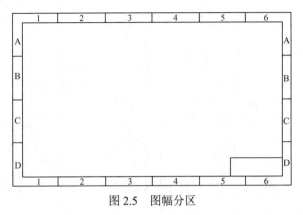

图 2.5　图幅分区

（3）相关绘图标准。

电气控制系统图、电气元件的图形符号和文字符号必须符合国家标准规定。我国参照国际电工委员会（IEC）颁布的标准，制定了电气设备有关国家标准：GB/T 5465.2—2008《电气设备用图形符号　第 2 部分：图形符号》、GB/T 18135—2008《电气工程 CAD 制图规则》。规定从 1990 年 1 月 1 日起，电气控制线路中的图形符号和文字符号必须符合最新的国家标准。

四、电气控制系统图纸

电气控制系统图纸主要分为电气原理图、电气元件布置图、电气安装接线图。

1. 电气原理图

绘制电气原理图的目的是便于阅读和分析控制线路，应根据结构简单，层次分明、清晰的原则，采用电气元件展开形式绘制。它包括所有电气元件的导电部件和接线端子，但并不按照电气元件的实际布置位置来绘制，也不反映电气元件的实际大小。下面以图 2.6 所示的某机床的电气原理图为例，来说明电气原理图的规定画法和应注意的事项。

1）绘制电气原理图时应遵循的原则

（1）电气原理图的组成。

电气原理图一般分为主电路和辅助电路两部分。

主电路是电气控制线路中大电流通过的部分，包括从电源到电动机之间相连的电气元件，一般由组合开关、主熔断器、接触器主触点、热继电器的热元件和电动机等组成。

辅助电路是控制线路中除主电路以外的电路，其流过的电流比较小。辅助电路包括控制电路、照明电路、信号电路和保护电路等。

（2）电气原理图中的电气元件都应采用国家标准中统一规定的图形符号和文字符号表示。

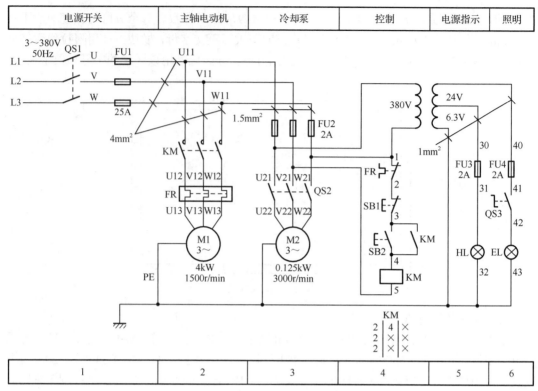

图 2.6 某机床的电气原理图

（3）电气原理图中电气元件的布局，应根据便于阅读原则安排。主电路安排在图幅面左侧或上方，辅助电路安排在图幅面右侧或下方。无论是主电路还是辅助电路，均按功能布置，尽可能按动作顺序从上到下、从左到右排列。

（4）电气原理图中，当同一电气元件的不同部件（如线圈、触点）分散在不同位置时，为了表示同一元件，要在电气元件的不同部件处标注统一的文字符号。特别是对于交流接触器、中间继电器及时间继电器等器件，更需要特别注意器件的不同部件在电路的具体位置（如接触器的线圈在控制回路、主触点在主电路、辅助常开触点和常闭触点在控制回路）。对于同类器件，要在其文字符号后加数字序号来区别，如两个接触器，可用 KM1、KM2 文字符号区别。

（5）电气原理图中，所有电器的可动部分均按没有通电或没有外力作用时的状态绘制。对于继电器、接触器的触点，按其线圈在不通电时的状态绘制；对于控制器，按手柄处于零位时的状态绘制；对于按钮、行程开关等触点，按未受外力作用时的状态绘制。

（6）电气原理图中，应尽量减少线条和避免线条交叉。各导线之间在有电联系时，在导线交点处画实心圆点。根据图幅面布置需要，可以将图形符号旋转绘制，一般按逆时针方向旋转 90°，但文字符号不可倒置。

（7）动力电路的电源线应水平绘制；主电路应垂直于电源线绘制；控制电路和辅助电路应垂直于两条或几条水平电源线之间；耗能元件（如线圈、电磁阀、照明灯和信号灯等）应接在下面一条电源线的一侧，而各种控制触点应接在另一条电源线上。

（8）在电气原理图上应标出各个电源电路的电压值、极性或频率及相数；对某些元件，还应标注其特性（如电阻、电容的数值等）；对不常用的电器（如位置传感器、手动开关等），还要标注其操作方式和功能等。

（9）为方便阅图，在电气原理图中可将图幅面分成若干个图区，图区行的代号用英文字母表示，一般可省略；列的代号用阿拉伯数字表示，其图区编号写在图的下面，并在图的顶部标明各图区电路的作用。

（10）在继电器、接触器线圈下方均列有触点表以说明线圈和触点的从属关系，即"符号位置的索引"。在相应线圈的下方，给出触点的图形符号（有时也可省略），对未使用的触点用"×"标注（或不标注）。

2）图幅面区域的划分

图纸上方的1、2、3等数字是图区的编号，它是为了便于检索电气线路，方便阅读分析从而避免遗漏设置的。图区编号也可设置在图的下方。

图区编号下方的文字表明它对应的下方元件或电路的功能，使读者能清楚地知道某个元件或某部分电路的功能，以利于理解全部电路的工作原理。

3）符号位置的索引

当与某一元件相关的各符号元素出现在只有一张图纸的不同图区时，索引代号只用"图区"表示。

电气原理图中，交流接触器和继电器的索引代号如图2.7所示，即在原理图中相应的线圈下方，给出触点的图形符号，并在下面标明相应触点的索引代码，且对未使用的触点用"×"标注，有时也可采用上述省略触点的表示方法。通过索引，可以快速地找到元器件的位置，这对于交流接触器及继电器这样有多个图形符号的器件来讲，非常重要。

图2.7 交流接触器和继电器的索引代号

对于交流接触器，上述表示方法中各栏的含义如表2.3所示。

表2.3 交流接触器索引代号的各栏含义

左　栏	中　栏	右　栏
主触点所在的图区号	辅助常开触点所在的图区号	辅助常闭触点所在的图区号
表示KM1的主触点在2区	表示KM1辅助常开触点在5区	×表示没有使用

在图2.7中KM1下方的文字是接触器KM相应触点的索引，其主触点在2区，辅助常开触点在4区。

对于继电器，上述表示方法中各栏的含义如表2.4所示。

表2.4 继电器索引代号的各栏含义

左　栏	右　栏
常开触点所在的图区号	常闭触点所在的图区号

在图 2.7 中 KA 下方的文字是中间继电器 KA 相应触点的索引，其常开触点在 9 区和 13 区。

2. 电气元件布置图

电气元件布置图主要表明电气设备上所有电气元件的实际位置，是电气控制设备安装和维修必不可少的技术文件。在电气元件布置图中，电气元件用实线框表示，而不必按其外形形状绘制；图中往往还留有 10%以上的备用面积及导线管（槽）的位置，以供走线和改进设计时使用；体积大的和较重的电气元件应该安装在控制柜或面板的下方；发热元件应安装在控制柜或面板的上方或后方；各元器件代号应与有关电路图和电气元件清单上所列的元器件代号相同；经常要维护、检修、调整的电气元件安装位置不宜过高或过低，还需要标注出必要的尺寸，如图 2.8 所示。

电气元件布置图根据设备的复杂程度可集中绘制在一张图上或将控制柜、操作台的电气元件布置图分别绘出。

绘制电气元件布置图时，机械设备轮廓用双点划线画出，所有可见的和需要表达清楚的电气元件及设备，用粗实线绘出其简单的外形轮廓。

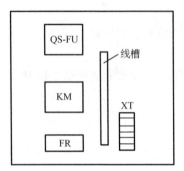

图 2.8　电气元件布置图

注意：在绘制前，最好测量好元器件的尺寸，安排好安装的位置。在满足元器件布线规则的情况下，尽可能保证安装和调试方便。

3. 电气安装接线图

1）电气安装接线图的概念

电气安装接线图是为了安装电气设备和电气元件时进行配线或检查、维修电气控制线路故障服务的。在实际应用中通常与电路图和布置图一起使用。

电气安装接线图是根据电气设备和电气元件的实际位置、配线方式和安装情况绘制的。图 2.9 所示为图 2.6 某机床的电气控制系统接线图。

2）电气安装接线图的绘制原则

（1）各电气元件的相对位置与实际安装的相对位置一致，且所有部件画在一个与实际尺寸成比例绘制的虚线框中。

（2）各电气元件的接线端子都有与电气原理图中一致的编号。

（3）应详细标明配线用的导线型号、规格、标称面积及连接导线的根数，所穿管子的型号、规格等，以及电源的引入点。还应标明连接导线的型号、根数、截面积，如 BVR5×1mm^2 表示聚氯乙烯绝缘软电线，5 根导线，导线截面积为 1mm^2。

（4）安装在电气板内、外的电气元件之间需要通过接线端子板连线。

（5）接线图主要用于安装接线、线路检查、线路维护和故障处理，它表示在设备电气控制系统各单元和各元件间的接线关系，并标明所需数据，如接线端子号、连接导线参数等。

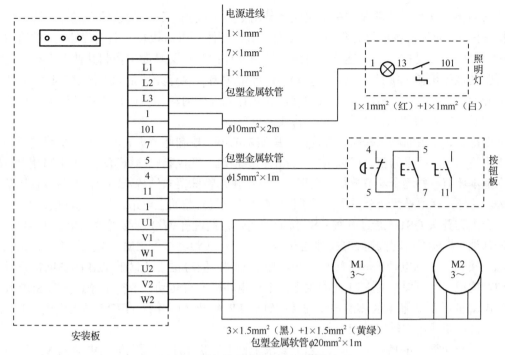

图 2.9 某机床的电气控制系统接线图

五、阅读和分析电气控制线路图的方法

1．查线读图法

以下介绍电气控制线路图的查线读图法的要点。

1）了解生产工艺与执行电器的关系

电气线路是为生产机械和工艺过程服务的，不熟悉被控对象和它的动作情况，就很难正确分析电气线路。因此，在分析电气线路之前，应该充分了解生产机械要完成哪些动作，这些动作之间又有什么联系，即熟悉生产机械的工艺情况，必要时可以画出简单的工艺流程图，明确各个动作的关系。此外，还应进一步明确生产机械的动作与执行电器的关系，给分析电气线路提供线索和方便。例如，当车床主轴转动时，要求油泵先给齿轮箱供油润滑，即应保证在润滑泵电动机启动后才允许主拖动电动机启动，伺服控制对象对控制线路提出了按顺序工作的联锁要求。

2）分析主电路

在分析电气线路时，一般应先从电动机着手，即从主电路看有哪些控制元件的主触点、电阻等，然后根据其组合规律大致可判断电动机是否有正、反转控制，是否制动，是否要求调速等。这样，在分析控制电路的工作原理时，就能做到心中有数、有的放矢。

3）读图和分析控制电路

在控制电路中，首先根据主电路控制元件主触点的文字符号，找到有关的控制环节和环节间的相互联系。通常对控制电路大多是由上往下或由左往右阅读的。然后，设想按动了操作按钮（应记住各信号元件、控制元件或执行元件的原始状态），查对线路（跟踪追击），观察有哪些元件受控动作。逐一查看这些动作元件的触点又是如何控制其他元件动作的，进而驱动被控机械或被控对象有何运动。还要继续追查执行元件带动机械运动时，会使哪些信号元件状态发生变化，再查对线路，看执行元件如何动作……在读图过程中，特别要注意相互间的联系和制约关系，直至将线路全部看完为止。

无论多么复杂的电气线路，都是由一些基本的电气控制环节构成的。在分析线路时，要善于化整为零，积零为整。可以按主电路的构成情况，把控制电路分解成与主电路相对应的几个基本环节，并逐个环节分析。还应注意那些满足特殊要求的特殊部分，然后把各环节串起来。这样，就不难读懂全图了。对于图2.6所示电气线路的主电路，其控制过程如下：

合上刀开关QS1，通过开关QS3接通照明灯；通过开关QS2接通油泵电动机M2，提供冷却油；若按下启动按钮SB2，则位于4区的交流接触器线圈KM有电，位于2区的KM主触点接通，主轴电动机M1转动，开始加工处理，同时位于4区的KM的辅助常开触点接通，构成自锁，保持对KM线圈供电，主轴电动机一直转动。若按下停止按钮SB1或者主轴电动机过载引起4区热继电器的常闭触点FR断开，则4区的KM线圈失电，2区的KM主触点断开，主轴电动机停转。

这是一个简单的控制实例，工艺上要求主轴电动机M1必须在油泵电动机M2正常运行后才能启动，这就需要操作者先开油泵电动机M2，再开主轴电动机M1。也可以采用双接触器自动控制，将油泵电动机接触器KM2的常开触点串入主轴电动机接触器KM1的线圈中，从而保证接触器KM1仅在KM2通电后才能通电，即油泵电动机M2启动后M1才能启动，以实现顺序控制，从而满足工艺要求。

查线读图法的优点是直观易学、应用广泛，缺点是分析容易出错、叙述冗长。

总结成一句话："先机后电，先主后辅，化整为零，集零为整，统观全局，总结特点"。

2. 逻辑代数法

逻辑代数又叫布尔代数或开关代数。逻辑代数法通过对电路的逻辑表达式的计算来分析控制电路。

逻辑代数的变量只有"1"和"0"两种取值，"0"和"1"分别代表两种对立的、非此即彼的概念，若"1"代表"真"，"0"则为"假"；若"1"代表"有"，"0"则为"无"；若"1"代表"高"，"0"则为"低"。

在机械电气控制线路中，开关触点只有"闭合"和"断开"两种截然不同的状态；电路中的执行元件，如继电器、接触器、电磁阀的线圈也只有"得电"和"失电"两种状态；在数字电路中，某点的电平只有"高"和"低"两种状态等。逻辑代数在50多年前就被用来描述、分析和设计电气控制线路，随着科学技术的发展，逻辑代数已成为分析电路的重要数学工具。

这种读图方法的优点是，各电气元件之间的联系（串联与并联）和制约（互锁与自锁）关系在逻辑表达式中一目了然。通过对逻辑代数的具体运算，一般不会遗漏或看错电路的控制功能。根据逻辑表达式可以迅速、正确地得出电气元件是如何通电的，为故障分析提供方便。该方法的主要缺点是，对于复杂的电气线路，其逻辑表达式很烦琐、冗长。但采用逻辑代数法以后,可以对电气线路采用计算机辅助分析的方法。

知识卡 4　三相异步电动机控制电路

三相异步电动机基本控制电路在生产、生活中有着非常广泛的应用,因此我们需要掌握一些典型的三相异步电动机应用电路,以便分析各类电气控制设备的控制电路的工作原理。

【案例 2-1】刀开关直接启/停控制电路

在很多地方,我们都会见到利用刀开关直接启/停电动机的应用场景,控制电路图如图 2.10 所示。该电路只使用一个刀开关和一个熔断器,是最简单的交流电动机启/停控制电路。

刀开关直接启/停控制电路有以下几点不足。

(1) 只适用于不需要频繁启/停的小容量电动机。
(2) 只能就地操作,不便于远距离控制。
(3) 无失压保护和欠压保护的功能。

注意:

失压保护:电动机运行后,外界突然断电后重新恢复正常供电时,电动机不会自行运转。

欠压保护:电动机运行后,外界电压下降太多后重新恢复正常供电时,电动机不会自行运转。

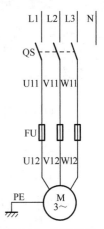

图 2.10　刀开关直接启/停控制电路图

【案例 2-2】点动、长动、长动与点动控制电路

1. 点动控制电路

在设备安装调试、维护维修的情况下,需要使用点动控制电路,即通过按下按钮让电动机得电启动运转,松开按钮电动机失电直到停转。

点动控制电路图如图 2.11 所示。该电路由左侧的主回路(包含刀开关 QS、熔断器 FU、接触器 KM 的三对主触点和电动机 M 的定子绕组)和右侧的控制回路(按钮 SB 和接触器 KM 线圈串联)组成。

点动控制电路图的工作原理如下:

合上刀开关 QS,因为没有按下按钮 SB,所以控制回路中接触器 KM 线圈没有得电,接触器 KM 主触点断开,电动机 M 不得电,不会转动。

按下按钮 SB 后,控制回路中接触器 KM 线圈得电,接触器 KM 主触点闭合,电动机 M 得电,开始转动。

松开按钮 SB 后,控制回路中接触器 KM 线圈失电,接触器 KM 主触点断开,电动机 M 断电,停止转动。

点动控制电路中,接通刀开关,不能直接启动电动机,从而具备了失压保护和欠压保护功能。熔断器起短路保护作用,若发生三相电路的任意两相电路短路,或任意一相发生对地短路，则熔断器熔断，切断主电路电源，实现对电动机的保护。

控制过程也可以使用符号来表示，其方法规定为：各种电器在没有外力作用或者未通电的状态下记为"−"，电器在受到外力作用或者通电的状态下记为"+"，并将它们相互的联系使用线段"—"表示，线段左边符号表示原因，线段右边符号表示结果，自锁状态用在接触器符号右下角写"自"表示。上述三相异步电动机点动控制过程可以表示为

启动过程：$SB^+—KM^+—M^+$（启动）。

停止过程：$SB^-—KM^-—M^-$（停止）。

其中，$SB_{自}^+$表示按下，$SB_{自}^-$表示松开。

2．长动控制电路

在设备正常运转的情况下，需要使用长动控制电路（也叫启保停控制电路），即按下启动按钮让电动机得电启动运转，松开启动按钮电动机继续运转，按下停止按钮，电动机失电直到停转。长动控制电路图如图2.12所示。

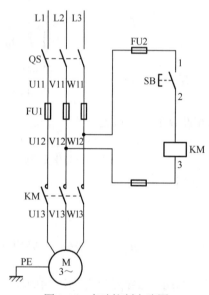

图2.11 点动控制电路图

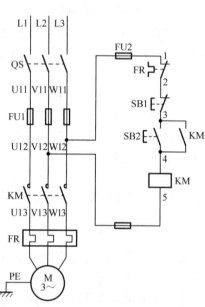

图2.12 长动控制电路图

长动控制电路由左侧的主回路（包含刀开关QS、熔断器FU、接触器KM的三对主触点、热继电器FR的三对触点和电动机M的定子绕组）和右侧的控制回路（热继电器的常闭触点FR、停止按钮SB1常闭触点、启动按钮SB2常开触点和接触器KM线圈串联，将接触器KM的常开触点和启动按钮SB2并联）组成。

长动控制电路带有自锁功能，因而具有失压（零压）保护和欠压保护功能，即一旦发生断电或电源电压下降到一定值（额定电压值的85%以下）时，自锁触点断开，接触器线圈断电，电动机停止转动。工作人员再次按下启动按钮SB2，电动机才能重新启动，从而保证了人身和设备的安全。

长动控制电路的工作原理如下：

合上刀开关QS。

启动过程：SB2$^±$— KM$_自^+$—M$^+$（启动）。

停止过程：SB1$^±$— KM$^-$—M$^-$（停止）。

过载保护过程：电动机过载—FR$^-$—M$^-$（停止）。

其中，SB$^±$表示先按下，后松开；KM$_自$表示接触器自锁。接触器"自锁"是指依靠接触器自身的辅助常开触点来保证线圈继续通电的电路结构。图 2.12 中按钮 SB2 和接触器 KM 的常开触点并联构成接触器自锁电路。

3．长动与点动控制电路

有些设备既需要长动，也需要点动。例如，一般机床在正常生产时，电动机连续运转，即长动；而在试车调整，设备调试时，需要点动。利用复合按钮可以实现长动+点动控制，如图 2.13 所示。该电路由左侧的主电路（与长动控制电路相同）和右侧的控制回路［由停止按钮 SB1、长动按钮 SB2、复合按钮 SB3（图中虚线表示这个常开触点和常闭触点同属于SB3）、接触器 KM 的常开触点和接触器 KM 线圈］组成。

长动与点动控制电路的工作原理如下：

合上刀开关 QS。

点动：SB3$^±$—KM$^±$—M$^±$（运转、停止）。

长动：SB2$^±$— KM$_自^+$—M$^+$（启动）。

在点动过程中，按下复合按钮 SB3，它的常闭触点先断开接触器的自锁电路，常开触点再闭合，接触器 KM 线圈接通有电，电动机转动；松开复合按钮 SB3，它的常开触点先恢复断开，切断接触器 KM 线圈电源，使其断电，电动机停止，复合按钮 SB3 的常闭触点再闭合。

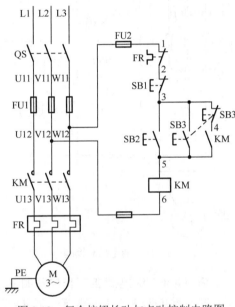

图 2.13　复合按钮长动与点动控制电路图

【案例 2-3】时间控制与多点控制电路

1．时间控制电路

某些生产设备需要延时接通，可以采用通电延时型继电器来进行控制。通电延时控制电路图如图 2.14 所示。

通电延时控制电路的工作原理如下：

按下启动按钮 SB2，中间继电器 KA 的线圈与时间继电器 KT 的线圈同时通电，中间继电器 KA 的辅助常开触点接通，中间继电器 KA 自锁；而延时接通时间继电器经过一定的延时后，时间继电器 KT 延时接通触点常开，时间继电器 KT 动作，接触器 KM 的线圈通电，主触点接通，电动机 M 运转，即

$$SB2^± — KA_自^+ — KT^+ \xrightarrow{\Delta t} KM^+ — M^+ （启动）$$

按下停止按钮 SB1，中间继电器 KA 的线圈失电，中间继电器 KA 的辅助触点失电，

时间继电器KT的线圈失电，导致时间继电器KT的常开触点复位（断开），接触器KM的线圈失电，主触点断开，电动机M停止，即

$$SB1^{\pm}—KA^{-}—KT^{-}—KM^{-}—M^{-}（停止）$$

某些生产设备需要延时断电，可以采用断电延时型继电器来进行控制。断电延时控制电路图如图2.15所示。

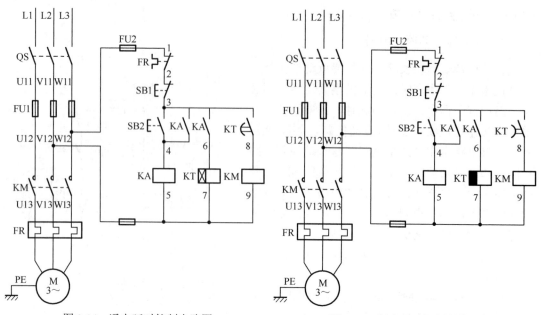

图2.14 通电延时控制电路图　　　　图2.15 断电延时控制电路图

断电延时控制电路的工作原理如下：

时间继电器KT为断电延时型继电器，其延时断开常开触点在时间继电器KT线圈得电时闭合（相当于瞬动触点），在时间继电器KT线圈断电时，经延时后该触点断开，即

$$SB2^{\pm}—KA_{自}^{+}—KT^{+}—KM^{+}—M^{+}（启动）$$

$$SB1^{\pm}—KA^{-}—KT^{-}\xrightarrow{\Delta t}KM^{-}—M^{-}（停止）$$

2. 多点控制电路

多点控制的特点是启动按钮（SB3和SB4）全部并联在自锁触点两端，按下任何一个都可以启动电动机；停止按钮（SB1和SB2）全部串联在接触器线圈回路，按下任何一个都可以停止电动机的工作。

多点控制电路图如图2.16所示。该电路由左侧的主回路（与图2.12相同）和右侧的控制回路（热继电器的常闭触点串联按钮SB1和SB2常闭触点，构成停止和过载保护电路；SB3常开触点和SB4常开触点及接触器KM的常开触点并联，构成多点启

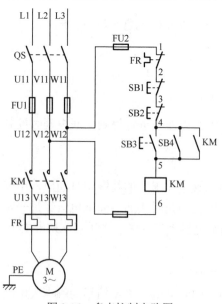

图2.16 多点控制电路图

动和自锁电路,再串联接触器 KM 的线圈)组成。

多点控制电路的工作原理如下:

合上刀开关 QS。

启动过程:SB3$^\pm$或 SB4$^\pm$—KM$_自^+$—M$^+$(启动)

停止过程:SB1$^\pm$或 SB2$^\pm$—KM$^-$—M$^-$(停止)

其中,SB$^\pm$表示先按下,后松开。

可见,要实现多点启动,启动按钮(SB3 和 SB4)全部并联在自锁触点两端,构成逻辑上的"或"运算;停止按钮(SB1 和 SB2)全部串联在接触器线圈回路,构成逻辑上的"与"运算。

【案例 2-4】电动机正、反转控制电路

上、下高楼大厦时,电梯是一种常用的快捷交通工具,电梯运转需要拖拽电动机拖动电梯轿厢上行、下行。另外,企业的加工中心在加工零件时也需要电动机带动生产部件向正、反两个方向运动。如果采用一部电动机实现两个方向的拖动,那么应该怎样控制电动机的转向呢?

对于三相笼型异步电动机,实现正、反转控制只需要改变电动机定子的三相电源相序,将主回路中的三相电源线的任意两相对调即可。

常用两种方式:一种是使用倒顺开关(或组合开关)改变相序,主要适用于不需要频繁正、反转的电动机;另一种是使用接触器的主触点改变相序,主要适用于需要频繁正、反转的电动机。

需要注意的是,使用交流接触器换相时,KM1 和 KM2 的主触点中由于有一相是公共的,所以两组主触点不能同时闭合(KM1 和 KM2 接触器的线圈不能同时通电),否则会引起电源短路。为了解决这个问题,常采用"互锁"电路结构,下面介绍三种正、反转互锁控制电路的方法。

方法 1:接触器互锁正、反转控制电路,如图 2.17 所示。该电路由左侧的主回路(与长动控制电路相比增加了接触器 KM2 的三对主触点,注意 KM2 的 L1 和 L3 对调换相)和右侧的控制回路(停止和过载保护电路由热继电器常闭触点串联停止按钮 SB1 构成;正转控制电路:正转按钮 SB2 先和接触器 KM1 常开触点并联,再串联接触器 KM2 的常闭触点,然后串联接触器 KM1 的线圈;反转控制电路:反转按钮 SB3 先和接触器 KM2 常开触点并联,再串联接触器 KM1 的常闭触点,然后串联接触器 KM2 的线圈)组成。

互锁:如图 2.17 所示,接触器 KM1 和 KM2 的线圈分别串联对方的常闭触点,任何一个接触器接通的条件是另一个接触器必须处于断电状态。两个接触器之间的这种相互关系叫接触器互锁(联锁)。采用电气元件来实现的互锁也称为电气互锁。实现电气互锁的触点称为互锁触点。

接触器互锁正、反转控制电路的工作原理如下:

合上刀开关 QS。

正转:SB2$^\pm$—KM1$_自^+$—M$^+$(正转)

KM2$^-$(互锁)

反转：SB3$^{\pm}$—KM2$^{+}_{自}$—M^{+}（反转）

KM1^{-}（互锁）

停止：SB1$^{\pm}$—KM1/2^{-}—M^{-}（停止）

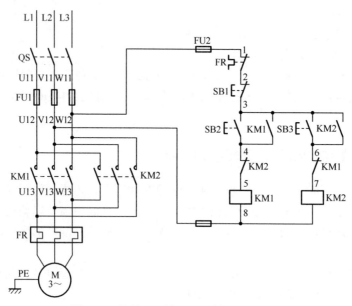

图 2.17 接触器互锁正、反转控制电路图

注意：接触器互锁正、反转控制电路的主要问题是在切换转向时，必须先按停止按钮 SB1，不能直接过渡，这给操作带来不便。

方法 2：按钮互锁正、反转控制电路，如图 2.18 所示。该电路由左侧的主回路（与方法 1 相同）和右侧的控制回路（停止和过载保护电路，由热继电器常闭触点串联停止按钮 SB1 构成；正转控制电路，反转按钮 SB3 常闭触点，先串联正转按钮 SB2 和接触器 KM1 常开触点并联构成的自锁电路，再串联接触器 KM1 的线圈；反转控制电路，正转按钮 SB2 常闭触点，先串联反转按钮 SB3 和接触器 KM2 常开触点并联构成的自锁电路，再串联接触器 KM2 的线圈）组成。

由复合按钮 SB2、SB3 的常闭触点分别串联在对方接触器线圈的供电回路中，按下 SB2 则切断 SB3 对应的反转线圈供电回路，按下 SB3 则切断 SB2 对应的正转线圈供电回路，实现互锁。这种利用按钮实现的互锁称为"按钮互锁"或"机械互锁"。

利用按钮互锁，可以直接从正转过渡到反转。其缺点是容易短路。若正转接触器主触点因为老化或剩磁延迟释放，或被卡住不能释放，此时按下 SB3 反转则会引起短路故障。

按钮互锁正、反转控制电路的工作原理如下：

正转：SB2$^{\pm}$—KM2^{-}（互锁）

SB2$^{\pm}$—KM1$^{+}_{自}$—M^{+}（正转）

反转：SB3$^{\pm}$—KM2$^{+}_{自}$—M^{+}（反转）

SB3$^{\pm}$—KM1^{-}（互锁）

停止：SB1$^{\pm}$—KM1/2^{-}—M^{-}（停止）

第1部分 低压电器控制知识

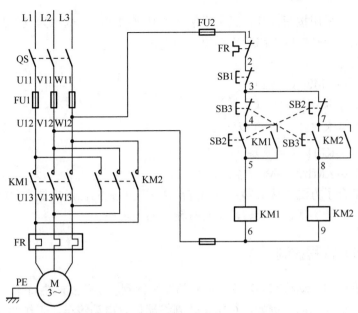

图 2.18 按钮互锁正、反转控制电路图

方法 3：双重互锁正、反转控制电路，如图 2.19 所示。该电路由左侧的主回路（与方法 1 相同）和右侧的控制回路（停止和过载保护电路：由热继电器常闭触点串联停止按钮 SB1 构成；正转控制电路：反转按钮 SB3 常闭触点先串联正转按钮 SB2 和接触器 KM1 常开触点并联构成的自锁电路，再串联接触器 KM2 的常闭触点，然后串联接触器 KM1 的线圈；反转控制电路：正转按钮 SB2 常闭触点先串联反转按钮 SB3 和接触器 KM2 常开触点并联构成的自锁电路，再串联接触器 KM1 的常闭触点，然后串联接触器 KM2 的线圈）组成。

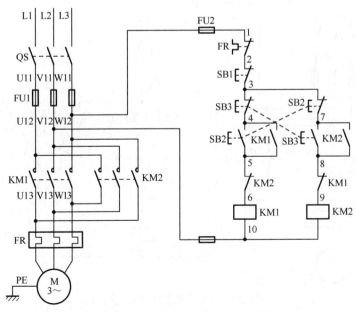

图 2.19 双重互锁正、反转控制电路图

双重互锁：既采用按钮互锁，又采用接触器互锁的电路结构称为双重互锁。

双重互锁正、反转控制电路的工作原理如下：

合上刀开关 QS。

正转：$SB2^{\pm}$—$KM2^{-}$（互锁）；

　　　$SB2^{\pm}$—$KM1^{+}_{自}$—M^{+}（正转）。

反转：$SB3^{\pm}$—$KM2^{+}_{自}$—M^{+}（反转）；

　　　$SB3^{\pm}$—$KM1^{-}$（互锁）。

停止：$SB1^{\pm}$—$KM1/2^{-}$—M^{-}（停止）。

双重互锁结合了方法 1 接触器互锁和方法 2 按钮互锁的优点，是一种比较完善的正、反转控制电路，既能实现正、反转，又具有较高的安全性。

【案例 2-5】行程控制

某些生产机械的运动状态的转换，是靠部件运行到一定位置时由行程开关（位置开关）发出信号进行自动控制的。例如，行车运动到终端位置自动停车，工作台在指定区域内自动往返移动，都是由运动部件运动的位置或行程来控制的，这种控制称为行程控制。

行程控制是以行程开关代替按钮来实现对电动机的启动和停止控制的，可分为限位断电（使用限位开关的常闭触点代替停止按钮）、限位通电（使用限位开关的常闭触点代替启动按钮）和自动往复循环控制。

自动往复循环控制电路图如图 2.20 所示。工作台在行程开关 SQ1 和 SQ2 之间自动往复运动，直到按下停止按钮 SB1 为止。图 2.20 中的 SQ3 为反转极限位置开关，SQ4 为正转极限位置开关。

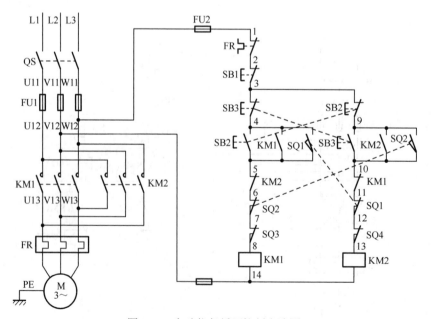

图 2.20　自动往复循环控制电路图

以下为自动往复循环控制电路的工作原理。

合上刀开关 QS。

按下 SB2，其工作过程如下：

$$SB2^{\pm} - KM1^{+}_{自} \begin{Bmatrix} M^{+}（正转）\xrightarrow{\Delta S} SQ1^{+} \begin{Bmatrix} KM1^{-} - M^{-}（停车） \\ KM2^{+}_{自} \begin{Bmatrix} M^{+}（反转）\xrightarrow{\Delta S} SQ2^{+} \begin{Bmatrix} KM2^{-} \cdots\cdots \\ KM1^{+}_{自} \cdots\cdots \end{Bmatrix} \end{Bmatrix} \\ KM2^{-}（互锁） \end{Bmatrix}$$

若按下 SB3，则电动机先反转，碰到 SQ2 停止，然后正转，碰到 SQ1 后反转，如此循环往复。可见，这个自动循环控制电路本质上是一个电动机的正、反转控制电路，只不过在启动后正、反转的切换变成由限位开关自动控制。

【案例 2-6】顺序启/停控制电路

顺序控制是指生产机械中多台电动机按预先设计好的次序先后启动或停止的控制。例如，当加工中心开始加工时，需要先启动一个小功率的冷却油泵，再启动主轴电动机；停止时，通常先停止主轴电动机，再停止冷却油泵。

1．同时启动、同时停止控制电路

两个电动机同时启动、同时停止控制电路图如图 2.21 所示。该电路由左侧的主回路（与单个电动机控制电路相比增加了一个接触器 KM2 和一个热继电器 FR2）和右侧的控制回路（停止和过载保护电路，由热继电器常闭触点 FR1 先串联 FR2，再串联停止按钮 SB1 构成；启动控制电路，启动按钮 SB2 先和接触器 KM1（或 KM2）辅助常开触点并联，再串联接触器 KM1 的线圈，然后接触器 KM2 的线圈和接触器 KM1 的线圈并联）组成。

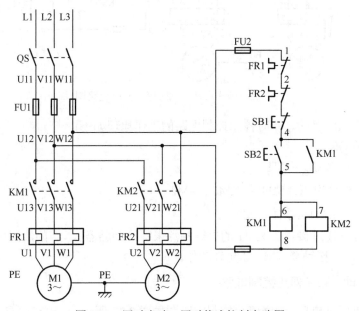

图 2.21　同时启动、同时停止控制电路图

两个电动机同时启动、同时停止控制电路的工作原理如下：
合上刀开关 QS。

启动：$SB2^{\pm}— KM1^{+}_{自}—M1^{+}$

$SB2^{\pm}— KM2^{+}_{自}—M2^{+}$

停止：$SB1^{\pm}—KM1^{-}—M1^{-}—M2^{-}$

2．顺序启动、同时停止控制电路

两个电动机顺序启动、同时停止控制电路图如图 2.22 所示，该电路由主回路（与图 2.21 相同）和控制回路（停止和过载保护电路：由热继电器常闭触点 FR1 先串联 FR2，再串联停止按钮 SB1 构成；启动控制电路：启动按钮 SB2 先和接触器 KM1 常开触点并联，再串联接触器 KM1 的线圈；启动按钮 SB3 先和接触器 KM2 常开触点并联，构成的电路再串联接触器 KM2，此电路和接触器 KM1 的线圈并联）组成。

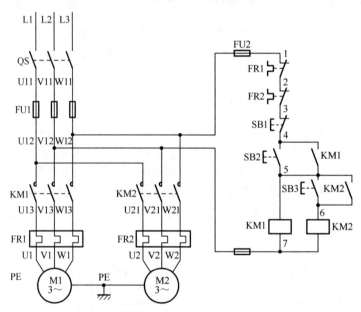

图 2.22 顺序启动、同时停止控制电路图

两个电动机顺序启动、同时停止控制电路的工作原理如下：
合上刀开关 QS。

启动：$SB2^{\pm}— KM1^{+}_{自}—M1^{+}$

在 M1 启动的情况下：$SB3^{\pm}— KM2^{+}_{自}—M2^{+}$

停止：$SB1^{\pm}—KM1^{-}—M1^{-}—M2^{-}$

顺序启动控制通过接触器 KM1 的自锁触点来制约接触器 KM2 的线圈供电。只有在接触器 KM1 动作后，接触器 KM2 才允许动作。

3．同时启动、顺序停止控制电路

两个电动机同时启动、顺序停止控制电路图如图 2.23 所示。该电路由左侧的主回路（与图 2.21 相同）和右侧的控制回路（过载保护电路：由热继电器常闭触点 FR1 串联常闭触点

FR2 构成；启动控制电路：启动按钮 SB1 先和接触器 KM1 常开触点并联，再串联停止按钮 SB2，然后串联接触器 KM1 的线圈；接触器 KM2 的常开触点先串联按钮 SB3 常闭触点，构成的电路再并联接触器 KM1 的常开触点，此电路然后串联接触器 KM2 的线圈）组成。

电路中接触器 KM1 的常开触点串联在接触器 KM2 的线圈支路，不但使接触器 KM1 与接触器 KM2 同时动作，而且只有接触器 KM1 断电释放后，按下按钮 SB3 才可使接触器 KM2 断电释放。

两个电动机同时启动、顺序停止控制电路的工作原理如下：

合上刀开关 QS。

启动：SB1$^{\pm}$—KM1$_{自}^{+}$—M1^{+}；

SB1$^{\pm}$—KM2$_{自}^{+}$—M2^{+}。

停止：SB2$^{\pm}$—KM1^{-}—M1^{-}。

在 M1 停止的情况下：SB3$^{\pm}$—KM2^{-}—M2^{-}。

4．顺序启动、逆序停止控制电路

两个电动机顺序启动、逆序停止控制电路图如图 2.24 所示。该电路由左侧的主回路（与图 2.21 相同）和右侧的控制回路［过载保护电路，由热继电器常闭触点 FR1 串联常闭触点 FR2 构成；启动控制电路，启动按钮 SB1 先和接触器 KM1 常开触点并联，再串联电路块（停止按钮 SB4 与接触器 KM2 辅助常开触点并联），然后串联接触器 KM1 的线圈；接触器 KM1 的辅助常开触点先串联 SB2 常开触点，构成的电路再并联接触器 KM2 的辅助常开触点，此电路然后串联 SB3 停止按钮，最后串联线圈 KM2］组成。

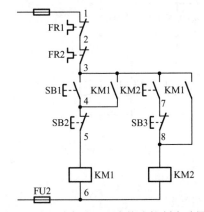

图 2.23　同时启动、顺序停止控制电路图

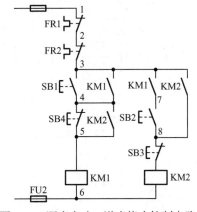

图 2.24　顺序启动、逆序停止控制电路图

电路中接触器 KM1 的常开触点串联 SB2 启动按钮，使接触器 KM2 必须在接触器 KM1 启动后才能启动；先按下按钮 SB3 使接触器 KM2 断电释放，才能按下停止按钮 SB4，使接触器 KM1 断电释放。

两个电动机顺序启动、逆序停止控制电路的工作原理如下：

合上刀开关 QS。

启动：SB1$^{\pm}$—KM1$_{自}^{+}$—M1^{+}。

M1 启动后：SB2$^{\pm}$—KM2$_{自}^{+}$—M2^{+}。

停止：SB3$^\pm$—KM2$^-$—M2$^-$。

在 M2 停止的情况下：SB4$^\pm$—KM1$^-$—M1$^-$。

【案例2-7】三相异步电动机星-三角降压启动控制

三相异步电动机降压启动控制常见的电路有星-三角降压启动、自耦变压器降压启动等，还有延边三角形降压启动、定子串电阻降压启动，后两种启动方式较少采用。

星-三角降压启动是指在电动机启动时，将定子绕组接成星形，以降低启动电压（220V），减小启动电流；待电动机启动后，再把定子绕组改接成三角形，使电动机全压（380V）运行。星-三角降压启动控制电路图如图 2.25 所示。

星-三角降压启动电路的工作原理：按下启动按钮 SB2，接触器 KM1、KM3 的线圈得电吸合，电动机星形启动。同时通电延时型继电器 KT 线圈得电，经过延时后，其延时接通常闭触点 KT 断开，使得接触器 KM3 线圈失电，延时接通常开触点 KT 闭合，接通接触器 KM2 线圈并自锁，电动机切换成三角形方式运行。

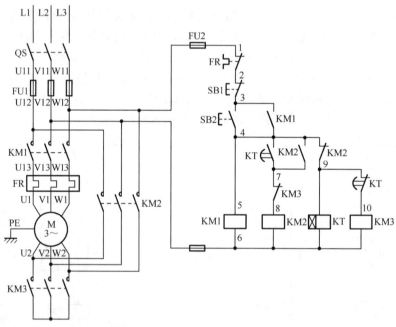

图 2.25　星-三角降压启动控制电路图

【案例2-8】三相笼型异步电动机制动控制

在生产过程中，有些生产机械往往要求电动机快速、准确地停车，而电动机在脱离电源后由于机械惯性的存在，完全停止需要一段时间，因此要求对电动机采取有效措施进行制动。电动机制动分两大类：机械制动和电气制动。

机械制动是在电动机断电后利用机械装置对其转轴施加相反的作用力矩（制动力矩）来进行制动的。电磁抱闸就是常用方法之一，结构上电磁抱闸由制动电磁铁和闸瓦制动器组成。断电制动型电磁抱闸在电磁线圈断电时，利用闸瓦对电动机轴进行制动；电磁铁线圈得电时,松开闸瓦,电动机可以自由转动。这种制动在起重机上被广泛采用。

电气制动是使电动机在停车时产生一个与转子原来的实际旋转方向相反的电磁力矩(制动力矩)来进行制动的。常用的电气制动有反接制动和能耗制动等。

1. 反接制动

速度继电器主要用作笼型异步电动机的反接制动控制,也称为反接制动继电器。

反接制动是在电动机的原三相电源被切断后,立即通上与原相序相反的三相交流电源,以形成与原转向相反的电磁力矩,利用这个制动力矩使电动机迅速停止转动。这种制动方式必须在电动机转速降到接近零时切除电源,否则电动机仍有反向力矩可能会反向旋转,造成事故。

主电路中所串联电阻 R 为制动限流电阻,防止反接制动瞬间过大的电流可能会损坏电动机。速度继电器 KS 与电动机同轴,当电动机转速上升到一定数值时,速度继电器的常开触点闭合,为制动做好准备。制动时转速迅速下降,当其转速下降到接近零时,速度继电器常开触点恢复断开,接触器 KM2 线圈断电,防止电动机反转。三相异步电动机单向运转反接制动控制电路图如图 2.26 所示。

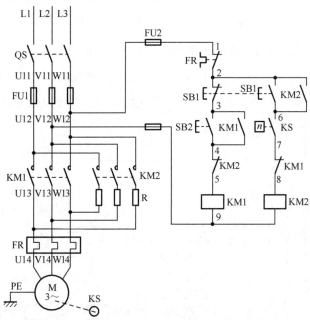

图 2.26 三相异步电动机单向运转反接制动控制电路图

三相异步电动机单向运转反接制动控制电路工作原理如下:

启动控制:$SB2^{\pm} - KM1_{自}^{+} \begin{array}{l} M^+（正转）\xrightarrow{n_2\uparrow} KS^+ \\ KM2^-（互锁） \end{array}$

反接制动:$SB1^{\pm} \begin{array}{l} KM1^- \begin{array}{l} M^- \\ KM2（互锁解除） \end{array} \\ KM2_{自}^{+} \begin{array}{l} M^+（串联R制动）\xrightarrow{n_2\downarrow} KS^- - KM2^- - M^-（制动结束） \\ KM1^-（互锁） \end{array} \end{array}$

反接制动的优点是制动迅速,但制动冲击大,能量消耗也大,故常用于不经常启动和制动的大容量电动机。

2. 能耗制动

能耗制动是将运转的电动机脱离三相交流电源的同时,给定子绕组加一直流电源,以产生一个静止磁场,利用转子感应电流与静止磁场的作用,产生反向电磁力矩而制动的。能耗制动时,制动力矩的大小与转速有关,转速越高,制动力矩越大;转速降低,制动力矩减小;当转速为零时,制动力矩消失。

1)时间原则控制的能耗制动控制电路

图 2.27 中,主电路在进行能耗制动时所需的直流电源由四个二极管组成单相桥式整流电路通过接触器 KM2 引入,交流电源与直流电源的切换由接触器 KM1 和 KM2 来完成,制动时间由时间继电器 KT 决定。电路工作原理如下:

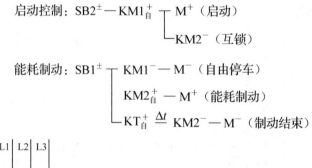

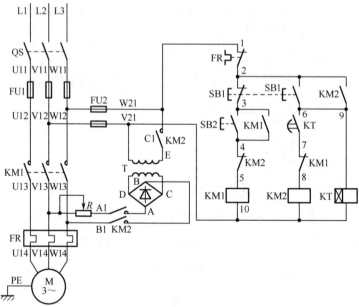

图 2.27 时间原则控制的能耗制动控制电路图

2)速度原则控制的能耗制动控制电路

图 2.28 所示为速度原则控制的能耗制动控制电路。其工作原理与图 2.26 单向运转反接制动控制电路相似,按下启动按钮 SB2,交流接触器 KM1 的线圈得电,主电路接触器 KM1

主触点接通电动机 M 转动,同时,接触器的辅助触点 KM1 接通,自锁,电动机长动。按下复合按钮 SB1,常闭按钮 SB1 先断开,交流接触器 KM1 线圈失电,主电路接触器 KM1 主触点断开;常开按钮 SB1 接通,此时速度继电器 KS 由于电动机还处于高速转动,其常开触点处于闭合状态,所以,交流接触器 KM2 线圈有电,给定子绕组加一直流电源,以产生一个静止磁场,利用转子感应电流与静止磁场的作用,产生反向电磁力矩而制动。随着电动机转速的降低,速度继电器 KS 常开触点断开,停止能耗制动。

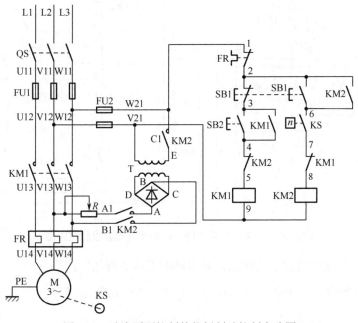

图 2.28 速度原则控制的能耗制动控制电路图

能耗制动的优点是制动准确、平稳,能量消耗小,但需要整流设备,故常用于要求制动平稳、准确和启动频繁的、容量较大的电动机。

速度原则控制的能耗制动控制电路的工作原理如下:

启动控制:$SB2^{\pm} - KM1_{自}^{+} \begin{cases} M^{+}(正转) \xrightarrow{n_2 \uparrow} KS^{+} \\ KM2^{-}(互锁) \end{cases}$

能耗制动:$SB1^{\pm} \begin{cases} KM1^{-} \begin{cases} M^{-} \\ KM2(互锁解除) \end{cases} \\ KM2_{自}^{+} \begin{cases} M^{+}(能耗制动) \xrightarrow{n_2 \downarrow} KS^{-} - KM2^{-} - M^{-}(制动结束) \\ KM1^{-}(互锁) \end{cases} \end{cases}$

【案例 2-9】三相异步电动机调速控制

1. 变极调速控制电路

双速三相异步电动机的手动调速控制电路图如图 2.29 所示。KM1 主触点闭合,电动机定子绕组以三角形接法连接,磁极对数为 2 对极,同步转速为 1500r/min;接触器 KM2 和 KM3 主触点闭合,电动机定子绕组以双星形接法连接,磁极对数为 1 对极,同步转速为 3000r/min。

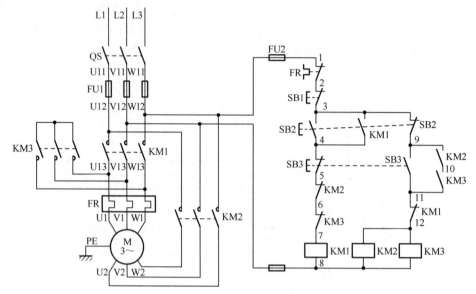

图 2.29 双速三相异步电动机的手动调速控制电路图

双速三相异步电动机的手动调速控制电路的工作原理如下:

低速控制:$SB2^{\pm}$ — $KM1^{+}_{自}$ ─┬─ M^{+}(三角形连接、低速)
　　　　　　　　　　　　　　　　　　　└─ $KM2^{-}$,$KM3^{-}$(互锁)

高速制动:$SB1^{\pm}$ ─┬─ $KM1^{-}$(互锁)─┬─ M^{-}
　　　　　　　　　　　　 │　　　　　　　　　　 └─ KM2(互锁解除)
　　　　　　　　　　　　 └─ $KM2^{+}_{自}$,$KM3^{+}_{自}$ ─┬─ M^{+}(双星形连接、高速)
　　　　　　　　　　　　　　　　　　　　　　　　　　　　　　└─ $KM1^{-}$(互锁)

2. 变频调速控制电路

各大自动化设备厂商都有自己的变频器,如西门子的通用变频器,主要包含 V20 和 G120 变频器;欧姆龙公司的 3G 系列;三菱公司的 A700 系列;国产的,如汇川、森兰、合康等,也有较多的应用。下面学习西门子的 V20 变频器的外部直接控制电路。

基本型变频器 SINAMICS V20 提供经济型的解决方案,SINAMICS V20 有七种外形尺寸可供选择,有三相 400V 和单相 230V 两种电源规格,功率范围为 0.12~30kW,主要应用于风机、水泵和传送装置等设备的控制。

V20 变频器(见图 2.30)通过简单的参数设定就可以实现预定的控制功能。V20 变频器内置常用的连接宏与应用宏,具有丰富的 I/O 接口和直观的 LED 面板显示。

SINAMICS V20 通过集成的 USS 或 Modbus RTU 通信协议,可以实现与 S7-1200 PLC 通信。

SINAMICS G120 是一款通用型变频器，能够满足工业与民用领域广泛应用的需求。

G120 变频器（见图 2.31）采用模块化的设计，包含控制单元（CU）和功率模块（PM）。控制单元可以对功率模块和所连接的电动机进行控制，功率模块可以为电动机提供范围为 0.37～250kW 的工作电源。

操作面板可以用于对变频器进行调试和监控，调试软件 STARTER 可以对变频器进行调试、优化和诊断。

图 2.30　V20 变频器实物图　　　　图 2.31　G120 变频器实物图

1）西门子 V20 变频器模拟量直接控制

（1）西门子 V20 变频器模拟量直接控制电路图。

西门子 V20 变频器模拟量直接控制电路图如图 2.32 所示，外接按钮 SB1（DI1）启动，通过可变电阻改变控制电压（AI1）。

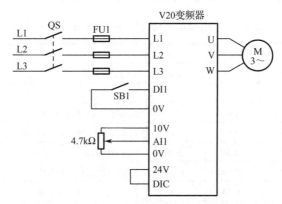

图 2.32　西门子 V20 变频器模拟量直接控制电路图

（2）操作步骤。

① 按接线图正确将线连好后，合上电源，准备设置变频器的各参数（见图 2.33）。

② 对变频器进行工厂复位（P0010=30，P0970= 1）后，需要对变频器重新上电。操作如下：

a．P0010=30 的设置。先短按 ▲ 或 ▼ 直至屏幕显示 P0010，再短按 OK 确认，进入数值修改状态，短按 ▲ 或 ▼ 将数值修改为 30，短按 OK 确认，屏幕上显示 P0010。

b. P0970=1 的设置。先短按 ▲ 或 ▼ 直至屏幕显示 P0970，再短按 OK 确认，进入数值修改状态，短按 ▲ 或 ▼ 将数值修改为 1，短按 OK 确认，屏幕上显示 88888 字样后，回到显示界面 50.? 。

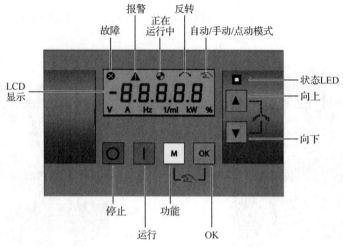

图 2.33　V20 变频器的操作面板

③ 先长按 M ，再短按 M ，进入连接宏界面 -Cn000 ，短按 ▲ 或 ▼ 直至屏幕出现 Cn002，短按 OK 确认，屏幕上显示 -Cn002，长按 M ，屏幕显示 88888 字样后，回到显示界面 50.? 。

④ 进入连接宏 Cn002 后，可以手动修改表 2.5 中的参数。在这个步骤之前，由于进行了工厂复位操作，因此本步骤可跳过，直接进行第 5 步操作。

表 2.5　V20 变频器模拟量端子控制运行参数表

	参数号	参数值	工厂复位	说　明	单位
模拟量输入设置	P1058[0]	5.00	5.00	正向点动频率	Hz
	P0756[0]	0	0	单极性电压输入（0～+10V）	V
	P0757[0]	0.00	0.00	模拟量输入定标的 x1 值	V
	P0758[0]	0.0	0.0	模拟量输入定标的 y1 值	%
	P0759[0]	10.00	10.00	模拟量输入定标的 x2 值	V
	P0760[0]	100.00	100.00	模拟量输入定标的 y2 值	%
模拟量输出设置	P0777[0]	0.00	0.00	模拟量输出定标的 x1 值	%
	P0778[0]	0.00	0.00	模拟量输出定标的 y1 值	mA
	P0779[0]	100.00	100.00	模拟量输出定标的 x2 值	%
	P0780[0]	20.00	20.00	模拟量输出定标的 y2 值	mA

⑤ 按下启动按钮 SB1，调节电位器改变电动机运行速度；松开 SB1，电动机减速停止。
备注：在第 4 步设置一个参数的操作如下（以 P1058[0]=5.00 为例）：
短按 M ，进入参数选择状态，短按 ▲ 或 ▼ 直至屏幕显示 P1058，短按 OK 确认，屏幕上出现 in000 ，短按 ▲ 或 ▼ 选择下标值，P1058[0]的下标为 0，此处选择 0，短按 OK 确认，完成一个参数的设置。如果需要修改多个参数，那么继续短按 ▲ 或 ▼，重复上述的操作方法，全部参数设置完毕，长按 [M]，回到频率显示界面。

2）西门子 V20 变频器开关量直接控制

（1）西门子 V20 变频器开关量直接控制电路图。

西门子 V20 变频器开关量直接控制电路图如图 2.34 所示，外接开关 SA1（DI1）启动，开关 SA2（DI2）设置低速运行，开关 SA3（DI3）设置中速运行，开关 SA4（DI4）设置高速运行。

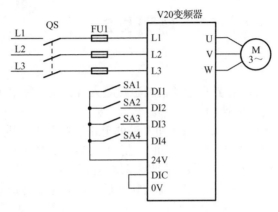

图 2.34　西门子 V20 变频器开关量直接控制电路图

（2）操作步骤。

① 按接线图正确将线连好后，合上电源，准备设置变频器的各参数。

② 对变频器进行工厂复位（P0010=30，P0970=1）后，需要对变频器重新上电。操作如下：

a．P0010=30 的设置。先短按 ▲ 或 ▼ 直至屏幕显示 P0010，再短按 [ok] 确认，进入数值修改状态，短按 ▲ 或 ▼ 将数值修改为 30，短按 [ok] 确认，屏幕上显示 P0010。

b．P0970=1 的设置。先短按 ▲ 或 ▼ 直至屏幕显示 P0970，再短按 [ok] 确认，进入数值修改状态，短按 ▲ 或 ▼ 将数值修改为 1，短按 [ok] 确认，屏幕上显示 88888 字样后，回到显示界面 50.2。

③ 先长按 [M]，再短按 [M]，进入连接宏界面 -Cn000，短按 ▲ 或 ▼ 直至屏幕出现 Cn003，短按 [ok] 确认，屏幕上显示 -Cn003，长按 [M]，屏幕显示 88888 字样后，回到显示界面 50.2。

进入连接宏 Cn003 后，设置表 2.6 中的参数，设置完毕，回到频率显示界面。参数设置操作方法可参考"模拟量直接控制"备注部分。

表 2.6　V20 变频器三速运行参数表

参 数 号	参 数 值	Cn003 默认值	说　　明	单　位
P1001[0]	0.00~50.00	10	固定频率 1，低速	Hz
P1002[0]	0.00~50.00	15	固定频率 2，中速	Hz

续表

参 数 号	参 数 值	Cn003 默认值	说　　明	单　位
P1003[0]	0.00~50.00	25	固定频率 3，高速	Hz
P0700[0]	2	2	以端子为命令源	

④ 若采用 Cn003 默认的三个速度，则可跳过此步骤。

⑤ 接通启动开关 SA1，再接通 SA2~SA4 其中一个，控制电动机以不同的速度运转；松开 SA1，电动机减速停止。

练习卡 2

一、填空题

1．根据式（2-1），当三相异步电动机的磁极数为 4、电源频率为 50Hz 时，假定转差率为 0，则该电动机的同步转速为（　　　）。

2．既采用（　　　）互锁，又采用按钮互锁的电路结构称为双重互锁。

3．星-三角降压启动是指电动机启动时，把定子绕组接成星形，启动电压为（　　　）V，限制启动电流，待电动机启动后，再把定子绕组改接成三角形，电动机以 380V 运行。

4．反接制动是在电动机的原三相电源被切断后，立即通上与原相序（　　　）的三相交流电源进行制动的。

5．变频器是一种把固定电压、固定频率的交流电变换为电压可调、（　　　）可调的装置。

二、多选题

1．电气控制系统图一般有（　　　）。
A．电气原理图　　　B．电气元件布置图　　C．电气安装接线图　　D．设备装接图

2．电气原理图一般分为（　　　）。
A．主电路　　　　　B．辅助电路　　　　　C．控制电路　　　　　D．保护电路

3．三相异步电动机主要由（　　　）构成。
A．定子　　　　　　B．风扇　　　　　　　C．转子　　　　　　　D．机座

4．三相异步电动机的调速方法主要有（　　　）。
A．变极调速　　　　B．变磁通调速　　　　C．变频调速　　　　　D．变转差率调速

5．按变频原理分，变频器主要有（　　　）。
A．直-直变频器　　　　　　　　　　　　　B．交-直-交变频器
C．交-交变频器　　　　　　　　　　　　　D．直-交变频器

三、电路分析题

1．图 2.13 所示的长动与点动控制电路，使用了哪些低压器件？简述其工作原理。

2．图 2.19 所示的双重互锁正、反转控制电路，使用了哪些低压器件？简述其工作原理。

3．图 2.20 所示的自动往复循环控制电路，使用了哪些低压器件？简述其工作原理。

4．图 2.25 所示的星-三角降压启动控制电路，使用了哪些低压器件？简述其工作原理。

5．图 2.29 所示的双速三相异步电动机的手动调速控制电路，使用了哪些低压器件？简述其工作原理。

第2部分

西门子 S7-1200 应用知识

本部分主要学习可编程控制器的基础知识、西门子 S7-1200 PLC 的硬件知识、博途软件的使用、常用指令及编程、运动控制、触摸屏控制等知识。

项目 3　可编程控制器（PLC）

本项目主要介绍可编程控制器的概念、工作原理、分类、发展及应用等基础知识，S7-1200 的特点、硬件组成，学习可编程控制器的选型知识和技能。

【知识目标】能解释 PLC 的概念，了解 S7-1200 的 CPU 结构、主要技术指标、信号模块，会西门子 S7-1200 系统的硬件选型知识。

【能力目标】能根据 S7-1200 指示灯的状态判断其工作状态，能根据控制要求进行西门子 S7-1200 硬件的选型。

【素质目标】会使用网络搜索工具；会注册常用的工控网站，获取相关的技术手册、编程软件；耐心细致。

知识卡 5　可编程控制器基础知识

一、概述

1. 可编程控制器的定义

可编程控制器（Programmable Logical Controller）简称 PLC。国际电工委员会（IEC）于 1985 年对 PLC 作了如下定义：PLC 是一种数字运算操作的电子系统，专为在工业环境下应用而设计。它采用可编程存储器，用来在其内部存储执行逻辑运算、顺序控制、定时、计数和算术运算等操作指令，并通过数字、模拟的输入/输出（I/O）接口，控制各种类型的机械或生产过程。PLC 及其有关设备，都应按易于与工业控制系统连成一个整体，易于扩充功能的原则设计。

PLC 是一种工业计算机，其种类繁多，不同厂家的产品有各自的特点，但作为工业标准设备，定义概念后均简写为 PLC 又有一定的共性。随着中国经济转型、产业升级的不断推进，PLC 在国内已得到迅速推广普及，正改变着工厂自动控制的面貌，对传统的技术改造、发展新型工业具有重大的实际意义。

2. PLC 的历史

20 世纪 60 年代中期，美国通用汽车公司（GM）为适应生产工艺不断更新的需要，提出了一种设想，把计算机的功能完善、通用灵活等优点和继电器控制系统的简单易懂、操作方便、价格低廉等优点结合起来。并由此提出了新型电气控制系统的 10 条招标要求：工作特性比继电器控制系统可靠，占位空间比继电器控制系统小，价格上能与继电器控制系统竞争，必须易于编程，易于在现场变更程序，便于使用、维护、维修，能直接推动电磁阀、电动机启动器及与此相当的执行机构，能向中央数据处理系统直接传输数据等。美国数字设备公司（DEC）根据这一招标要求，于 1969 年研制成功了世界上第一台 PLC，并在汽车自动装配线上试用成功。

这项新技术的使用,在工业界产生了巨大的影响,从此 PLC 在世界各地迅速发展起来。1971 年,日本研制成功了该国第一台 PLC。1973、1974 年,德国、法国相继研制成功 PLC。我国从 1974 年开始研制,于 1977 年研制成功第一台以微处理器 MC14500 为核心的 PLC,并应用于工业生产控制。

PLC 的发展经历了四代。第一代以 1 位机为核心,第二代以 8 位微处理器为核心,第三代采用了高性能微处理器及位片式 CPU,目前是第四代 PLC。第四代 PLC 不仅全面使用 32 位、64 位处理器作为 CPU,存储容量也更大,还可以直接用于一些规模较大的复杂控制系统。编程语言方面除了可使用传统的梯形图(以下简称 LAD)、流程图等,还可以使用高级语言,外设也更加多样化。

3. PLC 的发展趋势

由于工业生产对自动控制系统的需求具有多样性,因此 PLC 的发展方向有以下三个。

一是,朝着小型、简易、价格低廉的方向发展。单片机技术的发展,促进了 PLC 向紧凑型发展,使其体积减小、价格降低、可靠性不断提高。这种小型的 PLC 可以广泛取代继电器控制系统,应用于单机控制或小型生产线的控制。例如,西门子的 S7-200、S7-1200,欧姆龙的 CP1X 系列,三菱的 FX 系列等产品。

二是,朝着大型、高速、网络化、多功能方向发展。大型的 PLC 一般为多处理器系统,有较大的存储空间和功能强劲的 I/O 接口;通过丰富的智能外设接口,可以实现流量、温度、压力、位置等闭环控制;通过网络接口(现场总线、以太网等),可以级联不同类型的 PLC 和计算机,从而组成控制范围很大的局域网络,适用于大型的自动化控制系统。例如,西门子的 S7-300、S7-400,欧姆龙的 CS/CS1D 系列,三菱的 A 系列、Q 系列等产品。

三是,不断提高编程软件的功能,PLC 软件化与计算机化。例如,西门子博途软件,集成了硬件组态、软件编程、程序仿真、触摸屏控制、网络支持等功能,轻松实现数字化工厂,功能十分强大。

二、PLC 的分类与特点

1. PLC 的分类

PLC 的种类很多,其功能、内存容量、控制规模、外形等方面差异较大,因此 PLC 的分类标准也不统一,但仍然可以按照其 I/O 点数、结构形式、实现功能、品牌进行大致的分类。

(1)按 I/O 点数分类。PLC 按 I/O 的点数可分为小于 256 点的小型机、256~2048 点的中型机、超过 2048 点的大型机。

(2)按结构形式分类。PLC 按硬件的结构形式可分为整体式 PLC 和组合式 PLC。整体式 PLC 的 CPU、存储器、I/O 接口安装在同一机体内,其结构紧凑、体积小、价格低,但配置灵活性较差,西门子 S7-1200 整体式 PLC 如图 3.1(a)所示;组合式 PLC 在硬件配置上具有较高的灵活性,其模块可以像搭积木一样进行组合,构成不同控制规模和功能的 PLC,因此又被称为积木式 PLC,西门子 S7-300 组合式 PLC 如图 3.1(b)所示。

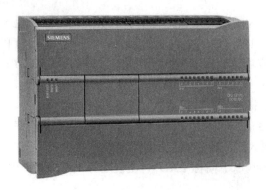

（a）西门子 S7-1200 整体式 PLC　　　　　　（b）西门子 S7-300 组合式 PLC

图 3.1　西门子 PLC 实物图

（3）按实现功能分类，可将 PLC 分为低档、中档和高档三类。

低档机具有逻辑运算、定时、计数、移位、自诊断、监控等基本功能和一定的算术运算、数据传送、比较、通信和模拟量处理功能。

中档机除具有低档机的功能以外，还具有较强的算术运算、数据传送、比较、通信、子程序、中断处理和回路控制功能。

高档机在中档机的基础之上，增加了带符号的运算、矩阵运算，以及函数、表格、CRT 显示、打印等功能。

一般来说，低档机多为小型 PLC，采用整体结构；中档机可为大、中、小型 PLC。中、小型 PLC 多为整体结构，大、中型 PLC 为组合式结构。高档机多为大型 PLC，采用组合式结构。目前，得到广泛应用的都是中、低档机。

（4）按品牌分类，可将 PLC 分为国产和进口。国产品牌主要有信捷、汇川和利时等，进口品牌主要有德国的西门子（SIEMENS）、美国的通用（GE）、法国的施耐德（SCHNEIDER）和日本的欧姆龙（OMRON）、三菱等。

2. PLC 的特点

PLC 的高速发展，除工业自动化发展的需要外，还有适合工业控制的独特优点，较好地解决了工业控制中普遍关心的可靠安全、灵活方便及性价比问题，其主要特点如下：

（1）抗干扰能力强，可靠性高。PLC 的 I/O 接口均采用光电隔离，使得外部电路与 PLC 内部电路物理隔离。各个模块采用屏蔽措施，防止辐射干扰。电路采用滤波技术，防止或抑制高频干扰。软件设计方面，PLC 具有良好的自诊断功能，一旦系统发生故障，CPU 会立即采取措施防止故障扩大。大型的 PLC 系统，还可以采用双 CPU 构成冗余系统或三 CPU 构成表决系统，进一步提升系统的可靠性。

（2）程序简单易学，系统设计调试周期短。PLC 采用 LAD 语言，编程易学易用。

（3）安装简单，维修方便。

（4）采用模块化结构，体积小，质量轻。

（5）具有丰富的 I/O 接口，扩展能力强。例如，适合工业现场信号（交流或直流、开关量或模拟量、电压或电流、脉冲、电位及强电、弱电等）的 I/O 模块与工业现场器件或设备直接连接（如按钮、开关、传感器、电磁线圈和控制阀等）；人机对话接口模块；支持各种通信方式，组成工业控制网络。

三、PLC 的结构及工作原理

1. PLC 的结构及各部分的作用

PLC 的类型繁多，功能和指令系统也不尽相同，但结构与工作原理大同小异，通常由主机、I/O 接口、电源、编程器、I/O 扩展模块和外部设备接口等部分组成。PLC 的硬件系统结构图如图 3.2 所示。

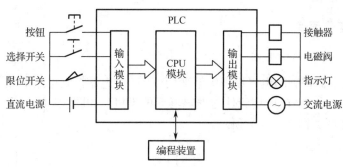

图 3.2　PLC 的硬件系统结构图

1）主机

主机部分包括中央处理器（CPU）、系统程序存储器、用户程序及数据存储器。CPU 是 PLC 的核心，它用以运行用户程序、监控 I/O 接口状态、做出逻辑判断和进行数据处理，即读取输入变量、完成用户指令规定的各种操作，将结果送到输出端，并响应外部设备（如编程器、计算机、打印机等）的请求和进行各种内部判断等。PLC 的内部存储器有两类，一类是系统程序存储器，主要存放系统管理和监控程序及对用户程序进行编译处理的程序，系统程序已由厂家固定，用户不能更改；另一类是用户程序及数据存储器，主要存放用户编制的应用程序及各种暂存数据和中间结果。

2）I/O 接口

I/O 接口是 PLC 与 I/O 设备连接的部件。输入接口接收输入设备（如按钮、传感器、触点、行程开关等）的控制信号。输出接口是将主机经处理后的结果通过功率放大电路去驱动输出设备（如接触器、电磁阀、指示灯等）。I/O 接口一般采用光电耦合电路，以减少电磁干扰，从而提高了可靠性。I/O 点数即 I/O 端子数，是 PLC 的一项主要技术指标，通常小型机有几十个点，中型机有几百个点，大型机超过千点。

3）电源

PLC 通常使用直流开关稳压电源为 CPU、存储器、I/O 接口等内部电子电路供电，其输入设备常用直流电源供电；其输出设备常用交流电源供电，如图 3.2 所示。

4）编程器

手持编程器是 PLC 的早期外部设备，用于输入、检查、修改、调试或监控 PLC 的工作情况。现在主要通过适配器和专用电缆线将 PLC 与计算机连接,并利用专用工具软件编程和监控。

5) I/O 扩展模块

I/O 扩展接口用于连接扩充外部输入/输出端子数的扩展模块与基本模块(主机)。

6) 外部设备接口

外部设备接口可将编程器、打印机、条码扫描仪等外部设备与主机相连,以完成相应的操作。

2. PLC 的工作原理

1) PLC 中的 LAD 与继电器

LAD 是从继电器控制的电气原理图演变而来的,继电器控制电路的元件图如图 3.3(a)所示;西门子 PLC 的 LAD 所用元件与继电器元件类似,如图 3.3(b)所示;欧姆龙 PLC 的 LAD 所用元件图如图 3.3(c)所示。

(a) 继电器控制电路的元件图　　(b) 西门子PLC的LAD所用元件　　(c) 欧姆龙PLC的LAD所用元件图

图 3.3　PLC 的 LAD 元件与继电器控制电路元件的对应关系

图 3.4 所示为三相异步电动机长动控制电路图,若改用西门子 S7-1200 型 PLC 实现控制,则按控制要求可设计如图 3.5 所示的 I/O 连线图。

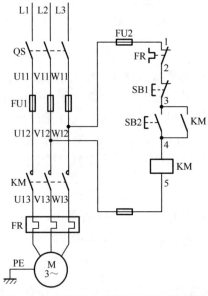

图 3.4　三相异步电动机长动控制电路图

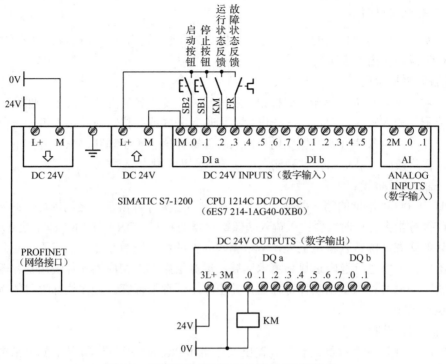

图 3.5　三相异步电动机 PLC 控制 I/O 连线图

LAD 中触点在左边，与左侧垂直公共母线（左母线）相连，线圈在最右边，接右侧垂直公共母线（右母线），右母线可以省略。根据三相异步电动机的控制原理，编写如图 3.5 所示的 PLC 控制 LAD，如图 3.6 所示。

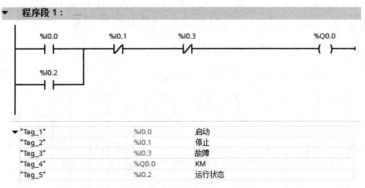

图 3.6　三相异步电动机 PLC 控制 LAD

不难看出，图 3.6 所示的 LAD 与图 3.4 所示的继电器控制电路很相似。LAD 是 PLC 的主要编程语言。对于使用者来说，在编制应用程序时，可不考虑 PLC 内部的复杂构成和使用的计算机语言，而把 PLC 看成是内部具有许多"软继电器"组成的控制器，用提供给使用者的近似继电器控制线路图的 LAD 进行编程。

但要注意，PLC 内部的继电器并不是物理继电器（硬件继电器），其实质是存储器中的某些触发器。该触发器为"1"状态时，相当于继电器得电；该触发器为"0"状态时，相当于继电器失电。

2）PLC 的工作过程

PLC 实现某一用户程序的工作过程，如图 3.7 所示，可分为三个阶段：输入采样阶段、程序执行阶段和输出处理阶段。

① 输入采样阶段。

CPU 将全部现场输入信号，如按钮、限位开关、速度继电器等的状态（通/断）经 PLC 的输入端子，输入映像寄存器，这一过程称为输入采样或扫描阶段。进入下一阶段，即程序执行阶段时，输入信号若发生变化，输入映像寄存器也不予理睬，只有等到下一扫描周期输入采样阶段时才被更新。这种输入工作方式称为集中输入方式。

② 程序执行阶段。

CPU 从 0000 地址的第一条指令开始，依次逐条执行各指令，直到执行到最后一条指令。PLC 执行指令程序时，要读入输入映像寄存器的状态（ON 或 OFF，即 1 或 0）和其他编程元件的状态，除输入继电器外，一些编程元件的状态随着指令的执行不断更新。CPU 按程序给定的要求进行逻辑运算和算术运算，运算结果存入相应的元件映像寄存器，把将要向外输出的信号存入输出映像寄存器，并由输出锁存器保存。程序执行阶段的特点是依次顺序执行指令。

③ 输出处理阶段。

CPU 将输出映像寄存器的状态经输出锁存器和 PLC 的输出端子，传送到外部去驱动接触器、电磁阀和指示灯等负载。这时，输出锁存器的内容要等到下一个扫描周期的输出阶段到来才会被刷新。这种输出工作方式称为集中输出方式。

由以上分析可知，PLC 采用串行工作方式，由彼此串行的三个阶段构成一个扫描周期，输入处理和输出处理阶段采用集中扫描工作方式。只要 CPU 置于"RUN"，完成一个扫描周期工作后，将自动转入下一个扫描周期，反复循环地工作，这种工作方式称为循环扫描工作方式，如图 3.7 所示。这种方式与继电器控制是大不相同的。

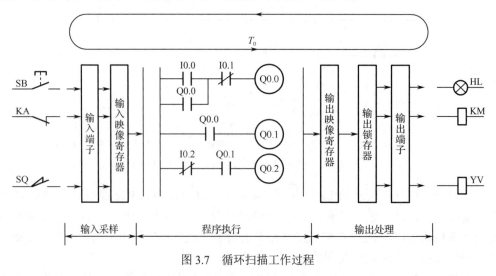

图 3.7 循环扫描工作过程

CPU 完成一次包括输入采样阶段、程序执行阶段和输出处理阶段的扫描循环所占用的时间称为 PLC 的一个扫描周期，用 T_0 表示。

程序执行时间与指令种类和 CPU 扫描速度相关。西门子 S7-1200 机型的 CPU 逻辑运算执行速度为 0.08μs/指令，移动字执行速度为 1.7μs/指令，实数数学运算执行速度为 2.3μs/指令。一般程序的扫描周期在微秒到毫秒级之间，与程序的长度和指令构成有关。

四、PLC 的基本技术指标及应用领域

1. PLC 的基本技术指标

可编程控制器的基本技术指标很多，但作为使用可编程控制器的开发者、维护维修类用户，对其中主要技术指标应了解清楚。

1）输入/输出点数（I/O 点数）

I/O 点数是指 PLC 外部 I/O 端子总数，这是 PLC 最重要的一项指标。一般按 PLC 点数的多少来区分机型的大小，小型机的 I/O 点数在 256 点以下（无模拟量），中型机的 I/O 点数为 256～2048 点（模拟量 64～128 路），大型机的 I/O 点数在 2048 点以上（模拟量 128～512 路）。

2）扫描速度

PLC 采用循环扫描方式工作，完成一次扫描所需的时间称为扫描周期。扫描速度是指扫描一步指令的时间，以 μs/步为单位。有时也可用扫描 1000 步用户程序所需要的时间，以 ms/千步为单位。影响扫描速度的主要因素有用户程序的长度和 PLC 产品的类型。

3）指令系统

指令系统是指 PLC 所有指令的总和。PLC 的编程指令条数和种类越多，其软件功能就越强，但掌握其应用的难度也相对增加。用户应根据实际控制要求选择合适指令功能的 PLC。

4）内存容量

内存容量是指 PLC 内有效用户程序的存储器容量。PLC 的存储器由系统程序存储器、用户程序存储器和数据存储器三部分组成。PLC 存储容量通常指用户程序存储器的存储容量，它表征系统提供给用户的可用资源，是系统性能的一项重要技术指标。欧美生产的 PLC 中，存储容量通常用 K 字节（KB）来表示，其中 1KB=1024B。也有的 PLC 直接用所能存放的程序量来表示存储容量。

5）编程元器件的种类和数量

编程元器件是指输入继电器、输出继电器、辅助继电器、定时器、计数器、通用寄存器、数据寄存器和特殊辅助继电器等，其种类和数量的多少直接关系到编程是否方便灵活，也是衡量 PLC 硬件功能强弱的一个技术指标。

6）功能模块或功能单元

功能模块或功能单元种类的多少与功能强弱是衡量 PLC 产品性能的一个重要指标。近年来，各 PLC 生产厂家都非常重视特殊功能单元的开发，特殊功能单元种类日益增多，功能越来越强，使 PLC 的控制功能日益扩大。

7）通信联网功能

通信包括 PLC 之间的通信和 PLC 与其他设备之间的通信。通信主要涉及通信模块、通信接口、通信协议和通信指令等内容。PLC 的组网和通信能力已成为衡量 PLC 产品水平的重要指标之一。

生产厂家的产品手册上还提供 PLC 的负载能力、外形尺寸、质量、保护等级、适用的安装和使用环境（如温度、湿度）等性能指标参数，以供用户参考。

2．PLC 的应用领域

PLC 在各行各业中应用十分广泛，可以从应用类型和应用领域来划分。

1）从应用类型划分

（1）用于开关逻辑控制。这种控制主要针对传统工业，如各种自动加工机械设备、升降控制系统。其特点是被控对象是开关逻辑量，只需要完成接通、断开开关动作，逻辑控制可由触点的串联和并联来实现，因此在传统工业应用 PLC 控制是十分方便的。

（2）用于闭环过程控制。工业控制系统的工作过程中，需要大量使用 PID 调节器，以便准确、可靠地完成各种工业控制要求的动作。现代大型 PLC 都配有 PID 子程序（制成软件，供用户调用）或 PID 智能模块，从而实现单回路、多回路的调节控制。例如，PID 调节器可应用于锅炉、冷冻、反应堆、水处理、酿酒等的控制。

PLC 可应用于闭环的位置控制和速度控制，如连轧机的位置控制、自动电焊机控制等。

（3）用于机器人控制。由 PLC 控制的 3~6 轴机器人可自动完成各种机械动作。

（4）用于组成多级控制系统。多级控制系统可以配合计算机等其他设备，组成工厂自动化网络系统。在这个系统中可充分利用 PLC 的通信接口和专用网络通信模块，使各自动化设备之间实现快速通信。

2）从应用领域划分

PLC 不仅应用于工厂，而且已深深地渗透到产业界的每个角落，其应用领域涉及机械、食品、造纸、货运、水处理、高层建筑、公共设施、农业和娱乐业等。PLC 应用领域分类情况表如表 3.1 所示。

表 3.1　PLC 应用领域分类情况表

序　号	应用领域	应用实例
1	机械	机床控制（特别是数控机床），自动生产机械，自动装配机
2	食品	仓库管理，配料控制，包装机控制
3	造纸	包装纸运输线，瓦楞纸冲装机，自动包装机
4	货运	传送带生产线控制，装载输送机控制，吊车控制
5	水处理	水滤清控制，上下水道控制，滤液处理控制
6	高层建筑	楼房空调控制，楼房防灾报警设备控制，立体车库控制
7	公共设施	隧道排气控制，垃圾处理设备控制，过滤、清洗设备控制

续表

序 号	应用领域	应用实例
8	农业	喷灌控制，喷水控制，温室大棚控制
9	娱乐业	照明控制，霓虹灯控制，剧场舞台自动控制，游乐场设施控制

知识卡 6　S7-1200 硬件基础

下面以西门子公司的 S7-1200 为例讲解 PLC 的硬件结构。S7-1200 PLC 硬件系统的组成采用整体式加积木式，即主机中包括一定数量的 I/O 端口，同时可以扩展各种接口模块。

S7-1200 硬件主要由 CPU 模块、信号模块、通信模块等组成，各个模块安装在标准的 DIN 导轨上，如图 3.8 所示。

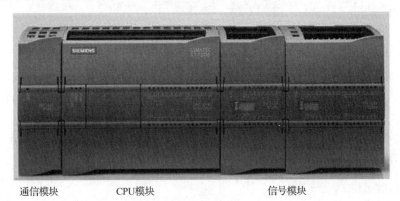

通信模块　　　　CPU 模块　　　　　　　信号模块

图 3.8　S7-1200 硬件构成图

S7-1200 有 5 种 CPU 模块，分别为 CPU 1211C、CPU 1212C、CPU 1214C、CPU 1215C 和 CPU 1217C。任何 CPU 的前方均可加入一个信号板，轻松扩展数字或模拟量 I/O。主机可以通过在其右侧扩展连接信号模块，进一步扩展数字量或模拟量 I/O。CPU 1211C 不能扩展连接信号模块，CPU 1212C 可连接 2 个信号模块，其他 CPU 模块均可连接 8 个信号模块。所有的 S7-1200 CPU 控制器的左侧均可连接多达 3 个通信模块，便于实现端到端的串行通信。

S7-1200 硬件的组成具有高度灵活性，用户容易根据需要确定 PLC 的硬件结构，扩展十分方便。通过对典型机型硬件组成的学习，熟悉 PLC 的硬件配置，为进一步学习指令系统和设计 PLC 控制系统打好基础。

一、CPU 模块

1．CPU 模块介绍

1）S7-1200 产品定位

西门子 PLC 系列是一个完整的产品组合，包括高性能 PLC、书本型迷你控制器及基于计算机的控制器。西门子 S7-1200 产品定位如图 3.9 所示。

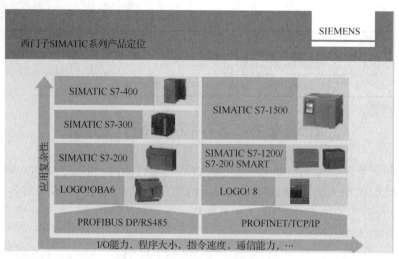

图 3.9 西门子 S7-1200 产品定位

S7-1200 控制器将微处理器、电源、存储器、I/O 电路、内置 PROFINET、高速运动控制 I/O 和板载模拟量输入组合到一个设计紧凑的外壳中来，形成功能强大的控制器。微处理器相当于人的大脑，不断采集输入信号，执行用户程序，刷新系统输出。存储器存储程序和数据。S7-1200 设计紧凑、组态灵活且具有功能强大的指令集。

S7-1200 产品的定位瞄准的是中、低端小型 PLC 产品线，硬件由紧凑模块化结构组成，系统 I/O 点数和内存容量均比 S7-200 多出 30%，充分满足市场针对小型 PLC 的需求。

2）S7-1200 面板

S7-1200 面板结构图如图 3.10 所示，下面对其中的部分结构进行说明。

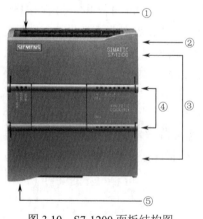

图 3.10 S7-1200 面板结构图

图中：

① ——电源接口；
② ——存储卡插槽（上部保护盖下面）；
③ ——可拆卸用户接线连接器（保护盖下面）；
④ ——板载 I/O 的状态 LED；
⑤ ——PROFINET 连接器（CPU 的底部）。

（1）存储卡。

S7-1200 使用 SD 存储卡，具有以下四种功能。

① 作为 CPU 的预装存储区，用户文件仅存储在卡中，CPU 中没有项目文件，离开存储卡将无法运行。

② 在有编码器的情况下，作为向多个 S7-1200 系列 PLC 传送项目文件的介质。

③ 忘记密码时，清除 CPU 内部项目文件和密码。

④ 更新 S7-1200 CPU 的固件版本（只限 24MB 存储卡）。

（2）状态指示灯。

S7-1200 CPU 有三种 CPU 运行状态指示灯，分别是 STOP/RUN 指示灯、ERROR 指示灯和 MAINT 指示灯，用于显示当前 CPU 模块的运行状态。此外，CPU 模块上还有 I/O 状态指示灯用来指示各个数字量输入或输出的状态（接通亮，断开灭）。CPU 运行状态指示灯的不同状态如表 3.2 所示。

表 3.2　CPU 运行状态指示灯的不同状态

说　明	STOP/RUN 指示灯 （黄/绿色）	ERROR 指示灯 （红色）	MAINT 指示灯 （黄色）
断电	灭	灭	灭
启动、自检或固件更新	闪烁（黄色和绿色交替）	—	灭
停止模式	亮（黄色）	—	—
运行模式	亮（绿色）	—	—
取出存储卡	亮（黄色）	—	闪烁
出错	亮（黄色或绿色）	闪烁	—
请求维护	亮（黄色或绿色）	—	亮
硬件出现故障	亮（黄色）	亮	灭
LED 测试或 CPU 固件出现故障	闪烁（黄色和绿色交替）	闪烁	闪烁
CPU 组态版本未知或不兼容	亮（黄色）	闪烁	闪烁

① STOP/RUN 指示灯：该指示灯为黄色，CPU 处于停止模式；该指示灯为绿色，CPU 处于运行模式；该指示灯以黄色和绿色交替闪烁时，CPU 处于启动阶段；该指示灯灭，说明 CPU 断电。

② ERROR 指示灯：该指示灯以红色闪烁时，表示有错误，如 CPU 内部错误、存储卡错误或组态错误；该指示灯为红色，表示硬件出现故障。

③ MAINT 指示灯：每次插入、取出存储卡时闪烁。

（3）PROFINET 端口。

S7-1200 提供一个 PROFINET 端口用于与编程计算机、HMI（人机界面）、其他 PLC 或设备进行 PROFINET 网络通信。

PROFINET 端口提供两个指示灯显示以太网的通信状态。当 "Link" 指示灯为绿色时，表示网络连接成功；当 "Rx/Tx" 指示灯为黄色时，表示正在进行数据传输活动。

2．型号规格

西门子 S7-1200 有 5 种 CPU 型号，包含 CPU 1211C、CPU 1212C、CPU 1214C、CPU 1215C、CPU 1217C，各个型号具有不同的特征和功能，以方便用户针对不同的应用需求找到有效的解决方案。S7-1200 CPU 型号主要性能指标表如表 3.3 所示。

表 3.3　S7-1200 CPU 型号主要性能指标表

CPU 型号		CPU 1211C	CPU 1212C	CPU 1214C	CPU 1215C	CPU 1217C
3 种规格 CPU		DC/DC/DC，AC/DC/Rly，DC/DC/Rly				
用户存储器	工作/KB	50	75	100	125	150
	装载/MB	1			4	
	保持/KB	10				

续表

CPU 型号		CPU 1211C	CPU 1212C	CPU 1214C	CPU 1215C	CPU 1217C
存储卡		\multicolumn{5}{c}{SIMATIC 存储卡（可选）}				
集成 I/O	数字量	6 输入/4 输出	8 输入/6 输出	14 输入/10 输出	14 输入/10 输出	14 输入/10 输出
	模拟量	2 输入	2 输入	2 输入	2 输入/2 输出	2 输入/2 输出
过程映像区	输入（I）	1024B				
	输出（Q）	1024B				
位存储器（M）		4096B			8192B	
信号板（SB）、电池板（BB）或通信板（CB）		≤1 个				
信号模块（SM）扩展		无	≤2 个		≤8 个	
通信模块（CM）		3（左侧扩展）				
高速计数器	总计	最多可组态 6 个，使用任意内置或 SB 输入的高速计数器（以下简称 HSC）				
	1MHz	—				Ib.2～Ib.5
	80/100kHz	Ia.0～Ia.5				
	30/20kHz	—	Ia.6～Ia.7	Ia.6～Ia.5		Ia.6～Ib.1
高速脉冲输出	总计	最多可组态 4 个，使用任意内置或 SB 输出的高速脉冲输出				
	1MHz	—				Qa.0～Qa.3
	100kHz	Qa.0～Qa.3			Qa.4～Qb.1	
	20kHz	—	Qa.4～Qa.5	Qa.4～Qb.1	—	
实时时钟保持时间		典型值 20 天，40℃时最少为 12 天，（免维护超级电容）				
逻辑运算执行速度		0.08μs/指令				
移动字执行速度		1.7μs/指令				
实数数学运算执行速度		2.3μs/指令				
PROFINET 通信口		1			2	

3．S7-1200 CPU 的共同特点

S7-1200 系列各 CPU 模块的主要区别在于本机数字量 I/O 点数不同，其共性如下。

（1）CPU 集成了以太网接口。

（2）CPU 供电范围广，以交流（AC）或直流（DC）形式集成的电源（AC 85～264V 或 DC 24V）。

（3）集成数字量输出 DC 24V 或继电器，集成数字量输入 DC 24V，集成模拟量输入 0～10V。

（4）具有频率高达 100kHz 的脉冲序列输出，频率高达 100kHz 的脉宽调制输出，频率高达 100kHz 的 HSC。

（5）通过扩展附加的通信模块（以下简称 CM），如 RS 485 模块，实现了模块化特点，通过信号板直接在 CPU 上扩展模拟量或数字量信号，实现了模块化特点，同时保持 CPU 原有空间，为用户在装配过程中节省了空间。

（6）通过信号模块的大量模拟量和数字量 I/O 信号实现模块化特点。

（7）用户可选择多种不同容量的存储卡，来实现程序下载、数据存储等功能。

（8）具有运动控制功能，可以用于简单的运动控制，具有带自整定功能的 PID 控制器。

（9）具有实时时钟、密码保护、时间中断、硬件中断、库功能、在线/离线诊断功能，并且模块上的端子都可拆卸，方便用户进行安装和接线。

4．S7-1200 CPU 的版本

S7-1200 的 5 种 CPU 有不同电源电压和输入/输出电压版本，如表 3.4 所示。

表 3.4 S7-1200 CPU 的版本

版 本	电源电压	DI 输入电压	DO 输出电压	DO 输出电流
DC/DC/DC	DC 24V	DC 24V	DC 24V	0.5A，MOSFET
DC/DC/Rly	DC 24V	DC 24V	DC 5～30V，AC 5～250V	2A，DC 30W/AC 200W
AC/DC/Rly	AC 85～264V	DC 24V	DC 5～30V，AC 5～250V	2A，DC 30W/AC 200W

二、I/O 信号模块

输入（Input）模块和输出（Output）模块简称 I/O 模块，相当于控制系统的眼睛、耳朵、手和脚，是联系外部现场设备和 CPU 的桥梁。

I/O 模块按信号的形式可分为数字量（又称为开关量）I/O 模块和模拟量 I/O 模块。其中，数字量输入模块称为 DI，数字量输出模块称为 DO，模拟量输入模块称为 AI，模拟量输出模块称为 AO；按电源形式可分为直流型和交流型、电压型和电流型；按功能可分为基本 I/O 模块和特殊 I/O 模块。

CPU 与各个模块的关系图如图 3.11 所示。

图中：

①——通信模块（CM）或通信处理器（CP）；

②——CPU（CPU 1211C、CPU 1212C、CPU 1214C、CPU 1215C、CPU 1217C）；

③——信号板（SB，数字 SB、模拟 SB）、通信板（CB）或电池板（BB）；

④——信号模块（SM，数字 SM、模拟 SM、热电偶 SM、RTD SM、工艺 SM）。

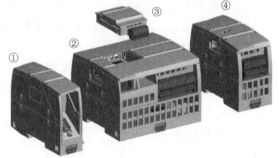

图 3.11 CPU 与各个模块的关系图

在设计西门子 PLC 控制系统时，经常需要选配信号板及 I/O 模块，下面分别进行介绍。

1．信号板

信号板是可以内插在 CPU 模块中，用于扩展少量 I/O 点数的一块小集成电路板。

S7-1200 的 CPU 模块都可以安装一块信号板，采用内嵌式安装，信号板直接插到

S7-1200 CPU 前面的插座中，实现电气、机械的连接，安装前后不会增加控制器所需的空间，安装尺寸不变，这也是 S7-1200 的一大亮点。

S7-1200 共有 5 种信号板，分别是数字量 I/O 信号板 SB 1221、SB1222、SB1223，模拟量 I/O 信号板 SB1231、SB1232，这 5 种信号板适用于所有的 CPU 模块。S7-1200 数字量信号板技术规范如表 3.5 所示，S7-1200 模拟量信号板技术规范如表 3.6 所示。其中常用的是 SB1223 和 SB1231。

表 3.5　S7-1200 数字量信号板技术规范

型　　号		SB1221		SB1222		SB1223	
额定电压		5V	24V	5V	24V	5V	24V
电流消耗	SM 总线	40mA	40mA	35mA	35mA	35mA	35mA
	DC 5/24V	15mA/输入+15mA	7mA/输入+15mA	15mA	15mA	15mA/输入+15mA	7mA/输入+30mA
功耗		1.0W	1.5W	0.5W	0.5W	0.5W	1.5W
DI 点数		4	4	—	—	2	2
DO 点数		—	—	4	4	2	2

表 3.6　S7-1200 模拟量信号板技术规范

型　　号	SB1231		SB1232	
额定电压	5V	24V	5V	24V
功耗	1.5W		1.5W	
AI 点数	1×12bit		—	
AO 点数	—		1×12bit	

信号板与信号模块的不同之处可分以下三个方面。

（1）尺寸方面：安装信号板不影响 CPU 的安装尺寸，若信号模块装在 CPU 的外侧，则影响 CPU 的尺寸。

（2）适用性：信号板适用于所有的 CPU 模块，信号模块不适用于 CPU 1211C。

（3）扩展点数：信号板用于少量 I/O 点数的扩展，信号模块用于较多点数、更灵活的 I/O 扩展。

2．信号模块

除了通过信号板进行少量点数的扩展，S7-1200 还提供了各种信号模块（SM）进行较多点数的 I/O 扩展。

信号模块连接在 CPU 的右侧。数字量输入模块（DI）、数字量输出模块（DO）、模拟量输入模块（AI）、模拟量输出模块（AO）统称为信号模块。

大量不同的数字量和模拟量模块可精确地提供各种任务所需的输入/输出。数字量模块和模拟量模块在通道数目、电压和电流范围、隔离、诊断和报警功能等方面有所不同。

每个模块上有 DIAG（诊断）指示灯和 I/O Channel 指示灯，其功能如表 3.7 所示。

表 3.7 信号板指示灯功能表

说　　明	DIAG 指示灯（红色/绿色）	I/O Channel 指示灯（红色/绿色）
现场侧电源关闭	呈红色闪烁	呈红色闪烁
没有组态或更新在进行中	呈绿色闪烁	灭
模块已组态且没有错误	亮（绿色）	亮（绿色）
错误状态	呈红色闪烁	—
I/O 错误（启用诊断时）	—	呈红色闪烁
I/O 错误（禁用诊断时）	—	亮（绿色）

1）开关量 I/O 模块

（1）开关量输入模块。

被控对象的现场信号通过开关、按钮或传感器，以开关量的形式，由输入模块送入 CPU 进行处理，输入模块组成框图如图 3.12 所示。通常开关量输入模块按信号电源的不同分为三种类型：DC 12～24V 输入、AC 100～120V 或 200～240V 输入和 AC/DC 12～24V 输入，常用的是 DC 24V 的输入模块。

图 3.12 输入模块组成框图

开关量输入模块的作用是把现场的开关信号转换成 CPU 所需的 TTL 标准信号，各 PLC 的输入模块的电路都大同小异，直流输入模块原理图如图 3.13 所示。由于各输入点的输入电路都相同，因此图中只画出了一个输入端，COM 为输入端口的公共端。

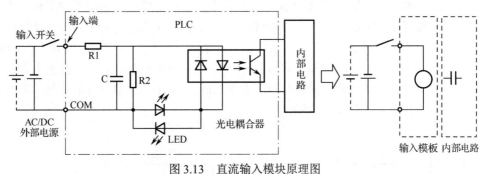

图 3.13 直流输入模块原理图

在图 3.13 所示的直流输入模块中，信号电源由外部供给直流电源既可正向接入，又可反向接入。R1、R2、C 仍然起分压、限流和滤波作用，双向光电耦合器具有整流和隔离的双重作用，双向 LED 用作输入状态指示。在使用直流输入模块时，应严格按照相应型号产品操作手册的要求配置信号电源电压。

（2）开关量输出模块。

PLC 所控制的现场执行元件有电磁阀、继电器、接触器、指示灯、电动机等，CPU 输出的控制信号，经输出模块驱动执行元件。输出模块组成框图如图 3.14 所示，其中输出电路常由隔离电路和功率放大电路组成。

开关量输出模块的输出形式有三种：继电器输出、晶闸管输出和晶体管输出。目前常用的是继电器输出和晶体管输出。

图 3.14 输出模块组成框图

① 继电器输出（AC/DC）模块。

继电器输出模块原理图如图 3.15 所示，在图中，继电器既是输出开关器件，又是隔离器件；电阻 R1 和 LED 指示灯组成输出状态显示器；电阻 R2 和电容器 C 组成 RC 灭弧电路，消除继电器触点火花。当 CPU 输出一个接通信号时，LED 指示灯亮，继电器线圈得电，其常开触点闭合，使电源、负载和触点形成回路。继电器触点动作的响应时间约为 10ms。继电器输出模块的负载回路，可选用直流电源，也可选用交流电源。外接电源及负载电源的大小由继电器的触点决定，通常在电阻性负载时，继电器输出的最大负载电流为 2A/点。

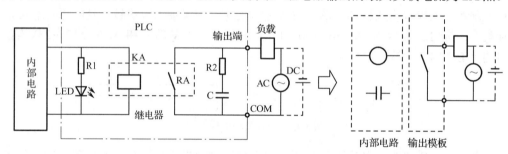

图 3.15 继电器输出模块原理图

② 晶闸管输出（AC）模块。

晶闸管输出模块原理图如图 3.16 所示，在图中，双向晶闸管为输出开关器件，由它组成的固态继电器（AC SSR）具有光电隔离作用，作为隔离元件。电阻 R2 和电容器 C 组成高频滤波电路，减小高频信号干扰。压敏电阻作为消除尖峰电压的浪涌吸收器。当 CPU 输出一个接通信号时，LED 指示灯亮，固态继电器中的双向晶闸管导通，负载得电。双向晶闸管开通响应时间不大于 1ms，关断时间不大于 10ms。由于双向晶闸管的特性，因此输出负载回路中的电源只能选用交流电源。

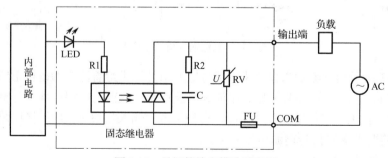

图 3.16 晶闸管输出模块原理图

③ 晶体管输出（DC）模块。

晶体管输出模块原理图如图 3.17 所示，在图中，晶体管 V1 作为输出开关器件，光电耦合器为隔离器件，稳压管 VS 和熔断器 FU 分别用于输出端的过电压保护和过电流保护，二极管 VD 可禁止负载电源反相接入。当 CPU 输出一个接通信号时，LED 指示灯亮。该信号通过光电耦合器使 V1 导通，负载得电。晶体管输出模块所带负载只能使用直流电源。采用电阻型负载时，晶体管输出的最大负载电流通常为 0.5A/点，通断响应时间均小于 0.1ms。

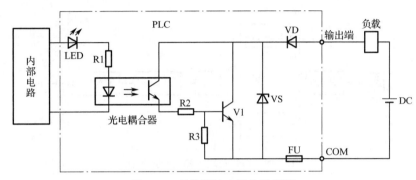

图 3.17 晶体管输出模块原理图

（3）开关量 I/O 扩展模块。

开关量 I/O 扩展模块技术规范如表 3.8 所示。

表 3.8 开关量 I/O 扩展模块技术规范

序 号	型 号	DI 点数	DO 点数
1	SM1221 8×DC 24V 输入	8	—
2	SM1221 16×DC 24V 输入	16	—
3	SM1222 8×继电器输出	—	8
4	SM1222 8×继电器双态输出	—	8
5	SM1222 8×DC 24V 输出	—	8
6	SM1222 16×DC 24V 输出	—	16
7	SM1222 16×继电器输出	—	16
8	SM1223 8×DC 24V 输入/8×DC 24V 输出	8	8
9	SM1223 16×DC 24V 输入/16×DC 24V 输出	16	16
10	SM1223 8×DC 24V 输入/8×继电器输出	8	8
11	SM1223 16×DC 24V 输入/16×继电器输出	16	16
12	SM1223 8×AC 120/230V 输入/8×继电器输出	8	8

2）模拟量 I/O 模块

在实际的生产过程中，经常需要检测连续变化的模拟量信号，如温度、流量、压力等，将其转变为 PLC 能处理的数字信号；处理完成，又需要把数字信号变换成模拟信号，去控制现场设备。因此，PLC 需要具有模拟量处理的能力。模拟量处理模块按信号流向可分为输入型和输出型,还可以按是否在 PLC 内部分为内置型和外接型。

(1) 模拟量输入模块。

生产现场中连续变化的模拟量信号,如温度、流量、压力,通过变送器转换成 DC 0~5V、DC 1~5V、DC 0~10V、DC 10~10V、DC 0~20mA、DC 4~20mA 等标准电压、电流信号。模拟量输入模块的作用是把这些连续变化的电压、电流信号转换成 CPU 能处理的数字信号。模拟量输入模块一般由变送器、模/数转换(A/D)、光电隔离等部分组成,其组成框图如图 3.18 所示。

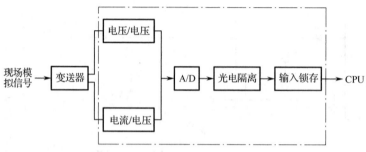

图 3.18 模拟量输入模块组成框图

(2) 模拟量输出模块。

模拟量输出模块的作用是将 CPU 处理后的若干位数字信号转换成相应的模拟量信号输出,以满足生产控制过程中需要模拟信号的要求。模拟量输出模块组成框图如图 3.19 所示。CPU 的控制信号由输出锁存器经光电隔离、数/模转换(D/A)和运算放大器,变换成模拟量信号输出。模拟量输出为 DC 0~5V、DC 1~5V、DC 0~10V、DC -10~10V、DC 0~20mA、DC 4~20mA 等标准电压、电流信号。

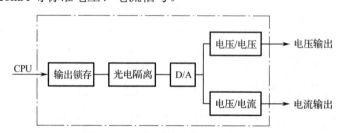

图 3.19 模拟量输出模块组成框图

A/D、D/A 模块的主要参数有分辨率、精度、转换速度、输入阻抗、输出阻抗、最大允许输入范围、模拟通道数、内部电流消耗等。

(3) 西门子 S7-1200 常用模拟量 I/O 模块。

西门子 S7-1200 常用模拟量 I/O 模块技术规范如表 3.9 所示。

表 3.9 西门子 S7-1200 常用模拟量 I/O 模块技术规范

序 号	型 号	AI	AO
1	SM1231 4×模拟量输入	4	—
2	SM1231 8×模拟量输入	8	—

续表

序 号	型 号	AI	AO
3	SM1232 2×模拟量输出	—	2
4	SM1232 4×模拟量输出	—	4
5	SM1234 4×模拟量输入/2×模拟量输出	4	2
6	SM1231 4×16 位模拟量输入	4	—
7	SM1231 TC 4×16 位	4	—
8	SM1231 TC 8×16 位	8	—
9	SM1231 RTD 4×16 位	4	—
10	SM1231 RTD 8×16 位	8	—
11	SM1232 2×14 位模拟量输出	—	2
12	SM1231 4×14 位模拟量输出	—	4

三、通信板与通信模块

1．通信板（CB）

S7-1200 的所有 CPU 模块可以安装一块 CB，采用内嵌式安装，与信号板的连接类似，CB 内插在 CPU 模块中，用于提供串行通信，是一种简单经济的串口解决方案。S7-1200 配套使用的 CB 只有一种，型号为 CB1241-RS485，该 CB 使用时的接线图如图 3.20 所示。

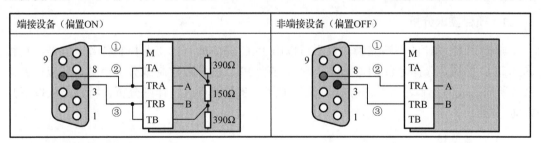

① — 将 M 连接到电缆屏蔽层；
② — A=TxD/RxD-（绿色线/针 8）；
③ — B=TxD/RxD+（红色线/针 3）。

图 3.20　CB1241-RS485 使用接线图

S7-1200 CPU 通过 CB1241-RS485 与西门子传动设备进行 USS 通信连接，实现 S7-1200 PLC 与传动设备之间的信息传输。一个 CB1241-RS485 接口最多同时连接 16 台驱动器。CB1241-RS485 还支持 Modbus RTU、点对点（PtP）等通信连接。

2．通信模块（CM）

S7-1200 的可扩展性强、灵活性高也体现在它的 CM 设计上。S7-1200 最多可以增加 3 个 CM，安装在 CPU 模块的左侧。CM 只能安装在 CPU 的左侧或者另外一个 CM 的左侧。西门子 S7-1200 系列的 CM 主要有 CM1241、CM1242、CM1243、CM1245、CM1278 等，主要 CM 的型号、用途表如表 3.10 所示。

表 3.10 主要 CM 的型号、用途表

序号	型号	用途	备注
1	CM1278	4×I/O Link MASTER	
2	CM1241	RS485/RS422/RS232	
3	CM1243-2	AS-i 主站	
4	CM1243-5	PROFIBUS DP 主站模块	
5	CM1242-5	PROFIBUS DP 从站模块	
6	CM1242-7	GPRS 模块	
7	TS Adapter IE Basic	连接到 CPU	
8	TS Module Modem	调制解调器	
9	TS Module ISDN	ISDN	
10	TS Module RS232	RS232	
11	TS Module		

四、PLC 选型

在 PLC 项目开发过程中，首先需要现场调研，弄清楚控制对象及其工作过程，I/O 点数，是否有模拟量处理，是否要求通信，是否需要触摸屏等一系列的问题。然后查阅 PLC 相关的选型手册和硬件手册，选择 PLC 硬件系统，最后形成硬件系统组成方案。为接下来的硬件电路设计做好准备。

1. 项目需求分析

随着 PLC 功能的不断完善，几乎可以用 PLC 完成所有的工业控制任务。但是，是否选择 PLC 控制？选择单台 PLC 控制，还是多台 PLC 的分散控制或分级控制？还应根据该系统所需完成的控制任务，对被控对象的生产工艺及特点进行详细分析，特别是从以下几方面考虑。

1) 控制规模

一个控制系统的控制规模可用该系统的输入、输出设备总数来衡量。当控制规模较大时，特别是在开关量控制的输入、输出设备较多且联锁控制较多时，最适合采用 PLC 控制。

2) 工艺复杂程度

当工艺要求较复杂时，用继电器系统控制极不方便，而且造价会相应提高，甚至会超过 PLC 控制的成本。因此，采用 PLC 控制将有更大的优越性。特别是当工艺要求经常变动或控制系统有扩充功能的要求时，只能采用 PLC 控制。

3) 可靠性要求

虽然有些系统不太复杂，但当对可靠性、抗干扰能力要求较高时，也需要采用 PLC 控制。在 20 世纪 70 年代，一般认为 I/O 点总数在 70 点左右时，可考虑 PLC 控制；到了 20 世纪 80 年代，一般认为 I/O 点总数在 40 点左右时，就可以采用 PLC 控制；目前，由于 PLC 的性价比进一步提高，因此当 I/O 点总数在 20 点甚至更少时，也趋向于选择 PLC 控制了。

4）数据处理速度

当数据的统计、计算及规模较大，需要很大的存储器容量，且要求很高的运算速度时，可考虑带有上位机的 PLC 分级控制；当数据处理程度较低，且主要以工业过程控制为主时，采用 PLC 控制将非常适宜。

总之，PLC 最适合的控制对象是工业环境较差，而对安全性、可靠性要求较高，系统工艺复杂，输入/输出以开关量为主的工业自控系统或装置。一般来说，能够反映生产过程的运行情况，能用传感器进行直接测量的参数，控制逻辑复杂的部分都由 PLC 完成。另外，如果在紧急停车等环节，那么对主要控制对象还要加上手动控制功能，这就需要在设计电气系统原理图与编程时统一考虑。

2. PLC 的 CPU 型号及容量要求

1）PLC 的 CPU 型号

在满足控制要求的前提下，PLC 的 CPU 在选型时应考虑以下几点。

（1）性能与任务相适应。

对于开关量控制的应用系统，当对控制速度要求不高时，可选用小型 PLC（西门子公司 S7-200 或 S7-1200 就能满足要求），如对小型泵的顺序控制、单台机械的自动控制等。

对于以开关量控制为主，带有部分模拟量控制的应用系统，如工业生产中常遇到的温度、压力、流量、液位等连续量的控制，应选用带有 A/D 转换的模拟量输入模块和带 D/A 转换的模拟量输出模块，配接相应的传感器、变送器（对温度控制系统可选用温度传感器直接输入的温度模块）和驱动装置，并且选择运算功能较强的小型 PLC，如 OMRON 公司的 CP1H 型 PLC。

对于控制比较复杂的中大型控制系统，如闭环控制、PID 调节、通信联网等，则必须考虑 PLC 的响应速度。此时可选用中、大型 PLC（如西门子公司的 S7-300/400 等 PLC）。当系统的各个控制对象分布在不同的地域时，应根据各部分的具体要求来选择 PLC，以组成一个分布式的控制系统。

（2）PLC 的处理速度应满足实时控制的要求。

PLC 工作时，从输入信号到输出控制存在着滞后现象，即输入量的变化一般要在 1～2 个扫描周期之后才能反映到输出端。这对于一般的工业控制是允许的，但有些设备的实时性要求较高，不允许有较大的滞后时间。例如，PLC 的 I/O 点数在几十到几千点范围内，这时用户应用程序的长短对系统的响应速度会有较大的差别。滞后时间应控制在几十毫秒之内，应小于普通继电器的动作时间（普通继电器的动作时间约为 100 毫秒），否则就没有意义了。通常为了提高 PLC 的处理速度，可以采用以下几种方法。

- 选择 CPU 处理速度快的 PLC，使执行一条基本指令的时间不超过 0.5 微秒。
- 优化应用软件，缩短扫描周期。
- 采用高速响应模块，如高速计数模块，其响应的时间可以不受 PLC 扫描周期的影响，而只取决于硬件的延时。

（3）指令系统的选择。

由于 PLC 的应用具有广泛性，因此各种机型所具备的指令系统也不完全相同。从应用的角度看，有些场合仅需要逻辑运算，有些场合需要复杂的算术运算，而有些特殊场合还需要用专用指令功能。从 PLC 本身来看，各个厂家的指令差异较大，其差异性主要体现在指令的表达方式和指令的完整性上。在选择机型时，应从指令系统方面注意以下内容。

① 总指令数：指令系统的总指令数反映了指令系统所包括的全部功能。

② 指令种类：指令种类主要包括基本指令、运算指令和应用指令，具体的需求应与实际要完成的控制功能相适应。

③ 表达方式：指令系统表达方式有多种，包括 LAD、语句表、控制系统流程图、高级语言等。表达方式的多样性给程序的编写带来了方便，也表现出该 PLC 的成熟性。

④ 编程工具：PLC 的简易编程器价格最低，但功能有限；手持式液晶显示图形编程器价格较高，可直接显示 LAD。与简易编程器相比，采用计算机配以编程软件能适用于不同的 PLC，可明显提高程序的调试速度。

（4）扩展能力。

扩展能力即带扩展模块的能力，包括所能带扩展模块的数量、种类，扩展模块所占的通道数，扩展口的形式等。

（5）特殊功能。

新型的 PLC 有不少非常有用的特殊功能，如模拟量 I/O 功能，通信功能、高速计数器、高速脉冲输出等功能。应用这些特殊功能，可以解决一些较特殊的控制要求，若使用带有这些特殊功能的基本模块来处理，则不需要添加特殊功能模块，处理起来既简单又降低成本。

（6）通信功能。

若要求将 PLC 引入工业控制网络，或连接其他智能化设备，则应考虑选择有相应的通信接口的 PLC，同时要注意通信协议。

2）PLC 容量要求

PLC 容量包括两个方面：一是 I/O 点数，二是用户存储器的容量。

（1）I/O 点数的要求。

根据被控对象的输入信号和输出信号的总点数，并考虑到今后调整和扩充，一般应加上 10%～15%的备用量。

（2）用户存储器容量的要求。

用户应用程序占用多少内存与许多因素有关，如 I/O 点数、控制要求运算处理量、程序结构等，因此在程序设计之前只能粗略估算。根据经验，每个 I/O 点及有关功能器件占用的内存大致如下：

- 开关量输入：所需存储器字数=输入点数×10。
- 开关量输出：所需存储器字数=输出点数×8。
- 定时器/计数器：所需存储器字数=定时器数量/计数器数量×2。
- 模拟量：所需存储器字数=模拟量通道数×100。
- 通信接口：所需存储器字数=接口个数×300。
- 根据存储器的总字数再加上一个备用量。

3. I/O 模块的选择

I/O 模块的选择主要根据输入信号的类型（开关量、数字量、模拟量、电压类型、电压等级和变化频率），选择与之相匹配的输入模块。根据负载的要求（如负载电压、电流的类型，是 NPN 型还是 PNP 型晶体管输出等）、数量等级和对响应速度的要求等，选择合适的输出模块。根据系统要求安排合理的 I/O 点数，并有一定的余量（10%～20%），考虑到增加点数的成本，在选型前应将 I/O 点进行合理的安排，从而实现用较少的点数来保证设备的正常操作。

（1）开关量输入模块的选择。

PLC 的输入模块用来检测来自现场（如按钮、行程开关、温控开关、压力开关等）的高电平信号，并将其转换为 PLC 内部的低电平信号。

- 按输入点数分：常用的有 8 点、12 点、16 点、32 点等。
- 按工作电压分：常用的有直流 5V、12V、24V，交流 110V、220V 等。
- 按外部接线方式分：汇点输入、分隔输入等。

选择输入模块主要考虑以下两点。

① 根据现场输入信号（如按钮、行程开关）与 PLC 输入模块距离的远近来选择电压的高低。一般 24V 以下属低电平，其传输距离不宜太远，如 12V 电压模块一般不超过 10m。距离较远的设备选用较高电压模块比较可靠。

② 高密度的输入模块，如 32 点输入模块，能允许同时接通的点数取决于输入电压和环境温度。一般同时接通的点数不得超过总输入点数的 60%。

（2）开关量输出模块的选择。

输出模块的任务是将 PLC 内部低电平的控制信号，转换为外部所需电平的输出信号，驱动外部负载。输出模块有 3 种输出方式：继电器输出、晶闸管输出、晶体管输出。

① 输出方式的选择。继电器输出价格便宜，使用电压范围广，导通压降小，承受瞬时过电压和过电流的能力较强，且有隔离作用。但继电器有触点，寿命较短，且响应速度较慢，适用于动作不频繁的交、直流负载。当驱动电感性负载时，最大开闭频率不得超过 1Hz。晶闸管输出（交流）和晶体管输出（直流）都属于无触点开关输出，适用于通断频繁的感性负载。感性负载在断开瞬间会产生较高的反压，必须采取抑制措施。

② 输出电流的选择。模块的输出电流必须大于负载电流的额定值，当负载电流较大，输出模块不能直接驱动时，应增加中间放大环节。对于电容性负载、热敏电阻负载，考虑到接通时有冲击电流，要留有足够的余量。

③ 允许同时接通的输出点数在选用输出模块时，不但要看一个输出点的驱动能力，还要看整个输出模块的满负荷能力，即输出模块同时接通点数的总电流值不得超过模块规定的最大允许电流。例如，OMRON 公司的 CQMl-OC222 是 16 点输出模块，每个点允许通过电流 2A（AC 250V/DC 24V），但整个模块允许通过的最大电流仅为 8A。

（3）模拟量模块的选择。

除了开关量信号以外，工业控制中还有模拟量输入、模拟量输出和温度控制模块等。这些模块中有自己的 CPU、存储器，能在 PLC 的管理和协调下独立地处理特殊任务，这样既完善了 PLC 的功能，又可减轻 PLC 的负担，提高处理速度。有关模拟量功能模块的应用参见模拟量模块的使用手册。

（4）特殊功能模块。

除了开关量信号、模拟量信号以外，高速计数器模块、高速脉冲输出模块、通信模块等特殊功能模块在一些项目中也有较多的应用。有关特殊功能模块的应用参见特殊功能模块的使用手册。

4．其他选择

（1）性价比。根据不同的控制要求，选择不同品牌的 PLC，不要片面追求高性能、多功能。对控制要求低的系统，提出过高的技术指标，只会增加开发成本。

（2）系列产品。考察该 PLC 厂家的其他系列产品，从长远和整体观点出发，一个企业最好优选一个 PLC 厂家的系列化产品，这样可以减少 PLC 的备件，以后建立自动化网络也比较方便，而且只需要购置一台 PLC 的编程器或一套编程软件，并可实现资源共享。

（3）售后服务。选择机型时还要考虑有可靠的技术支持。这些支持包括必要的技术培训、帮助安装调试、提供备件备品、保证维护维修等，以减少后顾之忧。

5．选型资料网站

（1）西门子官方网站：https://www.industry.siemens.com.cn。

（2）三菱电机（中国）官方网站：http://www.mitsubishielectric.com.cn/zh/index.html/。

（3）OMRON 官方网站：http://www.omron.com.cn/。

注意：

① 西门子非现货产品的订货周期相对较长，所以对西门子选型要注意是否能够满足工期要求。

② 西门子的选型要按照技术资料文档细心配置，每个配件都不能少。

③ 每个配件都需要订货号，不能弄错订货号。

（4）中国工控网：http://www.gongkong.com/。

从以上网站可以下载到相关的硬件技术文档、选型手册，也可以进行技术咨询。

6．PLC 选型案例

案例 1　西门子 PLC—超声波探伤

某石油管道生产车间需要对每根钢管进行超声波探伤，主要涉及钢管位置检测及钢管运动控制、钢管是否合格判断等。采用单机控制，选型如表 3.11 所示。

表 3.11　西门子 S7-300 超声波探伤系统选型表

序号	型号	用途/描述	单位	数量	品牌
1	6ES7 390-1AE80-0AA0	导轨（480mm）	块	1	西门子
2	6ES7 307-1KA01-0AA0	电源模块	个	1	西门子
3	6ES7 312-5BD01-0AB0	CPU（2 通道计数器，双通道脉宽调制输出）	个	1	西门子

续表

序号	型　号	用途/描述	单　位	数　量	品　牌
4	6ES7 321-1BL00-0AA0	数字量输入模块（32 点）	个	2	西门子
5	6ES7 322-1BL00-0AA0	数字量输出模块（32 点）	个	2	西门子
6	6ES7 332-5HD01-0AB0	模拟量输出模块（4 点）	个	2	西门子
7	H05V-K40 x 0.5 mm2	前连接器	个	4	西门子
8	6AV6545-0CC10-0AX0	触摸屏（TP270）	个	1	西门子
9	6EP1334-2AA00	触摸屏电源	个	1	西门子

案例 2　西门子 PLC—灌装生产线

某灌装生产线示意图如图 3.21 所示，要求采用 S7-1200 进行自动灌装控制，并具有本地/远程控制、手动/自动控制功能、急停功能、复位功能和系统初始化功能。

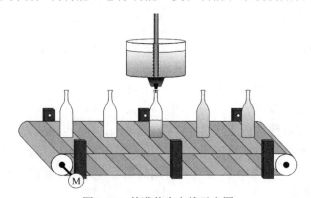

图 3.21　某灌装生产线示意图

在自动模式下，按下启动按钮，启动生产线运行。物料灌装工艺流程如下：

（1）按下启动按钮，电动机正转，传送带正向运行。

（2）空瓶子到达灌装位置时，电动机停止转动，灌装阀门打开，开始灌装物料。

（3）灌装时间到，灌装阀门关闭，电动机正转，传送带继续运行，直到下一个空瓶子到达灌装位置。

在自动模式下，按下停止按钮，停止生产线运行，电动机停止转动，传送带停止运行，灌装阀门关闭。

在手动模式下，正向点动/反向点动按钮用于调试传送带设备。按下正向点动按钮，传送带正向运行，松手后传送带停止运行；按下反向点动按钮，传送带反向运行，松手后传送带停止运行。在手动模式下，电动球阀按钮用于调试灌装阀门设备。按下电动球阀按钮，球阀打开；松手后，球阀关闭。

此外，系统还具有工件计数统计功能（要求控制系统可以实现工件的计数统计，包括空瓶数、成品数、废品数、废品率、包装箱数）；质量检测功能（灌装液罐的质量由模拟量称重传感器进行监视。质量在 100～150g 为合格，否则不合格）；报警功能（若废品率超过 10%，则报警灯闪亮，蜂鸣器响。按下报警确认按钮，若故障仍存在，则报警灯常亮，蜂鸣器不响；若故障取消，则报警灯熄灭）。

采用单机控制，该系统选型如表 3.12 所示。

表 3.12　西门子 S7-1200 自动灌装生产线选型表

序号	型　号	用途/描述	单位	数量	品牌
1	6ES7390-1AE80-0AA0	导轨（480mm）	块	1	西门子
2	6ES7214-1BG31-0XB0	CPU 模块	个	1	西门子
3	6ES7223-1PH32-0XB0	数字量 I/O 模块（8DI/8DO）	个	1	西门子
4	6ES7224-4HE32-0XB0	模拟量 I/O 模块（4AI/2AO）	个	1	西门子
5	6AV6647-0AA11-3AX0	触摸屏 KTP600 Basic color PN	个	1	西门子

练习卡 3

一、填空题

1．PLC 基本结构由（　　　）、I/O 接口、电源、编程器、I/O 扩展模块和外部设备接口等部件组成。

2．PLC 接收外部信号的端口为（　　　）接口。

3．PLC 的中文意思是（　　　）。

4．S7-1200 的 CPU 模块内置（　　　）点输入，I/O 点输出。

5．PLC 的开关量输出方式可以是（　　　）输出、晶体管输出和晶闸管输出。

6．PLC 的（　　　）输出可带交、直流负载，而晶闸管输出只能带交流负载，晶体管输出只能带直流负载。

二、单选题

1．PLC 就其本质来说是（　　　）。

A．一台专为工业应用而设计的计算机系统

B．微型化的继电器—接触器系统

C．一套编程软件

D．必须配合个人计算机才能正常工作的设备

2．PLC 的工作过程不包含（　　　）。

A．输入采样阶段　　　　　　　　　　B．程序执行阶段

C．输出处理阶段　　　　　　　　　　D．程序监控阶段

3．以下不属于 CPU 工作状态指示灯的是（　　　）。

A．Link 指示灯　　　　　　　　　　　B．STOP/RUN 指示灯

C．ERROR 指示灯　　　　　　　　　　D．MAINT 指示灯

4．检查输入/输出工作状态，观察的指示灯是（　　　）。

A．I/O 指示灯　　　　　　　　　　　B．STOP/RUN 指示灯

C．ERROR 指示灯　　　　　　　　　　D．MAINT 指示灯

5．检查 CPU 是否出错，应该观察的指示灯是（　　　）。

A. I/O 指示灯 B. STOP/RUN 指示灯
C. ERROR 指示灯 D. MAINT 指示灯

6. 检查 CPU 是否正常运行或停止，应该观察的指示灯是（   ）。
A. I/O 指示灯 B. STOP/RUN 指示灯
C. ERROR 指示灯 D. MAINT 指示灯

7. 检查以太网连接是否正常，应该观察的指示灯是（   ）。
A. Link 指示灯 B. STOP/RUN 指示灯
C. ERROR 指示灯 D. Rx/Tx 指示灯

三、简答题

1. 什么是 PLC？PLC 由哪几部分组成？
2. 举例说明 PLC 的现场输入元件的种类。
3. 举例说明 PLC 的现场执行元件的种类。

项目 4　西门子 S7-1200 编程基础知识

本项目主要介绍西门子博途软件、S7-1200 的编程基础、S7-1200 指令及应用，为编写控制程序打好基础。

【知识目标】能区分西门子开发软件的博途视图（Portal 视图）和项目视图，掌握 S7-1200 的 LAD 设计语言基础知识，掌握基本的数据类型及常用的存储器地址，掌握常用的位逻辑、定时器、计数器、基本的计算指令，初步理解跳转、中断、组织块、函数块、函数、数据块等概念。

【能力目标】能使用博途软件编写、调试简单的控制程序，能熟练使用位逻辑、定时器、计数器等基本指令编程，能在组织块中编写常用程序，并会编写及调用函数块、函数，设置数据块。

【素质目标】会使用西门子 S7-1200 的技术手册查阅指令使用方法，初步理解并建立模块化程序设计的思维，耐心细致。

知识卡 7　西门子博途软件

一、开发环境

1. 简介

TIA Portal，简称博途，是西门子发布的一款全新的全集成自动化软件。它是业内首个采用统一的工程组态和软件项目环境的自动化软件，几乎适用于所有自动化任务。借助该全新的工程技术软件平台，用户能够快速、直观地开发和调试自动化系统，可对西门子全集成自动化中涉及的所有自动化和驱动产品进行组态、编程和调试。

2. 软件组成及功能

专业版的博途软件由五部分组成：用于硬件组态和编写 PLC 程序的 SIMATIC STEP7，用于仿真调试的 SIMATIC STEP7 PLCSIM，用于组态可视化监控系统、支持触摸屏和计算机工作站的 SIMATIC WinCC，用于设置和调试变频器的 SINAMICS Startdrive，用于安全性 S7 系统的 STEP7 Safety。

3. 软件安装要求

博途软件对安装环境的要求较高，软件环境必须为 Win7 系统 32 位或 64 位。硬件环境要求个人计算机（PC）的配置满足：微处理器为 Intel® Core™ i5-3320M 3.3 GHz 或更高版本，8GB 内存（不少于 4GB）；屏幕分辨率为 1920 像素×1080 像素（建议）；20Mbit/s 以太网。

安装时应注意以下两点。

（1）Windows 系统安装 64 位纯净版（不要安装镜像版），安装完成后不要安装杀毒软件及其他办公软件。

（2）安装完成后要进行授权，当许可证管理界面中出现"License type"为"Unlimited"时，表明安装成功，如图 4.1 所示。

图 4.1　博途软件许可证管理界面

二、博途 V14 的基本使用

1. Portal 视图

博途 V14 有两种视图：Portal 视图和项目视图。Portal 视图是根据工具功能组织的面向任务的视图，Portal 视图如图 4.2 所示；项目视图是由项目中各元素组成的面向项目的视图。

Portal 视图提供了面向任务的视图，类似于操作向导，选择不同的任务入口可实现启动、设备与网络、PLC 编程、运动与控制技术、可视化及在线与诊断等各种工程任务功能。例如，选择"启动"选项，可以进行打开现有项目、创建新项目、移植项目、关闭项目等操作。

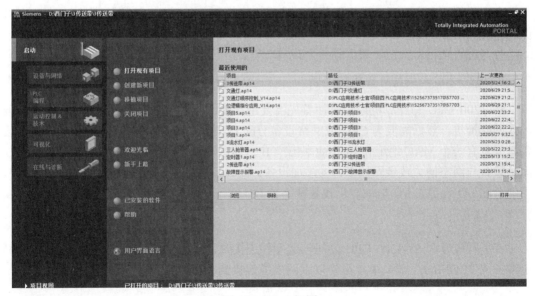

图 4.2　Portal 视图

在 Portal 视图中，单击"启动—创建新项目"按钮，在右边栏目中输入项目名称、保存路径、作者、注释信息等，单击"创建"按钮，就可以启动一个新项目。

在 Portal 视图左下角单击"项目视图"按钮,打开项目视图,如图 4.3 所示。项目视图类似于 Windows 界面,包含标题栏、工具栏、编辑区和状态栏等。项目视图的左侧为"项目树"窗格,可以访问所有的设备和项目数据,也可以直接执行任务,如添加新组件、编辑组件、项目数据等;项目视图中间为编辑区,在此编写控制程序;项目视图右侧为任务卡,根据已编辑或选择的对象,查找或替换项目对象;项目视图下方为检查窗口,显示工作中已选择的对象或执行操作的附加信息。可通过单击左下角"Portal 视图"切换到该视图。

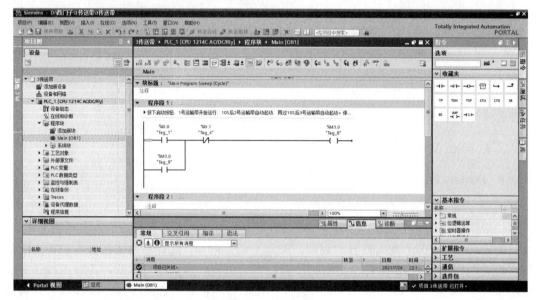

图 4.3 项目视图

在项目视图中,打开"项目"菜单,选择"新建"命令,在右边栏目中输入项目名称、保存路径、作者、注释信息等,单击"创建"按钮,可以创建一个新的项目;或者单击"启动—打开现有项目"按钮,来启动一个现有项目。

2. S7-1200 与编程计算机的连接

S7-1200 CPU 与计算机通信时,首先需要进行硬件配置,若是一对一通信,则不需要以太网交换机;然后需要为 CPU 或网络设备分配 IP 地址。在 PROFINET 网络中,每个设备必须具有一个 MAC 地址和 Internet 协议(IP)地址。

设备与组态的大致步骤如下:①添加设备。②设备组态。③组态网络:组态网络之前,不能分配 I/O 设备的 I/O 地址。④设置网络参数。

1)硬件连接

在编程设备和 S7-1200 CPU 之间创建硬件连接时,首先安装 S7-1200 CPU,将以太网电缆插入 PROFINET 端口中,再将以太网电缆连接到编程设备上。

2)组态

打开博途 V14,创建一个新项目,命名为"电动机启停控制",如图 4.4 所示。再单击"创建"按钮,建立项目。

图 4.4 创建新项目

在"电动机启停控制"项目对话框（见图 4.5）中，选择"组态设备"选项。

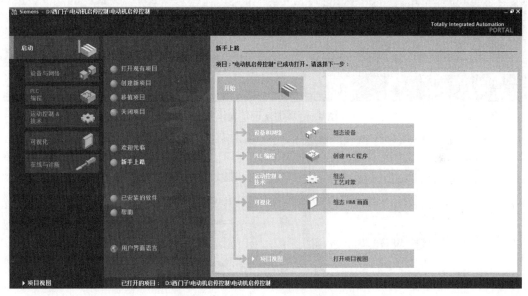

图 4.5 "电动机启停控制"项目对话框

在"组态设备"对话框中，单击"添加新设备"按钮，选择"控制器"→"SIMATIC S7-1200"→"CPU"→"CPU 1214C AC/DC/Rly"选项（具体的型号可以根据实际产品确定）。选中 PLC 后，右侧会显示该 PLC 的图形、订货号、版本及简要的说明信息，如图 4.6 所示。单击"确定"按钮，即可进入项目视图。

3）为编程设备和网络设备分配 IP 地址

通过编程计算机与运行 STEP 7 Basic 的计算机进行以太网通信，可以执行项目的下载、上传、监控和故障诊断等任务。

（1）编程计算机 IP 地址设置。

用户可以使用计算机控制面板的"网络和 Internet"分配或检查编程设备的 IP 地址："控制面板"→"网络和 Internet"→"查看网络状态和任务属性"→"本地连接"，打开"本地连接状态"对话框，单击"属性"按钮，在"本地连接属性"对话框 [如图 4.7（a）所示] 中，在"此连接使用下列项目："在下拉列表中选择"Internet 协议版本 4（TCP/IPv4）"，然后单击"属性"按钮，打开如图 4.7（b）所示属性对话框，选择"使用下面的 IP 地址"，输入 IP 地址：192.168.0.2，子网掩码：255.255.255.0，并单击"确定"按钮。

图4.6 添加新设备操作界面

（a）本地连接属性对话框　　　　　　　　（b）TCP/IPv4 属性对话框

图4.7 计算机 IP 地址设置

（2）PLC 的 IP 地址设置。

为 S7-1200 CPU 分配 IP 地址时，采用的是在项目中组态 IP 地址的方法。使用 S7-1200 CPU 配置机架之后，可组态 PROFINET 接口的参数。为此，单击 CPU 上的绿色 PROFINET 框（图4.8 的①处），选择 PROFINET 接口。打开"属性"选项卡，此时会显示 PROFINET 端口，如图4.8 所示，在图中设置 IP 地址为 192.168.0.1。

以太网相关地址包括以太网（MAC）地址、IP 地址和子网掩码等。

① 以太网（MAC）地址　在 PROFINET 网络中，制造商会为每个设备都分配一个介质访问控制地址（MAC）地址，以进行标识。MAC 地址由六组数字组成，每组两个十六进制数，这些数字用"—"或"："符号分隔，并按传输顺序排列，例如（01—23—45—67—89—AB）或 01：23：45：67：89：AB。

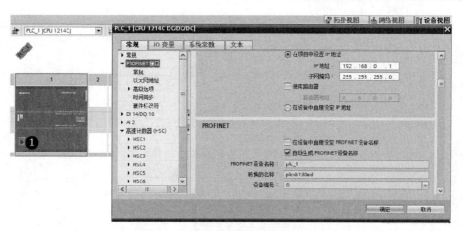

图 4.8　设置 IP 地址

② IP 地址　联入因特网的每个设备也都必须具有一个 Internet 协议（IP）地址，该地址相当于网络设备的身份证号码，使该设备可以在更加复杂的路由网络中传送数据。IP 地址有 IPv4 和 IPv6 两种格式，其中 IPv4 的每个 IP 地址分为四段，每段由八位二进制数组成，并以圆点分隔的十进制数格式表示，如 211.154.184.16。IP 地址的第一部分用于表示网络 ID，第二部分表示主机 ID。

③ 子网掩码　子网掩码用来指明一个 IP 地址的哪些位标识的是主机所在的子网，以及哪些位标识的是主机的位掩码。子网掩码不能单独存在，它必须结合 IP 地址一起使用。例如在小型本地网络中为设备分配子网掩码 255.255.255.0 和 IP 地址 192.168.0.1 到 192.168.0.255。

④ 不同子网间唯一的连接通过路由器实现。若使用子网，则必须部署 IP 路由器，IP 路由器实现 LAN 之间的链接。通过使用路由器，LAN 中计算机可向其他任何网络发送消息，这些网络可能还隐含着其他 LAN。如果数据的目的地不在 LAN 内，路由器就会将数据转发给可将数据传送到目的地的另一个网络或网络组。路由器依靠 IP 地址来传送和接收数据包。

4）测试运行

在完成组态后，使用"扩展的下载到设备"对话框测试所连接的网络设备。S7-1200 CPU "下载到设备"功能及其"扩展的下载到设备"对话框可以显示所有可访问的网络设备，以及是否为所有设备均分配了唯一的 IP 地址（PG/PC 接口的类型为 PN/IE；PG/PC 接口为 Realtek PCIe GBE Family Controller）。选中图中"显示所有兼容的设备"复选框，能够显示全部可访问和可用设备，以及为其分配的 MAC 和 IP 地址，如图 4.9 所示。

三、博途软件编程

1. 程序块

新建的项目中只有一个用户程序块（OB1）。要添加程序块，需要在"项目树"窗格中，单击"程序块"按钮，在其下拉列表中双击"添加新块"按钮，在弹出的对话框中选择块的名称、编号和语言，如图 4.10 所示。

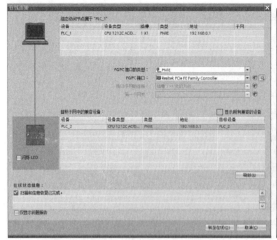
图4.9 "扩展的下载到设备"对话框

图4.10 "添加新块"对话框

可供选择的块类型有4种：组织块（OB）、函数块（FB）、函数（FC）、数据块（DB）。

OB、FC可供选择的编程语言有4种：LAD、FBD、STL和SCL。FB可供选择的编程语言有5种：LAD、FBD、STL、SCL和GRAPH。

2. 指令

系统提供的指令可以在指令目录和库目录窗口中选择。双击"项目树"窗格中要编辑的程序块，就可以打开程序编辑器。

单击"项目树"窗格中的"PLC变量"按钮，在其下拉列表中双击"显示所有变量"按钮，进入符号编辑器。编写PLC程序之前先创建变量，有利于程序的阅读、分析和修改。

PLC变量的名称在CPU范围内具有唯一性，即使变量位于CPU的不同变量表中。块已经使用的名称、CPU内其他PLC变量或常量的名称，不能用于新的PLC变量的命名。变量名的唯一性检查不区分大小写字母。如果输入了一个已经存在的变量名，那么系统会自动为第二次输入的名称后加上序号（1）。

3. 用户程序

用户程序是在博途软件环境中，由用户编写的、用于实现特殊控制任务和功能的程序。编程界面如图4.11所示。单击"项目树"窗格中的"程序块"按钮，在其下拉列表中双击"Main[OB1]"按钮，在编辑区中会出现程序段1，再单击右侧的"指令"按钮，展开指令选项卡，用其中的常开触点⊣⊢、常闭触点⊣/⊢、线圈⊣ ⊢这3个符号完成第一行程序输入。例如，将常开触点拖动到中间的程序编辑区的黑色线上方位置，当线上显示绿色正方形的时候，松开鼠标，输入常开触点的地址"I0.0"，然后回车确认；以同样的方法输入常闭触点的地址"I0.1"和线圈的地址"Q0.0"。

完成第一行程序输入后，单击左侧母线与"I0.0"之间的线条，再选择右侧的"　↦　"打开分支，添加第二行程序。在第二行输入常开触点的地址"Q0.0"，然后选择图标，将连线拖动到第一行的"I0.0"和"I0.1"触点之间，当这个位置出现绿色的小正方形时，松开鼠标，连线完成。

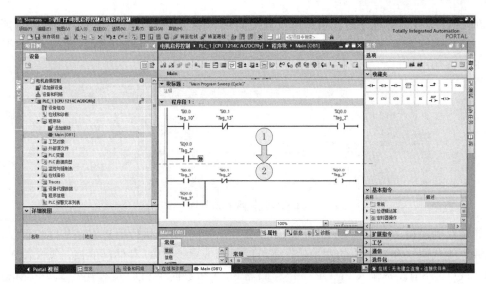

图 4.11 编程界面

四、程序的调试、运行监控与故障诊断

博途是一个集成软件,不仅集成了 STEP7 Basic,还集成了仿真软件 PLCSIM。仿真 PLC 与实际 PLC 既有相通之处,又有较多区别。通过仿真,可以检查一些常见的错误,帮助快速学习、掌握基本的编程能力,但是最终程序是否能完成控制功能,还需要下载到实际的控制系统中检验。

1. 仿真程序

PLCSIM 软件几乎支持仿真 S7-1200 的所有指令,允许用户在没有硬件的情况下模拟调试 S7-1200 程序。S7-1200 PLC 使用仿真功能对软件、硬件都有一定的要求。

使用仿真软件对 S7-1200 PLC 硬件的要求是固件版本必须为 4.0 或更高版本。使用仿真软件对软件的要求是仿真软件版本在 S7-PLCSIM V13 SP1 及以上。仿真软件 S7-PLCSIM 几乎支持 S7-1200 的所有指令(系统 FC 和系统 FB)。

2. 监视和修改 CPU 中的数据

使用 STEP7 Basic 可以监视和在线修改 CPU 中的数据,STEP7 Basic 的修改和监视功能如表 4.1 所示。

表 4.1 STEP7 Basic 的修改和监视功能

编 辑 器	监 视	修 改	强 制
监视表格	有	有	无
强制表格	有	无	有
程序编辑器	有	有	无
变量表	有	无	无
数据块编辑器	有	无	无

在 CPU 执行用户程序时，用户可以通过监视表格监视或修改变量值，如图 4.12 所示。可在项目中创建并保存不同的监视表格以支持各种测试环境，这使得用户可以在调试期间或出于维修和维护目的重新进行测试。

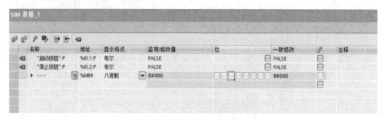

图 4.12　监视表格界面

通过监视表格，可监视 CPU 并与 CPU 交互，如同 CPU 执行用户程序一样，不仅可以显示或更改代码块和数据块的变量值，还可以显示或更改 CPU 存储区的值，包含输入和输出（I 和 Q）、外围设备输入（I_：P）、位存储器（M）和数据块（DB）。使用"修改"（Modify）功能可以更改变量的值。但是，此功能对输入（I）或输出（Q）不起作用，这是因为 CPU 会在读取已修改的值之前自动读取 I/O 值并覆盖更新。

可在 LAD 和 FBD 程序编辑器中监控多达 50 个变量的状态。在程序编辑器的工具栏中，单击"接通/断开监视"（Monitoring on/off）按钮，以显示用户程序的状态，如图 4.13 所示。还可以右击指令或参数，以修改指令值。

在分析 LAD 的逻辑关系时，为了借用继电器电路图的分析方法，可以想象在 LAD 的左右两侧垂直母线（电源线）之间有一个左正右负的直流电源电压，如图 4.13 所示，图中"On"或"Run"接通，"Off"断开时有一个假想的"能流"（Power Flow）流过"Run"线圈，利用能流这一概念，可以借用继电器电路的术语和分析方法，帮助我们更好理解和分析 LAD。需要注意的是能流只能从左向右流动。程序段内的逻辑运算按从左向右的方向执行，与能流的方向一致。如果没有跳转指令，那么程序段之间按从上到下的顺序执行，执行完所有的程序段后，下一次扫描循环返回最上面的程序段，重新开始执行。

在程序监控过程中，网络以绿色显示能流。左侧母线相当于电源，右侧母线相当于地，程序正确运行，能流从左侧母线流向右侧母线。

除上述仿真、监控功能外，STEP7 Basic 软件还提供捕获数据块的在线值、重设起始值、监视或修改 PLC 变量时使用触发器、在 CPU 处于 STOP 模式时写入输出、"强制"功能、在 RUN 模式下的下载等操作功能。

图 4.13　LAD 运行界面

知识卡 8 S7-1200 的编程基础

一、编程语言

IEC 61131-3 是世界上第一个,也是至今唯一的工业控制系统的编程语言标准,已经成为 DCS、IPC、FCS、SCADA 和运动控制系统的软件标准。IEC 61131-3 的 5 种编程语言如下:

- 梯形图(Ladder Diagram,LD),在西门子中简称 LAD。
- 功能块图(Function Block Diagram,FBD)。
- 结构文本(Structured Text,ST),西门子 S7-1200 为结构化控制语言(Structured Control Language,SCL)。
- 指令表(Instruction List,IL)。
- 顺序功能图(Sequential Function Chart,SFC)。

西门子公司为 S7-1200 PLC 提供了 3 种标准编程语言:梯形图(LAD)、功能块图(FBD)和结构化控制语言(SCL)。

LAD 是基于电路图来表示的一种图形编程语言,FBD 是基于布尔代数中使用的图形逻辑符号来表示的一种编程语言,SCL 是一种基于文本的高级编程语言。当创建代码块时,应选择该块要使用的编程语言。用户程序可以使用由任意编程语言创建的代码块。

1)LAD

LAD 沿用了继电器、触头、串/并联等类似的图形符号,并简化了符号,还向多种功能(如数学、定时器、计数器和移动等)提供功能框指令。LAD 是融逻辑操作、控制于一体,面向对象的、实时的、图形化的编程语言。

LAD 首先按自上而下、从左到右的顺序排列,最左边的竖线称为起始母线(也称左母线),然后按一定的控制要求和规则连接各个节点,最后以继电器线圈或功能框指令(或再接右母线)结束,称为一个逻辑行或一个"梯级"。通常一个 LAD 程序段中有若干逻辑行(梯级),形似梯子,如图 4.14 所示,"梯形图"由此而得名。LAD 信号流向清楚、简单、直观、易懂,很适合电气工程人员及初学者使用。LAD 在 PLC 中应用非常广泛。各厂家、各型号 PLC 都把 LAD 作为第一编程语言。

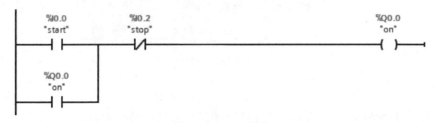

图 4.14 LAD 程序

LAD 由触点、线圈和用方框表示的指令框组成。触点代表逻辑输入条件,如外部的开关、按钮、传感器,内部的定时器、计数器触点等。线圈代表逻辑运算的结果,常用来控制外部的负载和内部的标志位等。指令框用来表示定时器、计数器或运算、控制等指令。触点和线圈等元素组成的电路称为程序段,英文名称为 Network(网络),STEP7 Basic 自动为程序段编号。可在程序段编号右边加程序段的标题,程序段编号下方输入其注释。

创建 LAD 程序段时应注意以下规则。

① 不能创建如图 4.15(a)所示可能导致反向能流的分支。

② 不能创建如图 4.15(b)所示可能导致短路的分支。

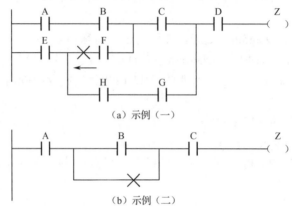

图 4.15　LAD 编程错误示例

2)FBD

FBD 类似于普通的逻辑功能图,它沿用了半导体逻辑电路的逻辑框图的表达方式,使用布尔代数的图形逻辑符号来表示控制逻辑,使用指令框来表示复杂的功能,有基本功能模块和特殊功能模块两类。基本功能模块如 AND、OR、XOR 等,特殊功能模块如脉冲输出、计数器等。

一般用一种功能方框表示一种特定的功能,框图内的符号表达了该 FBD 的功能,如图 4.16 所示。第一个框表示时间比较,比较的结果和第二个框的"I0.0"进行"与"运算,"与"运算的结果控制"Q0.0"的状态。

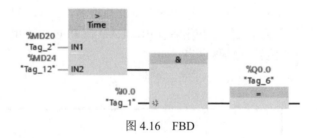

图 4.16　FBD

3)SCL

SCL 是用于 SIMATIC S7 CPU 的基于 PASCAL 的高级编程语言。

SCL 使用标准编程运算符,其程序结构如图 4.17 所示。例如,用(:=)表示赋值,+ 表示相加,- 表示相减,* 表示相乘,/ 表示相除。SCL 也使用标准的 PASCAL 程序控制操作,如 IF-THEN-END_IF、CASE、REPEAT-UNTIL、GOTO 和 RETURN 等。

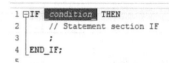

图 4.17　程序结构

LAD、FBD 和 SCL 之间可以有条件相互转换，建议初学者先掌握 LAD 语言编程，有一定的经验积累后再学习其他语言。

二、数据

1. 常数

1）数制

（1）二进制数。

二进制数的 1 位只能为 0 和 1。用 1 位二进制数来表示开关量的两种不同的状态。若该位为 1，LAD 中对应的位编程元件的线圈通电、常开触点接通、常闭触点断开，则称该编程元件为 TRUE 或 1 状态。若该位为 0，则反之，称该编程元件为 FALSE 或 0 状态。二进制位的数据类型为布尔型。

（2）多位二进制数。

多位二进制数用来表示大于 1 的数字。从右往左的第 n 位（最低位为第 0 位）的权值为 2^n。2#1100 对应的十进制数为 $1×2^3+1×2^2+0×2^1+0×2^0 = 8+4 = 12$。

（3）十六进制数。

十六进制数用于简化二进制数的表示方法，16 个数为 0～9 和 A～F（10～15），1 位十六进制数对应于 4 位二进制数，如 2#0001 0011 1010 1111 可以转换为 16#13AF 或 13AFH。

十六进制数"逢 16 进 1"，第 n 位的权值为 16^n。16#2F 对应的十进制数为 $2×16^1+15×16^0=47$。

2）编码

（1）补码。

有符号二进制整数用补码来表示，其最高位为符号位，符号位为 0 时是正数，为 1 时是负数。正数的补码就是它本身，最大的 16 位二进制正数为 32767。

将正数的补码逐位取反后加 1，得到绝对值与它相同的负数的补码。

例如，1158 对应的补码为 2#0000 0100 1000 0110，-1158 对应的补码为 2#1111 1011 0111 1010。

（2）BCD 码。

BCD 码是二进制编码的十进制数的缩写，用 4 位二进制数表示 1 位十进制数，每位 BCD 码允许的数值范围为 2#0000～2#1001，对应于十进制数 0～9。BCD 码的最高 4 位表示符号，负数为 1111，正数为 0000。16 位 BCD 码的范围为-999~+999，32 位 BCD 码的范围为-9999999~+9999999。图 4.17 中的 BCD 码为-829。BCD 码用于 PLC 的输入和输出。

图 4.17 BCD 码格式

（3）ASCII 码。

数字 0~9 的 ASCII 码为十六进制数 30H~39H，英语大写字母 A~Z 的 ASCII 码为 41H~5AH，英语小写字母 a~z 的 ASCII 码为 61H~7AH。详细情况可查阅 ASCII 码表。

2．数据类型

数据类型用来描述数据的长度（二进制的位数）和属性。

1）基本数据类型

S7-1200 PLC 的指令参数所用的基本数据类型有布尔（Bool）型、字节（Byte）型、字（Word）型、双字（DWord）型、无符号 8 位整数（USInt）型、有符号 8 位整数（SInt）型、无符号 16 位整数（UInt）型、有符号 16 位整数（Int）型、无符号 32 位整数（UDInt）型、有符号 32 位整数（DInt）型、32 位实数（Real）型、64 位实数（LReal）型、IEC 时间值（Time）型、日期值（Date）型、时钟值（TOD）型、字节日期和时间结构（DTL）型、单字符（Char）型、双字符（WChar）型、单字节字符串（String）型、双字节字符串（WString）型。

2）扩展数据类型

扩展数据类型包含全局数据块、数组、指针等。在此仅简单介绍全局数据块和数组。

（1）全局数据块。

双击"项目树"窗格中的"添加新块"按钮，单击弹出的对话框（见图 4.18）中的"数据块（DB）"按钮，生成一个数据块。可以修改其名称，其类型为默认的"全局 DB"。

图 4.18 "添加新块"对话框

右击"项目树"窗格中新生成的数据块，执行快捷菜单命令"属性"，选中弹出的对话框左边窗格中的"属性"选项，勾选右边窗格中的"优化的块访问"复选框，如图 4.19 所示。这样设置后只能用符号地址访问生成的块中的变量，不能使用绝对地址。这种访问方式可以提高存储器的利用率。

（2）数组。

数组（Array）是由固定数目的同一种数据类型元素组成的数据结构。允许使用除了 Array 之外的所有数据类型作为数组的元素，最多为 6 维。图 4.20 是名为"电流"的二维数组 Array[1..2,1..3] of Byte 的内部结构。

第一维的下标 1、2 是电动机的编号，第二维的下标 1~3 是三相电流的序号。数组元素"电流[1,2]"是 1 号电动机的第 2 相的电流。

图 4.19 优化的块访问　　　　　图 4.20 数组定义

3. 数据长度与数值范围

CPU 存储器中不同的数据类型具有不同的数据长度和数值范围。S7-1200 的常用变量类型、符号、位数及其范围如表 4.2 所示。

表 4.2　S7-1200 的变量数据位数、符号、长度及其范围

序号	变量类型	符号	位数	取值范围	常数举例
1	位	Bool	1	1，0	TRUE，FALSE 或 1，0
2	字节	Byte	8	16#00 ～ 16#FF	16#12，16#AB
3	字	Word	16	16#0000 ～ 16#FFFF	16#ABCD，16#0001
4	双字	DWord	32	16#00000000 ～ 16#FFFFFFFF	16#02468ACE
5	字符	Char	8	16#00 ～ 16#FF	'A'，'t'，'@'
6	有符号字节	SInt	8	−128 ～ 127	110，−88
7	有符号整数	Int	16	−32 768 ～ 32 767	30 000，−12 300
8	有符号双整数	DInt	32	−2 147 483 648 ～ 2 147 483 647	12 300，−12 300
9	无符号字节	USInt	8	0 ～ 255	223
10	无符号整数	UInt	16	0 ～ 65 535	65 000
11	无符号双整数	UDInt	32	0 ～ 4 294 967 295	865 000
12	单精度浮点数（实数）	Real	32	$\pm 1.175\ 495 \times 10^{38}$ ～ $\pm 3.402\ 823 \times 10^{38}$	12.45，−3.4，−1.2E+3
13	双精度浮点数（实数）	LReal	64	$\pm 2.225\ 073\ 858\ 507\ 202\ 0 \times 10^{-308}$ ～ $\pm 1.797\ 693\ 134\ 862\ 315\ 7 \times 10^{308}$	12 345.123 45 −1,2E+40
14	时间	Time	32	T#−24d_20h_31m_23s_648ms ～ T#24d_20h_31m_23s_647ms	T#1d_2h_15m_30s_45ms
15	日期	Date	16	D#1990-1-1 ～ D#2168-12-31	D#2009-12-31

三、存储区与地址

1. 西门子 S7-1200 的存储区

西门子 S7-1200 的 CPU 内有用于存储用户程序、数据和组态的存储区，包括装载存储

器、工作存储器、保持性存储器和可选的存储器四种存储器。

装载存储器，用于非易失性地存储用户程序、数据和组态。将项目下载到 CPU 后，CPU 会先将程序存储在装载存储区中。该存储区位于存储卡（如存在）或 CPU 中。CPU 能够在断电后继续保持该非易失性存储区。存储卡支持的存储空间比 CPU 内置的存储空间更大。

工作存储器，是易失性存储器，集成在 CPU 中的高速存取的 RAM。类似于计算机的内存，用于在执行用户程序时存储用户项目的某些内容。CPU 会将一些项目内容从装载存储器复制到工作存储器中。该易失性存储器将在断电后丢失，而在恢复供电时由 CPU 恢复。

保持性存储器，用于非易失性地存储限量的工作存储器值。断电过程中，CPU 使用保持性存储器存储所选用户存储单元的值。如果发生断电或掉电，那么 CPU 将在上电时恢复这些保持性值。

可选的存储器，用来存储用户程序，或用于传送程序。

存储器按用途可以分为程序区、系统区、数据区。

程序区用于存放用户程序，存储器为 EEPROM。

系统区用于存放有关 PLC 配置结构的参数，如 PLC 主机及扩展模块的 I/O 配置和编址、配置 PLC 站地址，设置保护口令、停电记忆保持区、软件滤波功能等，存储器为 EEPROM。

数据区是 S7-1200 CPU 提供的存储器特定区域。它包括过程映象输入（I）、物理输入（I_:P）、过程映象输出（Q）、物理输出（Q_:P）、位存储器（M）、临时存储器（L）、函数块（FB）的变量、数据块（DB）。数据区空间是用户程序执行过程中的内部工作区域。数据区使 CPU 的运行更快、更有效。存储器为 EEPROM 和 RAM。

用户对程序区、系统区和部分数据区进行编辑，编辑后写入 PLC 的 EEPROM。RAM 为 EEPROM 存储器提供备份存储区，用于 PLC 运行时动态使用。RAM 由大容量电容进行停电保持。

2．数据存储区的地址表示格式

1）寻址方式

S7-1200 提供存储用户程序、数据和组态的存储区。寻址方式就是对数据存储区进行读写访问的方式。STEP 7 的寻址方式有立即数寻址、直接寻址、间接寻址三大类。

- 立即数寻址的数据在指令中以常数形式出现。
- 直接寻址是指在指令中直接给出要访问的存储器或寄存器的名称和地址编号。STEP 7 的直接寻址有位寻址、字节寻址、字寻址和双字寻址。
- 间接寻址是指使用地址指针间接给出要访问的存储器或寄存器地址。

2）数据存储区地址格式

每个存储单元都有唯一的地址，用户程序利用这些地址访问存储单元中的信息。存储地址访问方式如图 4.21 所示，由以下元素组成：

- 存储区标识符（如 I、Q 或 M）；
- 要访问的数据的大小（"B"表示 Byte、"W"表示 Word 或 "D"表示 DWord）；
- 数据的起始地址（如字节 3 或字 3）；

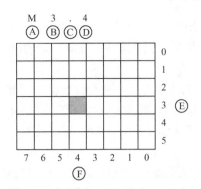

A—存储区标识符；B—字节地址（字节3）；C—分隔符（"字节.位"）；
D—位在字节中的位置（位4，共8位）；E—存储区的字节；F—选定字节的位

图4.21　存储地址访问方式

（1）位地址。

访问位地址中的位时，不需要输入数据大小的助记符，格式如下：

地址标识符+字节起始地址.位地址，如I0.0、Q0.1或M3.4。

（2）字节、字、双字地址。

访问字节、字、双字地址数据区存储器的区域格式如下：

地址标识符+数据长度类型+字节起始地址

例如，MB2、MW2、MD2分别表示字节、字、双字地址。MW2由MB2和MB3两字节组成，MD2由MB2～MB5四字节组成。

其中，数据长度类型包含字节、字和双字，分别使用"B"（BYTE）、"W"（WORD）、"D"（Double WORD）表示。当数据长度为多字节时，各字节按字节起始地址由高到低排序。MB2、MW2、MD2三种寻址方式对应的存储空间如图4.22所示。

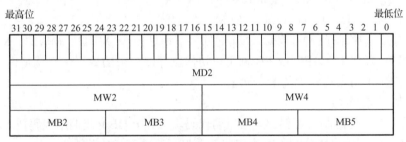

图4.22　MB2、MW2、MD2三种寻址方式对应的存储空间

3）数据存储区

（1）输入/输出映像寄存器（I/Q）。

① 输入映像寄存器（I）。

过程映像输入也称为输入映像寄存器（I）。PLC的输入端子是从外部接收输入信号的窗口。每个输入端子与输入映像寄存器的相应位相对应。输入点的状态在每次扫描周期开始（或结束）时进行采样，并将采样值存于输入映像寄存器，作为程序处理时输入点状态的依据。输入映像寄存器的状态只能由外部输入信号驱动，而不能在内部由程序指令来改变。输入映像寄存器（I）的地址格式如下：

位地址：I[字节地址].[位地址]，如 I0.1。

字节、字、双字地址：I[数据长度][起始字节地址]，如 IB4、IW6、ID10。

② 物理输入（I_:P）。

物理输入（I_:P）也称为物理输入点（输入端子），其功能是通过在读指令的位地址 I 偏移量后追加":P"，可执行立即读取物理输入点的状态（如%I3.4:P）。对于立即读取，直接从物理输入读取位数据值，而非从过程映像中读取。立即读取不会更新对应的过程映像。

③ 过程映像输出。

过程映像输出也称为输出映像寄存器（Q）。每个输出模块的端子与输出映像寄存器的相应位相对应。CPU 将输出判断结果存放在输出映像寄存器中，在扫描周期的结尾，CPU 以批处理方式将输出映像寄存器的数值复制到相应的输出端子上，通过输出模块将输出信号传送给外部负载。可见，PLC 的输出端子是 PLC 向外部负载发出控制命令的窗口。输出映像寄存器（Q）的地址格式如下：

位地址：Q[字节地址].[位地址]，如 Q1.1。

字节、字、双字地址：Q[数据长度][起始字节地址]，如 QB5、QW8、QD11。

④ 物理输出（Q_:P）。

物理输出（Q_:P）也称为物理输出点（输出端子），其功能是通过在写指令的位地址 Q 偏移量后追加":P"，可执行立即输出结果到物理输出点（如%Q3.4:P）。对于立即输出，将位数据值写入输出过程映像输出，并直接写入物理输出点。

（2）位存储器（M）。

内部全局标志位存储器（M），用于中间运算结果或标志位的存储，是模拟继电器控制系统中的中间继电器，针对控制继电器及数据的位存储区（位存储器）用于存储操作的中间状态或其他控制信息。可以按位、字节、字或双字访问位存储区。位存储器允许读访问和写访问。位存储器（M）的地址格式如下：

位地址：M[字节地址] .[位地址]，如 M26.7。

字节、字、双字地址：M[数据长度][起始字节地址]，如 MB11、MW23、MD26。

位存储器：任何 OB、FC 或 FB 都可以访问位存储器中的数据，也就是说，这些数据可以全局性地用于用户程序中的所有元素。

（3）临时存储器（L）。

CPU 根据需要分配临时存储器。当启动代码块（对于 OB）或调用代码块（对于 FC 或 FB）时，CPU 将为代码块分配临时存储器，并将存储单元初始化为 0。

临时存储器与位存储器类似，但有一个主要的区别：位存储器在"全局"范围内有效，而临时存储器只在"局部"范围内有效。

CPU 限定只有创建或声明了临时存储单元的 OB、FC 或 FB，才可以访问临时存储器中的数据。临时存储单元是局部有效的，并且其他代码块不会共享临时存储器，即使在代码块调用其他代码块时也是如此。例如，当 OB 调用 FC 时，FC 无法访问对其进行调用的 OB 的临时存储器。

可以按位、字节、字、双字访问局部存储器，临时存储器（L）的地址格式如下：

位地址：L[字节地址].[位地址]，如 L0.0。

字节、字、双字地址：L[数据长度][起始字节地址]，如 LB33、LW44、LD55。

(4) 数据块（DB）存储器。

数据块（DB）存储器用于存储各种类型的数据，其中包括操作的中间状态或 FB 的其他控制信息参数，以及许多指令（如定时器和计数器）所需的数据结构。可以按位、字节、字或双字访问数据块（DB）存储器。读/写数据块允许读访问和写访问，只读数据块只允许读访问。数据块（DB）存储器的地址格式如下：

位地址：DB[数据块编号].DBX[字节地址].[位地址]，如 DB1.DBX2.3。

字节、字、双字地址：DB[数据块编号].DB[大小][起始字节地址]，如 DB1.DBB4、DB10.DBW2、DB20.DBD8。

S7-1200 PLC 的常用存储区（寄存器）、基本功能及相关约定可参阅如表 4.3 所示内容。

表 4.3 S7-1200 PLC 的常用存储区（寄存器）、基本功能及相关约定

存储区（符号）	功能说明	强 制	保 持
过程映像输入（I）	在扫描循环开始时，从物理输入复制的输入值	无	无
物理输入（I_:P）	通过该区域立即读取物理输入	支持	无
过程映像输出（Q）	在扫描循环开始时，将输出值写入物理输出	无	无
物理输出（Q_:P）	通过该区域立即写物理输出	支持	无
位存储器（M）	用于存储用户程序的中间运算结果或标志位	无	支持
临时存储器（L）	块的临时局部数据，只能供块内部使用，只可以通过符号地址来访问	无	无
数据块（DB）存储器	数据存储器与 FB 的参数存储器	无	支持

知识卡 9 S7-1200 指令及应用

一、指令的知识

1. 指令的概念

一条语句就是给 CPU 的一条命令，规定其对谁（操作数）做什么工作（操作码）。一个控制动作由一句或多句语句组成的应用程序来实现。

指令一般由操作码和操作数构成。

操作码：PLC 指令系统的指令代码，或称指令助记符，表示需要进行的工作。

操作数：指令的操作对象，主要是存储区地址，每一个存储区地址都用一个字母或特殊的数字开头，表示所属存储区的类型；后缀的数字则表示该存储区中的位号。操作数也可以表示用户对时间和计数常数的设置、跳转地址的编号等，也有个别指令不含操作数，如空操作指令。

例如，ADD IN1 IN2 指令的操作码是 ADD（加法），操作数是 IN1 和 IN2。

2. 指令的分类

西门子 S7-1200 PLC 的指令系统分为基本指令、扩展指令、工艺指令、通信指令和选件包指令 5 类。基本指令包含位逻辑运算指令（直接对输入和输出点进行操作的指令，如

输入、输出及逻辑"与""或""非"等操作)、定时器指令、计数器指令,数据传送、数据处理、数据运算、程序控制等操作的指令。基本指令是学习的重点,而扩展指令、工艺指令、通信指令和选件包指令可以通过查阅手册来学习并应用。

二、S7-1200 基本指令

S7-1200 PLC 有 10 种基本指令:位逻辑运算指令、定时器操作指令、计数器操作指令、比较器操作指令、数学运算指令、移动操作指令、转换操作指令、程序控制指令、逻辑运算指令、移位指令和循环移位指令。

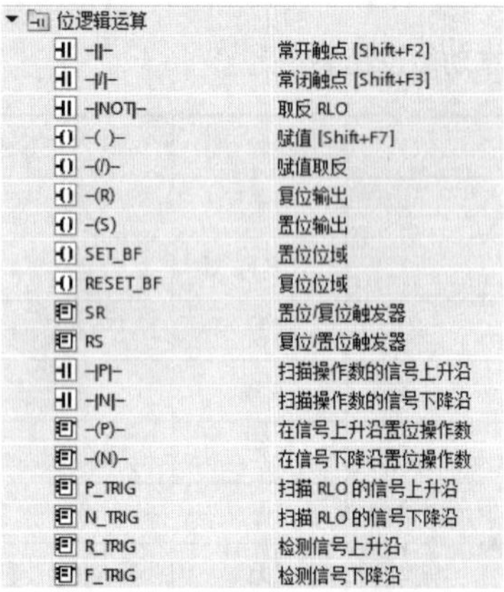

1. 位逻辑运算指令

位逻辑运算指令如图 4.23 所示,主要完成数字量信息的输入、运算和输出控制功能。

位逻辑运算指令包含触点和线圈等基本元素指令、置位和复位指令、上升沿和下降沿指令。

位逻辑运算指令中若有操作数,则为布尔型,操作数的编址范围可以是 I、I:P、Q、Q:P、M、L、DB。

1)触点和线圈等基本元素指令

触点和线圈等基本元素指令包括触点指令、NOT 逻辑反相器指令、输出线圈指令,主要是与位相关的输入/输出及触点的简单连接。

图 4.23 位逻辑运算指令

(1)触点指令。

在 LAD 中,每个从左母线开始的单一逻辑行、每个程序块(逻辑梯级)的开始、指令框的输入端都必须使用触点指令,触点指令程序如图 4.24 所示。触点有常开触点(—| |—)和常闭触点(—|/|—)两种,可将触点相互连接并创建用户自己的组合逻辑。LAD 触点分配位 IN 为布尔型,IN 值赋"1"时,常开触点闭合(ON),常闭触点断开(OFF);IN 值赋"0"时,常开触点断开(OFF),常闭触点闭合(ON)。

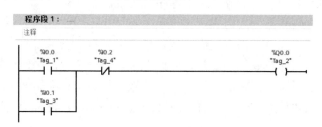

图 4.24 触点指令程序

通过在 I 偏移量后追加":P",可执行立即读取物理输入(如%I3.4:P)。对于立即读取,直接从物理输入读取位数据值,而非从过程映像输入寄存器中读取。立即读取不会更新过程映像输入寄存器。

(2) NOT 逻辑反相器指令。

NOT 逻辑反相器指令可对输入的逻辑运算结果（RLO）进行取反。LAD 的 NOT 逻辑反相器指令能取反能流输入的逻辑状态，如图 4.25 所示。

(3) 输出线圈指令。

输出线圈有赋值线圈（—( )—）和赋值取反线圈（—(/)—）两种，可向输出位 OUT 写入值，OUT 数据类型为布尔型，如图 4.25 所示，Q0.2 为赋值线圈。

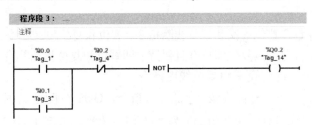

图 4.25　NOT 逻辑反相器指令

若有能流通过输出线圈，则赋值线圈输出位 OUT 设置为"1"，赋值取反线圈输出位 OUT 设置为"0"；若没有能流通过输出线圈，则赋值线圈输出位 OUT 设置为"0"，赋值取反线圈输出位 OUT 设置为"1"。

通过在 Q 偏移量后加上"：P"，可指定立即写入物理输出（如%Q3.4：P）。对于立即写入，将位数据值写入过程映像输出并直接写入物理输出。

触点串联方式连接，创建 AND（与）逻辑程序段；触点并联方式连接，创建 OR（或）逻辑程序段。

【例 4-1】编写两个输入点 I0.0 和 I0.1 的"与"运算（结果控制 Q0.0）、"或"运算（结果控制 Q0.1）、"异或"运算（结果控制 Q0.2）和"同或"运算（结果控制 Q0.3），程序如图 4.26 所示。

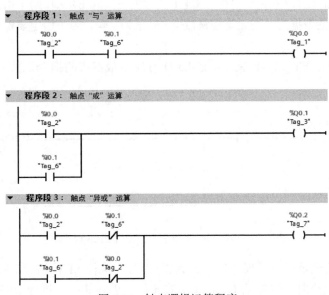

图 4.26　触点逻辑运算程序

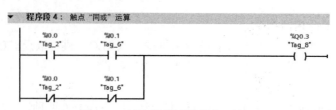

图 4.26　触点逻辑运算程序（续）

2）置位和复位指令

置位和复位指令包含置位线圈和复位线圈指令、置位和复位位域指令、置位优先和复位优先指令。置位即置 1 且保持，复位即置 0 且保持，即置位和复位指令具有"记忆"功能。

（1）S 和 R 指令：置位线圈和复位线圈指令。

置位线圈（ $\dashv_{(S)}^{"OUT"}\vdash$ ）和复位线圈（ $\dashv_{(R)}^{"OUT"}\vdash$ ）指令，OUT 分配位数据类型为布尔型。

当线圈输入的逻辑运算结果（RLO）为"1"时，才执行 S 和 R 指令，S 指令参数 OUT 的数据值设置为 1，R 指令参数 OUT 的数据值设置为 0。当线圈输入的逻辑运算结果（RLO）为"0"时，不执行 S 和 R 指令。S 和 R 指令编程实例如图 4.27 所示。

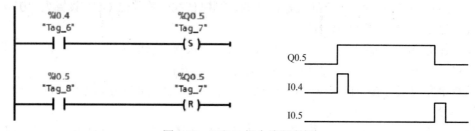

图 4.27　S 和 R 指令编程实例

（2）SET_BF 和 RESET_BF 指令：置位和复位位域指令。

SET_BF 和 RESET_BF 指令分配位 OUT 的数据类型为布尔型，用于指定置位或复位位域起始元素；参数 n 的数据类型为无符号整数型，赋值为常量，用于指定要置位或复位的二进制位数。

SET_BF 和 RESET_BF 指令必须是 LAD 分支中最右端的指令，其编程实例如图 4.28 所示。

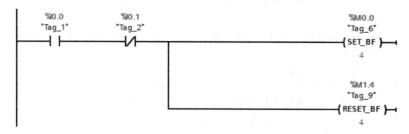

图 4.28　SET_BF 和 RESET_BF 指令编程实例

当指令输入的逻辑运算结果（RLO）为"1"时，执行 SET_BF 和 RESET_BF 指令；当执行 SET_BF 指令时，置位从 OUT 开始的 n 位二进制数；当执行 RESET_BF 指令时，复位从 OUT 开始的 n 位二进制数。当指令输入的逻辑运算结果（RLO）为"0"时，不执行指令。

当 I0.0 接通，I0.1 断开时，置位 M0.0 开始的 4 位二进制数，即 M0.0～M0.3 均为 "1"，同时复位 M1.4 开始的 4 位二进制数，即 M1.4～M1.7 均为 "0"。

(3) RS 和 SR 指令：置位优先和复位优先指令。

RS 和 SR 指令分配位 S 和 S1 为置位输入，S1 表示置位优先；分配位 R 和 R1 为复位输入，R1 表示复位优先；分配位 INOUT 为待置位或复位的数据；分配位 Q 遵循 INOUT 位的状态，指令如图 4.29 所示。分配位 S、S1、R、R1、INOUT 和 Q 的数据类型都为布尔型。

RS 和 SR 指令的输入/输出变化如表 4.4 所示。

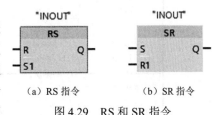

(a) RS 指令　　(b) SR 指令

图 4.29　RS 和 SR 指令

表 4.4　RS 和 SR 指令的输入/输出变化

指　令	S1	R	INOUT	Q
RS	0	0	先前状态	遵循 INOUT 位的状态
	0	1	0	
	1	0	1	
	1	1	1	
指令	S	R1	INOUT	Q
SR	0	0	先前状态	遵循 INOUT 位的状态
	0	1	0	
	1	0	1	
	1	1	0	

【例 4-2】设计一个单按钮启/停控制程序，奇数次按下按钮灯亮，偶数次按下按钮灯灭。

编程方法 1：使用 SR 指令实现，奇数次按下 I0.0，Q0.2 接通；偶数次按下 I0.0，S 和 R1 同时高电平，复位优先，Q0.2 断开。程序如图 4.30（a）所示。

编程方法 2：使用 RS 指令实现，奇数次按下 I0.0，Q0.2 接通，Q0.2 常闭触点断开；偶数次按下 I0.0，R 和 S1 同时高电平，置位优先，Q0.2 断开。程序如图 4.30（b）所示。

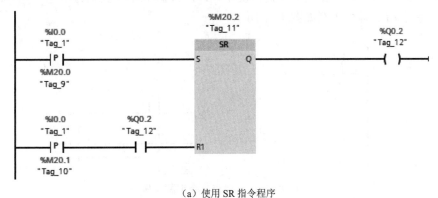

(a) 使用 SR 指令程序

图 4.30　单按钮启/停控制程序

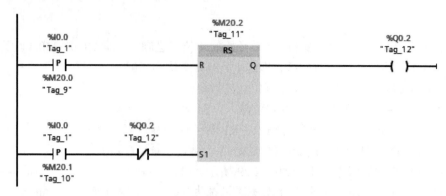

(b) 使用 RS 指令程序

图 4.30 单按钮启/停控制程序（续）

3）上升沿和下降沿指令

上升沿和下降沿指令包含 P 和 N 触点指令、P 和 N 线圈指令、P_TRIG 和 N_TRIG 功能框指令、R_TRIG 和 F_TRIG 功能框指令。

（1）P 和 N 触点指令。

P 和 N 触点指令扫描 IN 的上升沿和下降沿，如图 4.31（a）所示。分配位 IN 为指令要扫描的信号，数据类型为布尔型；分配位 M_BIT 保存上次扫描的 IN 的信号状态，数据类型为布尔型。仅将位存储器、全局数据块或静态存储器（在背景数据块中）用于 M_BIT 存储器分配。

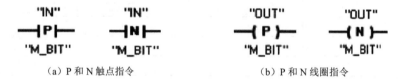

(a) P 和 N 触点指令　　　　　　(b) P 和 N 线圈指令

图 4.31 P 和 N 触点指令和线圈指令

执行指令时，P 和 N 触点指令比较 IN 的当前信号状态与保存在操作数 M_BIT 中的上一次扫描的信号状态。检测到操作数 IN 的上升沿时，P 触点指令的信号状态将在一个程序周期内保持置位为"1"；检测到操作数 IN 的下降沿时，N 触点指令的信号状态将在一个程序周期内保持置位为"1"；在其他任何情况下，P 和 N 触点指令的信号状态均为"0"。

P 和 N 触点指令编程实例如图 4.32 所示。

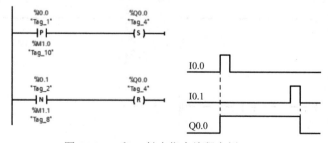

图 4.32 P 和 N 触点指令编程实例

（2）P 和 N 线圈指令。

P 和 N 线圈指令在信号上升沿和下降沿，如图 4.31（b）所示。将分配位 OUT 在一个程序周期内置位为"1"。分配位 OUT 数据类型为布尔型；分配位 M_BIT 保存上一次查询的线圈输入信号状态，数据类型为布尔型。仅将位存储器、全局数据块或静态存储器（在背景数据块中）用于 M_BIT 存储器分配。

执行指令时，P 和 N 线圈指令将比较当前线圈输入信号状态与保存在操作数 M_BIT 中的上一次查询的信号状态。

P 和 N 线圈指令编程实例如图 4.33 所示。

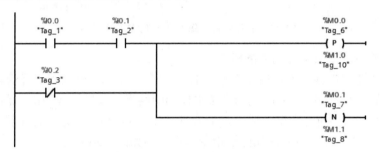

图 4.33　P 和 N 线圈指令编程实例

（3）P_TRIG 和 N_TRIG 功能框指令。

P_TRIG 和 N_TRIG 功能框指令，如图 4.34（a）所示。R_TRIG 和 F_TRIG 功能框指令，如图 4.34（b）所示。分配位 CLK 为指令要扫描的信号，数据类型为布尔型；分配位 M_BIT 保存上一次扫描的 CLK 的信号状态，数据类型为布尔型；Q 为指令边沿检测的结果，数据类型为布尔型。

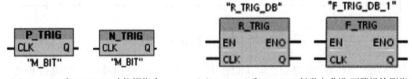

（a）P_TRIG 和 N_TRIG 功能框指令　　（b）R_TRIG 和 F_TRIG 触发上升沿/下降沿检测指令

图 4.34　触发功能框指令

执行指令时，P_TRIG 和 N_TRIG 功能框指令比较 CLK 输入的 RLO 当前状态与保存在操作数 M_BIT 中上一次查询的信号状态。

当检测到 CLK 输入的 RLO 上升沿时，P_TRIG 功能框指令的 Q 将在一个程序周期内置位为"1"；当检测到 CLK 输入的 RLO 下降沿时，N_TRIG 功能框指令的 Q 将在一个程序周期内置位为"1"；在其他任何情况下，输出 Q 的信号状态均为"0"。

在 LAD 编程中，P_TRIG 和 N_TRIG 功能框指令不能放置在程序段的开头或结尾。

上升沿和下降沿指令应用举例：设计故障信息显示电路，从故障信号 I0.0 的上升沿开始，Q0.7 控制的指示灯以 1Hz 的频率闪烁。操作人员按复位按钮 I0.1 后，若故障已经消失，则指示灯灭；若没有消失，则指示灯转为常亮，直至故障消失。

上升沿和下降沿指令 LAD 编程实例如图 4.35 所示，其中 M0.5 为系统特殊寄存器标志位，可以在该位设置提供 1s、占空比 50%的时钟脉冲。

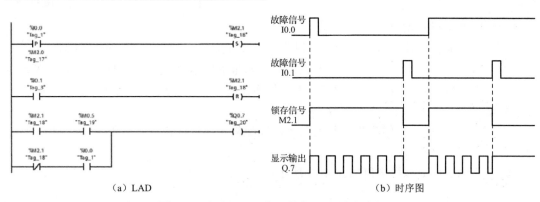

(a) LAD　　　　　　　　　　　　　　　　(b) 时序图

图 4.35　上升沿和下降沿指令 LAD 编程实例

（4）R_TRIG 和 F_TRIG 功能框指令。

R_TRIG 和 F_TRIG 功能框指令检测分配位 CLK 信号的上升沿和下降沿。分配位 CLK 为指令要扫描的信号，分配位 Q 为指令边沿检测的结果，分配位 M_BIT 保存上一次扫描的 CLK 的信号状态，所有数据类型均为布尔型。当指令调用时，分配的背景数据块可存储 CLK 输入的前一状态。R_TRIG 功能框指令编程实例如图 4.36 所示。

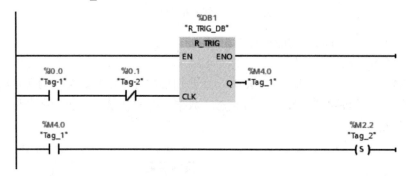

图 4.36　R_TRIG 功能框指令编程实例

当使能输入 EN 为"1"时，执行 R_TRIG 和 F_TRIG 功能框指令。当执行指令时，R_TRIG 和 F_TRIG 功能框指令比较参数 CLK 输入的当前状态与保存在背景数据块中上一次查询的信号状态。

检测到参数 CLK 输入信号上升沿时，R_TRIG 功能框指令的输出 Q 将在一个程序周期内置位为"1"；检测到参数 CLK 输入信号下降沿时，F_TRIG 功能框指令的输出 Q 将在一个程序周期内置位为"1"；在其他任何情况下，输出 Q 的信号状态均为"0"。

在 LAD 编程中，R_TRIG 和 F_TRIG 功能框指令不能放置在程序段的开头或结尾。

【例 4-3】设计故障信息显示电路，从故障信号 I0.0 的上升沿开始，Q0.7 控制的指示灯以 1Hz 的频率闪烁。操作人员按复位按钮 I0.1 后，若故障已经消失，则指示灯熄灭；如若故障没有消失，则指示灯转为常亮，直至故障消失。故障信息显示时序图如图 4.37（a）所示。

设置 MB0 为时钟存储器字节，M0.5 提供周期为 1s 的时钟脉冲。当出现故障时，将 I0.0 提供的故障信号用 M2.1 锁存起来，M2.1 和 M0.5 的常开触点组成的串联电路使 Q0.7 控制的指示灯以 1Hz 的频率闪烁。按下复位按钮 I0.1，故障锁存标志 M2.1 被复位为 0 状态。若故障已经消失，则指示灯熄灭；若故障没有消失，则 M2.1 的常闭触点与 I0.0 的常开触点组成的串联电路使指示灯转为常亮，直至 I0.0 变为 0 状态，故障消失，指示灯熄灭。故障信息显示的 LAD 如图 4.37（b）所示。

（a）故障信息显示时序图　　（b）故障信息显示LAD

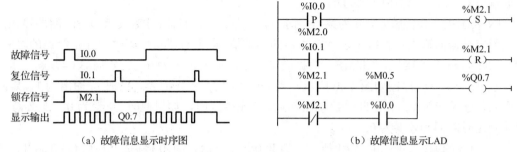

图 4.37　故障信息显示电路图

2. 定时器操作指令和计数器操作指令

定时器和计数器由集成电路构成，是 PLC 中的重要硬件编程器件。两者的电路结构基本相同，对内部固定脉冲信号计数即定时器，对外部脉冲信号计数即计数器。西门子 S7-1200 的定时器操作指令和计数器操作指令如图 4.38 所示。

名称	描述	版本
常规		
位逻辑运算		V1.0
定时器操作		V1.0
TP	生成脉冲	V1.0
TON	接通延时	V1.0
TOF	关断延时	V1.0
TONR	时间累加器	V1.0
-(TP)-	启动脉冲定时器	
-(TON)-	启动接通延时定时器	
-(TOF)-	启动关断延时定时器	
-(TONR)-	时间累加器	
-(RT)-	复位定时器	
-(PT)-	加载持续时间	
计数器操作		V1.0
CTU	加计数	V1.0
CTD	减计数	V1.0
CTUD	加减计数	V1.0

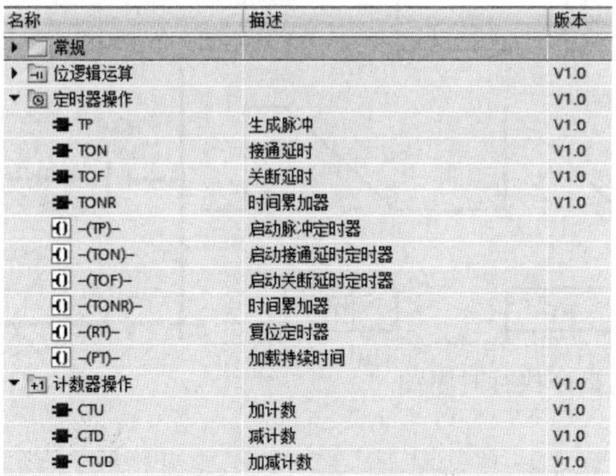

图 4.38　西门子 S7-1200 的定时器操作指令和计数器操作指令

1）定时器操作指令

用户程序中可以使用的定时器数仅受 CPU 存储器容量限制。每个定时器均使用 16 字节的 IEC_Timer 数据类型的数据块结构来存储功能框或线圈指令顶部指定的定时器数据。STEP 7 会在插入指令时自动创建该数据块。

定时器操作指令包括脉冲型定时器 TP 指令、接通延时定时器 TON 指令、关断延时定时器 TOF 指令和保持性接通延时定时器 TONR 指令，定时器操作指令如图 4.39 所示。

（a）TP 指令　（b）TON 指令　（c）TOF 指令　（d）TONR 指令

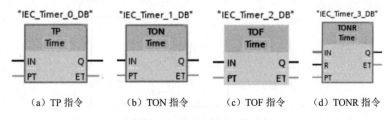

图 4.39　定时器操作指令

(1) TP 指令。

脉冲型定时器指令可生成具有预设宽度时间的脉冲,指令标识符为 TP。首次扫描,定时器输出 Q 为 0,当前值 ET 为 0。

IN 表示指令使能输入,0 为禁用定时器,1 为启用定时器;PT 表示预设时间的输入;Q 表示定时器的输出状态;ET 表示定时器的当前值,即定时器从启用时刻开始经过的时间。PT 和 ET 以前缀"T#"+"TIME"数据类型表示,取值范围为 0~2 147 483 647ms。

TP 指令执行时序图如图 4.40 所示,当 IN 为 1 时启动定时器,此时 Q 输出为 1,定时时间到,Q 输出为 0;在定时器启动工作后,Q 输出为 1,如果此时 IN 变为 0,那么 Q 也要等到定时时间到才变为 0。

TP 指令的编程实例如图 4.41 所示,当 I0.0 为 ON 时,Q0.0 接通,10s 后 Q0.0 断开,即实现产生 10s 的脉冲功能。当 I0.1 为 1 时,定时器复位线圈 RT 通电,定时器 T1 被复位。若正在定时,且 IN 输入信号为 0 状态,则将使当前时间值 ET 清零,Q 输出也变为 0 状态。若正在定时,且 IN 输入信号为 1 状态,则将使当前时间清零,但是 Q 输出保持为 1 状态。复位信号 I0.1 变为 0 状态时,若 IN 输入信号为 1 状态,则将重新开始定时。

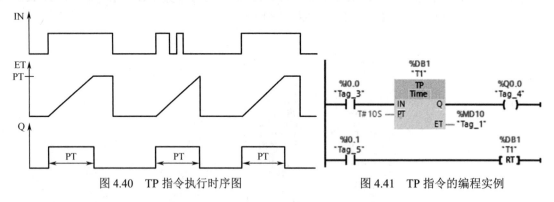

图 4.40 TP 指令执行时序图   图 4.41 TP 指令的编程实例

(2) TON 指令。

接通延时定时器指令在预设的延时过后将输出 Q 设置为 ON,指令标识符为 TON。TON 指令中引脚定义与 TP 指令中引脚定义一致。TON 指令执行时序图如图 4.42 所示,当 IN 为 1 时启动定时器,此时 Q 输出为 0,定时时间到,若 Q 输出为 1,此时 IN 为 0,则 Q 输出马上变为 0;若 IN 为 1,定时器启动工作,但是没有到设定时间 IN 变为 0,则定时器被复位。

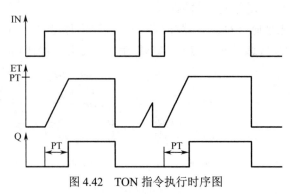

图 4.42 TON 指令执行时序图

TON 指令的编程实例如图 4.43 所示，当 I0.2 为 ON 时，定时器 10s 后 Q0.1 接通，即实现延时接通功能。当 I0.3 为 ON 时，复位定时器。

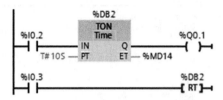

图 4.43 TON 指令的编程实例

【例 4-4】用接通延时定时器设计周期和占空比可调的振荡电路。

图 4.44 中的串联电路接通后，定时器 T5 的 IN 输入信号为 1 状态，开始定时。2s 后定时时间到，它的 Q 输出使定时器 T6 开始定时，同时 Q0.7 的线圈通电。

3s 后 T6 的定时时间到，它的输出"T6".Q 的常闭触点断开，使 T5 的 IN 输入电路断开，其 Q 输出变为 0 状态，使 Q0.7 和定时器 T6 的 Q 输出也变为 0 状态。下一个扫描周期由于"T6".Q 的常闭触点接通，T5 又从预设值开始定时。Q0.7 的线圈将这样周期性地通电和断电，直到串联电路断开。Q0.7 线圈通电和断电的时间分别等于 T6 和 T5 的预设值。

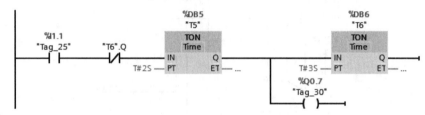

图 4.44 定时器设计振荡电路

（3）TOF 指令。

关断延时定时器指令在预设的延时过后将输出 Q 重置为 OFF，指令标识符为 TOF。TOF 指令中引脚定义与 TP/TON 指令中引脚定义一致。TOF 指令执行时序图如图 4.45 所示，当 IN 由 0 变为 1 时，Q 为 1；当 IN 由 1 变为 0 时，定时器开始定时，定时时间到，Q 为 0；如果在 IN 为 1 的状态下，突然有一个小于定时时间的延时，那么 Q 不会变为 0。

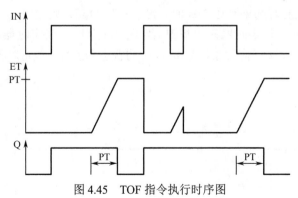

图 4.45 TOF 指令执行时序图

TOF 指令的编程实例如图 4.46 所示，当 I0.5 为 ON 时，Q0.4 输出为 ON；当 I0.5 变为 OFF 时，Q0.4 保持输出 10s 后自动断开为 OFF，即实现延时关断功能。

图 4.46 TOF 指令的编程实例

（4）TONR 指令。

保持性接通延时定时器 TONR 指令在预设的延时过后将输出 Q 设置为 ON，指令标识符为 TONR。

TONR 指令的功能与 TOM 指令的功能基本一致，区别在于保持型接通延时定时器在定时器的输入端的状态变为 OFF 时，定时器的当前值不清零，在使用 R 输入重置经过的时间之前，会跨越多个定时时段一直累加经过的时间而接通延时定时器；在定时器的输入端的状态变为 OFF 时，定时器的当前值会自动清零。

TONR 指令中引脚定义 R 表示重置定时器，其余与 TP/TON 指令中引脚定义一致，TONR 指令执行时序图如图 4.47 所示。

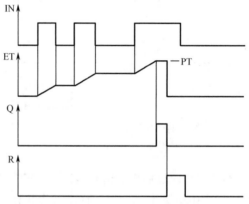

图 4.47 TONR 指令执行时序图

TONR 指令的编程实例如图 4.48 所示，当 I0.5 接通为 ON 时，TONR 指令执行延时功能，若在定时器的延时时间未到达 10s 时，I0.5 变为 OFF，则定时器的当前值保持不变，当 I0.5 再次变为 ON 时，定时器在原基础上继续往上计时。当定时器的延时时间到达 10s 时，Q0.4 输出为 ON。在任何时候，只要 I1.1 的状态为 ON，该定时器的当前值都会被清零，输出 Q0.4 复位。

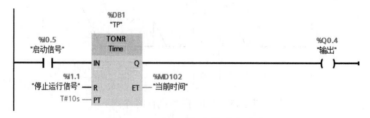

图 4.48 TONR 指令的编程实例

【例 4-5】用 3 种定时器指令设计卫生间冲水控制电路，功能为当光电开关检测到有人使用时，控制冲水电磁阀。当检测有人使用时，延时 3s 后冲水 4s，检测到人离开后冲水 5s。

图 4.49 所示为卫生间冲水控制时序图，图 4.50 所示为卫生间冲水控制 LAD。I0.7 是光电开关检测到的有使用者的信号，用 Q1.0 控制冲水电磁阀。从 I0.7（有人使用）的上升沿开始，TON 延时 3s 后其输出 Q 变为 1 状态，使 TP 的 IN 输入信号变为 1 状态，M2.0 提供 4s 的脉冲。

TOF 的 Q 输出 M2.1 的波形减去 I0.7 的波形得到宽度为 5s 的脉冲波形，用两个触点的串联电路来实现上述要求。两块脉冲波形的叠加用并联电路来实现，M2.0 的常开触点用于防止 3s 内有人进入和离开时冲水。

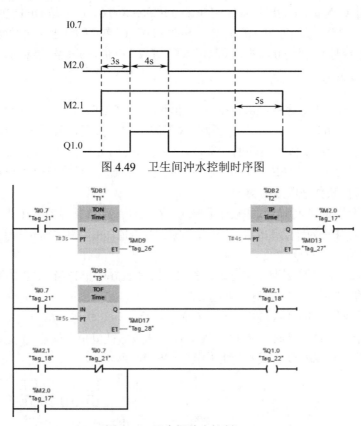

图 4.49　卫生间冲水控制时序图

图 4.50　卫生间冲水控制 LAD

【例 4-6】两条传送带顺序相连，如图 4.51 所示，按下启动按钮 I0.3，1 号传送带开始运行，8s 后 2 号传送带自动启动。按下停止按钮 I0.2，先停 2 号传送带，8s 后再停 1 号传送带。

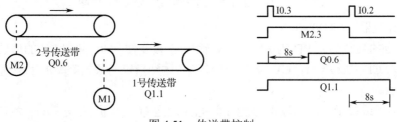

图 4.51　传送带控制

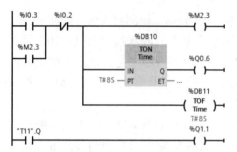

图 4.52 传送带控制 LAD

在传送带控制程序中设置了一个用启动、停止按钮控制的辅助位 M2.3,控制 TON 的 IN 输入端和 TOF 线圈。中间标有 TOF 的线圈上面是定时器的背景数据块,下面是时间预设值 PT。TOF 线圈和 TOF 方框定时器指令的功能相同。传送带控制 LAD 如图 4.52 所示。

TON 的 Q 输出端控制的 Q0.6 在 I0.3 的上升沿之后 8s 变为 1 状态,在 M2.3 的下降沿时变为 0 状态,所以可以用 TON 的 Q 输出端直接控制 2 号传送带 Q0.6。T11 是 DB11 的符号地址。按下启动按钮 I0.3,TOF 线圈通电。它的 Q 输出 "T11".Q 在它的线圈通电时变为 1 状态,在它的线圈断电后延时 8s 变为 0 状态,因此可以用 "T11".Q 的常开触点控制 1 号传送带 Q1.1。

2)计数器操作指令

S7-1200 有三种 IEC 计数器操作指令:加计数器(CTU)指令、减计数器(CTD)指令、加减计数器(CTUD)指令。这三种计数器属于软计数器,其最大计数频率受到 OB 扫描周期的限制。若需要频率更高的计数器,则可以使用 CPU 内置的 HSC。

S7-1200 的计数器属于 FB,调用时需要生成背景数据块。单击指令助记符下面的问号,用下拉式列表选择某种整数数据类型。

CU 和 CD 分别是加计数输入和减计数输入,在 CU 或 CD 信号的上升沿,当前计数器值 CV 被加 1 或减 1。PV 为预设计数值,CV 为当前计数器值,R 为复位输入,Q 为布尔输出。

(1)加计数器(CTU)指令。

当接在 R 输入端的 I1.1 为 0 状态时,在 CU 信号 I1.0 的上升沿,CV 加 1,直到达到指定的数据类型的上限值,CV 的值不再增加。

当 CV 大于或等于 PV 时,输出 Q 为 1 状态,反之为 0 状态。第一次执行指令时,CV 被清零。各类计数器的复位输入 R 为 1 状态时,计数器被复位,输出 Q 变为 0 状态,CV 被清零。CTU 指令的编程实例及执行时序图如图 4.53 所示。

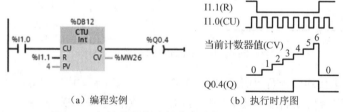

(a)编程实例   (b)执行时序图

图 4.53 加计数器指令的编程实例及执行时序图

(2)减计数器(CTD)指令。

CTD 指令的装载输入 LD 为 1 状态时,输出 Q 被复位为 0,并把 PV 的值装入 CV。在减计数器输入 CD 的上升沿,CV 减 1,直到 CV 达到指定的数据类型的下限值。此后 CV 的值不再减小。

当 CV 小于或等于 0 时,输出 Q 为 1 状态,反之 Q 为 0 状态。在第一次执行指令时,CV 被清零。减计数器指令的编程实例及执行时序图如图 4.54 所示。

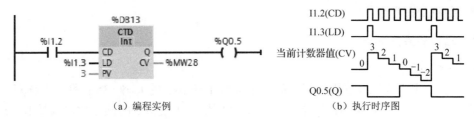

(a) 编程实例　　　　　　　　　　(b) 执行时序图

图 4.54　减计数器指令的编程实例及执行时序图

(3) 加减计数器（CTUD）指令。

在 CU 的上升沿，CV 加 1，CV 达到指定的数据类型的上限值时不再增加。在 CD 的上升沿，CV 减 1，CV 达到指定的数据类型的下限值时不再减小。

当 CV 大于或等于 PV 时，QU 为 1，反之为 0。当 CV 小于或等于 0 时，QD 为 1，反之为 0。当装载输入 LD 为 1 状态时，PV 被装入 CV，QU 变为 1 状态，QD 被复位为 0 状态。当 R 为 1 状态时，计数器被复位，CV 被清零，输出 QU 变为 0 状态，QD 变为 1 状态，CU、CD 和 LD 不再起作用。加减计数器指令的编程实例及执行时序图如图 4.55 所示。

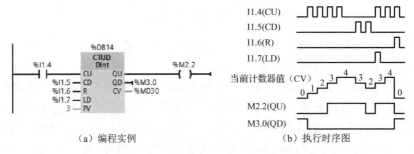

(a) 编程实例　　　　　　　　　　(b) 执行时序图

图 4.55　加减计数器指令的编程实例及执行时序图

【例 4-7】设计一个包装用传输带，按下启动按钮启动，每传送 100 件物品，传输带自动停止，再按下启动按钮，进行下一轮传输。

I0.0 接常开启动按钮，I0.1 接光电计数传感器，Q0.0 控制传输带电动机启闭，具体控制 LAD 如图 4.56 所示。

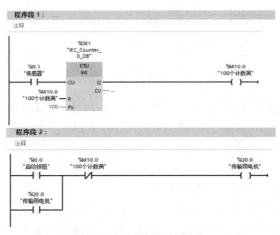

图 4.56　传输带计数控制 LAD

3. 数据处理指令

1）比较器操作指令

（1）比较指令

比较指令用来比较数据类型相同的两个数 IN1 和 IN2 的大小，IN1 和 IN2 分别在触点的上面或下面。博途 V14 的比较指令如图 4.57 所示，比较指令的操作数可以是 I、Q、M、L、D 存储区中的变量或常数。

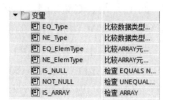

（a）数据比较指令　　　　　　　　　　（b）变量比较指令

图 4.57　博途 V14 的比较指令

可以将比较指令视为一个等效的触点，比较符号可以是==、<>、>、>=、<=。满足比较关系给出的条件时，等效触点接通。

图 4.58 所示为比较指令的编程实例。当 MW8 的值等于-24 732 时，图中第一行左边的比较触点接通；当 MD10 的值大于 235.84 时，图中第一行第二个比较触点接通；当 MD14 的值小于或等于 7 385 921 时，图中第一行第三个的比较触点接通，三个触点均接通，则进行 OUT_RANGE 比较。或者当 MB18 的值不等于 MB19 的值时，第二行的第一个比较触点接通，判断 MW22 的值是否为-3752～27 535，满足条件也进行 OUT_RANGE 比较。

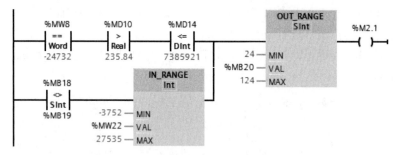

图 4.58　比较指令的编程实例

生成比较指令后，双击触点中间比较符号下面的问号，单击出现的■按钮，在下拉列表选择要比较数的数据类型（Word、Real、DInt、SInt、Int 等）。指令的比较符号也可以修改，双击比较符号，单击出现的■按钮，可以在下拉列表中选择修改比较符号（>、<=、==、<>、<、<=）。

（2）值在范围内指令与值超出范围指令。

值在范围内指令 IN_RANGE 与值超出范围指令 OUT_RANGE 可以视为一个等效的触点，MIN、MAX 和 VAL 的数据类型必须相同。有能流流入且满足条件时，等效触点闭合。

【例4-8】用接通延时定时器和比较指令组成占空比可调的脉冲发生器。

"T1".Q 是 TON 的位输出，当 PLC 进入 RUN 模式时，TON 的 IN 输入端为 1 状态，TON 的当前值从 0 开始不断增大。当前值等于预设值时，"T1".Q 变为 1 状态，其常闭触点断开，定时器被复位，"T1".Q 变为 0 状态。在下一扫描周期其常闭触点接通，定时器又开始定时。TON 的当前时间"T1".ET 按锯齿波形变化。比较指令用来产生脉冲宽度可调的方波，Q1.0 为 0 状态的时间取决于比较触点下面的操作数的值，程序及波形图如图 4.59 所示。

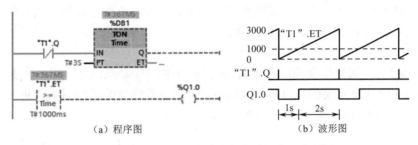

图 4.59 占空比可调的脉冲发生器程序及波形图

（3）使能输入（EN）与使能输出（ENO）。

有能流流到方框指令的使能输入（EN）端，方框指令才能执行。若 EN 端有能流流入，而且执行时无错误，则 ENO 端将能流传递给下一个元件。若执行过程中有错误，则能流在出现错误的方框指令终止。右击指令框，可以生成 ENO 或不生成 ENO（ENO 变为灰色）。不生成 ENO 时，ENO 端始终有能流流出，程序如图 4.60 所示。

图 4.60 EN 与 ENO 程序图

CONVERT 指令是转换值指令，需要在 CONV 下面"to"两边设置转换前后的数据的数据类型。启动程序状态功能，设置转换前的 BCD 码为 16#F234，转换后得到-234，程序执行成功，有能流从 ENO 端流出；若转换前的数值设置为 16#23F，16#F 不是 BCD 码的数字，则指令执行出错，没有能流从 ENO 端流出。可以在指令的"在线帮助"中找到使 ENO 为 0 状态的原因。

ENO 可以作为下一个方框的 EN 端输入，只有前一个方框被正确执行，与它连接的后面的程序才能被执行。EN 和 ENO 的操作数均为能流，数据类型为布尔型。

2）转换操作指令

转换操作指令如图 4.61 所示，包含转换值、取整、截尾取整、缩放和标准化等指令。

（1）转换值（CONVERT）指令。

CONVERT 指令的参数 IN、OUT 可以设置十多种数据

名称	描述
▼ 转换操作	
CONVERT	转换值
ROUND	取整
CEIL	浮点数向上取整
FLOOR	浮点数向下取整
TRUNC	截尾取整
SCALE_X	缩放
NORM_X	标准化

图 4.61 转换操作指令

类型,其在指令方框中的标识符为CONV。

(2)浮点数转换为双整数的指令。

有4条浮点数转换为双整数的指令,用得最多的是四舍五入的取整(ROUND)指令。截尾取整(TRUNC)指令仅保留浮点数的整数部分,去掉其小数部分。浮点数向上取整(CEIL)指令和浮点数向下取整(FLOOR)指令极少使用。

(3)标准化指令。

标准化(NORM_X)指令的整数输入值 VALUE(MIN≤VALUE≤MAX)被线性转换(标准化)为0.0~1.0的浮点数,需设置变量的数据类型,指令的线性关系如图4.62所示。

OUT =(VALUE-MIN)/(MAX-MIN)

(4)缩放指令。

缩放(SCALE_X)指令的浮点数输入值 VALUE(0.0≤VALUE≤1.0)被线性转换(映射)为 MIN 和 MAX 定义的数值范围内的整数,指令的线性关系如图4.63所示。

OUT = VALUE(MAX - MIN)+ MIN

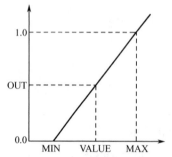

图4.62 NORM_X 指令的线性关系

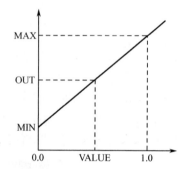

图4.63 SCALE_X 指令的线性关系

【例4-9】某温度变送器的量程为-200~850℃,输出信号为4~20mA,符号地址为"模拟值"的 IW96 将 0~20mA 的电流信号转换为数字 0~27 648,求以℃为单位的浮点数温度值。

4mA 对应的模拟值为5530,IW96 将-200~850℃的温度转换为模拟值 5530~27 648,首先用 NORM_X 将 5530~27 648 的模拟值归一化为 0.0~1.0 的浮点数,然后用 SCALE_X 将归一化后的数字转换为-200~850℃的浮点数温度值,最后用变量"温度值"保存,LAD 程序如图4.64所示。

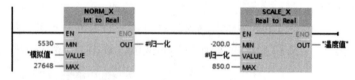

图4.64 温度值处理 LAD 程序

【例4-10】地址为 QW96 的整型变量"AQ 输入"转换后的 DC 0~10V 电压作为变频器的模拟量输入值,0~10V 的电压对应的转速为 0~1800r/min。求以 r/min 为单位的整型变量"转速"对应的 AQ 模块的输入值"AQ 输入"。

首先用 NORM_X 指令将 0~1800 的转速值归一化为 0.0~1.0 的浮点数,然后用

SCALE_X 将归一化后的数字转换为 0~27 648 的整数值,最后用变量"AQ 输入"保存,LAD 程序如图 4.65 所示。

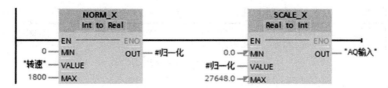

图 4.65　模拟量输入 LAD 程序

3)移动操作指令

移动操作指令如图 4.66 所示,包含移动值指令、交换指令、填充块指令、存储区移动指令等。

图 4.66　移动操作指令

(1)移动值指令。

移动值(MOVE)指令用于将 IN 输入的源数据传送给 OUT1 输出的目的地址,并且转换为 OUT1 允许的数据类型(与是否进行 IEC 检查有关),源数据保持不变。MOVE 指令的 IN 和 OUT1 可以是布尔型之外所有的基本数据类型,数据类型 DTL、Struct、Array、IN 还可以是常数,图 4.67 所示为 MOVE 指令。若单击 OUT1 左侧的星号,则可增加输出参数的个数;若选择 OUT1 右侧的短横线,再按"Delete"键,则可以删除新增的参数。

若 IN 数据类型的位长度超出 OUT1 数据类型的位长度,则源值的高位丢失。若 IN 数据类型的位长度小于输出 OUT1 数据类型的位长度,则目标值的高位被改写为 0。

(2)交换指令。

交换(SWAP)指令用于交换字或双字中的字节,如图 4.67 所示。

图 4.67　MOVE 与 SWAP 指令

(3)填充存储区指令。

生成"数据块_1"(DB3)和"数据块_2"(DB4),在 DB3 中创建有 40 个 Int 元素的数组 Source,在 DB4 中创建有 40 个 Int 元素的数组 Distin。

"Tag_13"(I0.4)的常开触点接通时,填充块(FILL_BLK)指令将常数 3527 填充到数据块_1 中的数组 Source 的前 20 个整数元素中。

不可中断的存储区填充指令 UFILL_BLK 与 FILL_BLK 指令的功能相同，其填充操作不会被操作系统的其他任务打断。填充块指令如图 4.68 所示。

图 4.68　填充存储区指令

（4）存储区移动指令。

I0.3（Tag_12）的常开触点接通时，存储区移动（MOVE_BLK）指令将源区域数据块_1 的数组 Source 的 0 号元素开始的 20 个 Int 元素的值，复制给目标区域数据块_2 的数组 Distin 的 0 号元素开始的 20 个元素。复制操作按地址增大的方向进行。

IN 和 OUT 是待复制的源区域和目标区域中的首个元素。

不可中断的存储区移动 UMOVE_BLK 指令与 MOVE_BLK 指令的功能基本相同，其复制操作不会被操作系统的其他任务打断，存储区移动指令如图 4.69 所示。

图 4.69　存储区移动指令

4）移位和循环移位指令

图 4.70　移位和循环移位指令

移位和循环移位指令如图 4.70 所示，包含左移、右移、循环左移和循环右移 4 条指令。

（1）移位指令。

右移（SHR）指令和左移（SHL）指令将输入参数 IN 指定的存储单元的整个内容逐位右移或左移 n 位，并需要设置指令的数据类型。

有符号数右移后空出来的位用符号位填充，无符号数移位和有符号数左移后空出来的位用 0 填充。右移 n 位相当于除以 2^n，左移 n 位相当于乘以 2^n。将 16#20 左移 2 位，相当于乘以 4，左移后得到的数字为 16#80，移位指令及数据右移示意图如图 4.71 所示。

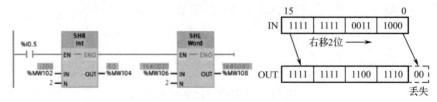

图 4.71　移位指令及数据右移示意图

（2）循环移位指令。

循环右移（ROR）指令和循环左移（ROL）指令将输入参数 IN 指定的存储单元的整个内容逐位循环右移或循环左移 n 位，移出来的位又送回存储单元另一端空出来的位。移位的结果保存在输出参数 OUT 指定的地址，移位位数 n 可以大于被移位存储单元的位数。

【例 4-11】 使用循环移位指令的彩灯控制器。

M1.0 是首次扫描脉冲，用它给彩灯置初值 7。时钟存储器位 M0.5 的频率为 1Hz。是否移位用 I0.6 来控制，移位的方向用 I0.7 来控制（接通右移、断开左移）。因为 QB0 循环移位后的值又送回 QB0，所以必须使用 P_TRIG 指令，否则每个扫描周期都要执行一次循环移位指令，而不是每秒钟移位一次，如图 4.72 所示。

图 4.72　使用循环移位指令的彩灯控制器 LAD

编写、下载和运行该程序，通过观察 CPU 模块上的 Q0.0～Q0.7 对应的发光二极管，观察彩灯运行效果。

4. 数学运算指令

1）数学函数指令

数学函数指令可以完成常见的数学运算，其指令如图 4.73 所示。

名称	描述	名称	描述
数学函数		SQR	计算平方
CALCULATE	计算	SQRT	计算平方根
ADD	加	LN	计算自然对数
SUB	减	EXP	计算指数值
MUL	乘	SIN	计算正弦值
DIV	除法	COS	计算余弦值
MOD	返回除法的余数	TAN	计算正切值
NEG	求二进制补码	ASIN	计算反正弦值
INC	递增	ACOS	计算反余弦值
DEC	递减	ATAN	计算反正切值
ABS	计算绝对值	FRAC	返回小数
MIN	获取最小值	EXPT	取幂
MAX	获取最大值		
LIMIT	设置限值		

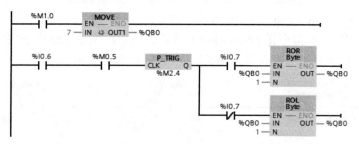

图 4.73　数学函数指令

（1）四则运算指令。

数学函数指令中的 ADD、SUB、MUL、DIV 指令分别是加、减、乘、除指令，它们的操作数类型为整数和实数数据类型，整数除法的商截尾取整后以整数格式输出 OUT。IN1 和 IN2 可以是常数，IN1、IN2 和 OUT 的数据类型应相同。ADD 和 MUL 指令可增加输入个数。

【例 4-12】 压力变送器的量程为 0～10MPa，输出信号为 0～10V，IW64 被转换为 0～27 648 的数字 N。求以 kPa 为单位的压强值。

P=10 000N/27 648（kPa）

Temp1 的数据类型为 DInt，在运算时一定要先乘后除，应使用双整数乘法和除法。为此，需要用 CONVERT 指令将 IW64 转换为双整数，LAD 如图 4.74 所示。

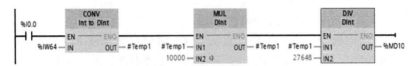

图 4.74 计算压力值 LAD

【例 4-13】使用浮点数运算计算上例以 kPa 为单位的压强值。

$P = 10\,000N/27\,648$（kPa）$=0.361\,69N$（kPa）

首先用 CONVERT 指令将 IW64 转换为实数，然后用实数乘法指令完成运算，最后用 ROUND 指令，将运算结果四舍五入为整数，LAD 如图 4.75 所示。

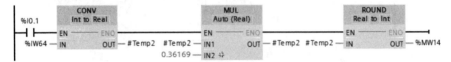

图 4.75 浮点数计算压力值 LAD

（2）计算（CALCULATE）指令。

可以用 CALCULATE 指令定义和执行数学表达式，根据所选的数据类型执行复杂的数学运算或逻辑运算。双击指令框中间的数学表达式方框，弹出如图 4.76 所示的对话框。输入待计算的表达式，表达式只能使用方框内的输入参数 INn 和运算符，单击 IN4 右侧的星号，可以增加输入参数的个数。

运行时使用方框外输入的值执行指定的表达式的运算，运算结果传送到 MD36 中。

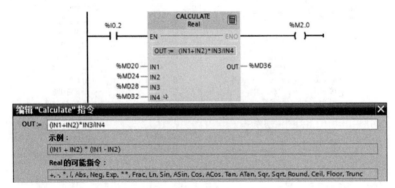

图 4.76 CALCULATE 指令

（3）浮点数函数运算指令。

浮点数函数运算指令的操作数 IN 和 OUT 的数据类型均为 Real。

三角函数指令和反三角函数指令中的角度均为以弧度为单位的浮点数。以度为单位的角度值乘以 $\pi/180.0$，转换为弧度值。

【例 4-14】测量远处物体的高度，已知被测物体到测量点的距离 L 和以度为单位的夹角 θ，求被测物体的高度 H（$H = L\tan\theta$）。MD40 中角度的单位为度，乘以 $\pi/180$ 后约为 0.017 453 3，得到角度的弧度值，运算的中间结果用实数临时局部变量 Temp2 保存。MD44 中是 L 的实数值，运算结果在 MD48 中，LAD 如图 4.77 所示。

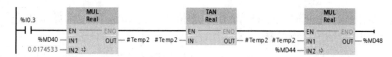

图 4.77 物体高度计算 LAD

(4) 其他数学函数指令。

① 返回除法的余数 (MOD) 指令用于求各种整数除法的余数。输出 OUT 中的运算结果为除法运算 IN1/ IN2 的余数。

② 求二进制补码（取反）(NEG) 指令将输入 IN 的值的符号取反后, 保存在输出 OUT 中。IN 和 OUT 的数据类型可以是 SInt、Int、DInt 和 Real。

③ 递增 (INC) 指令与递减 (DEC) 指令将参数 IN/OUT 的值分别加 1 和减 1。数据类型为各种整数。

④ 计算绝对值 (ABS) 指令用来求输入 IN 中的有符号整数或实数的绝对值, 将结果保存在输出 OUT 中。IN 和 OUT 的数据类型应相同。

⑤ 获取最小值 (MIN) 指令和获取最大值 (MAX) 指令比较输入 IN1 和 IN2 的值, 将其中较小或较大的值送给输出 OUT。可增加输入个数, MIN 指令 LAD 如图 4.78 所示。

⑥ 设置限值 (LIMIT) 指令将输入 IN 的值限制在输入 MIN 与 MAX 的值范围之间。

⑦ 返回小数 (FRAC) 指令将输入 IN 的小数部分传送到输出 OUT。取幂 (EXPT) 指令计算以输入 IN1 的值为底, 以输入 IN2 的值为指数的幂。

2) 字逻辑运算指令

字逻辑运算指令如图 4.79 所示, 包含常用的"与"运算、"或"运算、"异或"运算、求反码、编码、解码、选择、多路复用和多路分用等指令, 完成以字 (Word) 为单位的数据逻辑运算。

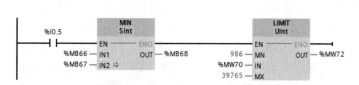

图 4.78 数学函数指令 LAD　　　　图 4.79 字逻辑运算指令

字逻辑运算指令举例如表 4.5 所示。两个字的每个二进制位按照"与"运算 (AND)、"或"运算 (OR) 和"异或"运算 (XOR) 规则进行运算; 求反码 (INVERT) 指令对 IN2 进行按位取反操作。

表 4.5 字逻辑运算指令举例

指　令	IN1	IN2	结果
AND	0101 1001	1101 0100	0101 0000
OR	0101 1001	1101 0100	1101 1101
XOR	0101 1001	1101 0100	1000 1101
INVERT		1101 0100	0010 1011

字逻辑运算指令对两个输入 IN1 和 IN2 逐位进行逻辑运算，运算结果在输出 OUT 指定的地址中。可以增加输入的个数。

（1）"与"运算、"或"运算、"异或"运算和求反码指令。

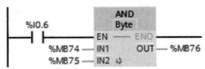

图 4.80 "与"运算指令 LAD

"与"运算（AND）指令的两个操作数的同一位若均为 1，则运算结果的对应位为 1，否则为 0，LAD 如图 4.80 所示。"或"运算（OR）指令的两个操作数的同一位若均为 0，则运算结果的对应位为 0，否则为 1。"异或"运算（XOR）指令的两个操作数的同一位若不相同，则运算结果的对应位为 1，否则为 0。指令的操作数的数据类型为位字符串 Byte、Word 或 DWord。

求反码（INVERT）指令将输入 IN 中的二进制整数逐位取反（由 0 变 1，由 1 变 0），运算结果存放在输出 OUT 指定的地址。

（2）解码与编码指令。

如果输入参数 IN 的值为 n，那么解码（DECO）指令将输出参数 OUT 的第 n 位为 1，其余各位为 0。若输入 IN 的值大于 31，则将 IN 的值除以 32 以后，用余数来进行解码操作。IN 为 5 时，OUT 为 2#0010 0000（16#20），仅第 5 位为 1。

编码（ENCO）指令将 IN 中为 1 的最低位的位数送给 OUT 指定的地址。若 IN 为 2#00101000（16#28），则 OUT 中的编码结果为 3。若 IN 为 1 或 0，则 OUT 的值为 0。若 IN 为 0，则 ENO 为 0 状态，编码与解码指令 LAD 如图 4.81 所示。

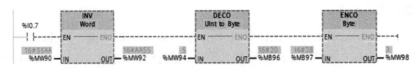

图 4.81 编码与解码指令 LAD

（3）选择、多路复用和多路分用指令。

选择（SEL）指令的布尔输入参数 G 为 0 时选中 IN0，G 为 1 时选中 IN1，选中的数值被保存到输出参数 OUT 指定的地址。

多路复用（MUX）指令根据输入参数 K 的值，选中某个输入数据，并将它传送到输出参数 OUT 指定的地址。当 K = m 时，将选中输入参数 INm。若 K 的值大于可用的输入个数，则 ELSE 的值将复制到输出 OUT 中，ENO 为 0 状态。

可以增加输入参数 INn 的个数。INn、ELSE 和 OUT 的数据类型应相同。

多路分用（DEMUX）指令根据输入参数 K 的值，将输入 IN 的内容复制到选定的输出 OUT 中，其他输出则保持不变。当 K = m 时，将复制到输出 OUTm。可以增加输出参数 OUTn 的个数。IN、ELSE 和 OUTn 的数据类型应相同。如果参数 K 的值大于可用的输出个数，那么参数 ELSE 输出 IN 的值，ENO 为 0 状态。选择、多路复用和多路分用指令 LAD 如图 4.82 所示。

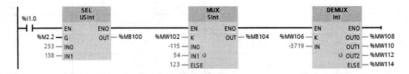

图 4.82 选择、多路复用和多路分用指令 LAD

5．程序控制指令

程序控制指令包含跳转、返回、运行时控制等指令，如图 4.83 所示。

（1）跳转指令与跳转标签指令。

跳转指令中止程序的顺序执行，跳转到指令中的跳转标签所在的目的地址。可以向前或向后跳转，只能在同一个代码块内跳转。在一个代码块内，跳转标签的名称只能使用一次，一个程度段中只能设置一个跳转标签。

JMP 指令的线圈在通电时跳转到指定的跳转标签。

JMPN 指令的线圈在断电时跳转到指定的跳转标签。

若跳转条件不满足，则将继续执行跳转指令之后的程序。标签在程序段的开始处，标签的第一个字符必须是字母，跳转指令 LAD 如图 4.84 所示。

（2）跳转分配器指令与定义跳转列表指令。

跳转分配器（SWITCH，多分支语句）指令根据一个或多个比较指令的结果，定义要执行的多个程序跳转。用参数 K 指定要比较的值，将该值与各个输入提供的值进行比较。若满足条件，则跳转到对应的标签。若不满足上述条件，则将跳转到 ELSE 指定的标签。可增加输出的个数。该语句程序如图 4.85 所示的程序段 4。

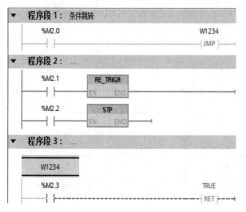

图 4.84　跳转指令 LAD

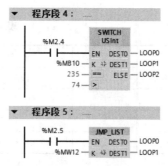

图 4.85　跳转分配器与定义跳转列表指令 LAD

定义跳转列表（JMP_LIST）指令定义多个有条件跳转，并继续执行由参数 K 的值指定的程序段中的程序。可增加输出的个数。若 K 值大于可用的输出编号，则继续执行块中下一个程序段的程序，该语句程序如图 4.85 所示的程序段 5。

重置循环周期监视时间（RE_TRIGR）指令用于复位监控定时器。

退出程序（STP）指令使 PLC 进入 STOP 模式。

返回（RET）指令用来有条件地结束代码块。RET 线圈上面的参数返回值是 FC 或 FB 的 ENO 的值。

三、S7-1200 扩展指令

S7-1200 扩展指令如图 4.86 所示,包含日期和时间、字符串+字符、分布式 I/O、中断、报警、诊断、脉冲、配方和数据记录、数据块控制和寻址等指令。

1. 日期和时间指令

在 CPU 断电时,用超级电容提供的实时时钟的保持时间通常为 20 天。可以使用日期和时间指令读、写实时时钟,日期和时间指令如图 4.87 所示。

图 4.86　S7-1200 扩展指令

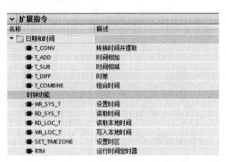

图 4.87　日期和时间指令

1)日期时间数据类型

数据类型 Time 的长度为 4B,时间单位为毫秒(ms)。日期时间数据结构如表 4.6 所示,共 12B,分别是年(2B)、月、日、星期、时、分、秒、纳秒(4B)。可以在全局数据块或块的接口定义区定义 DTL 变量。

表 4.6　日期时间数据结构

数　据	字　节　数	取　值　范　围	数　据	字　节　数	取　值　范　围
年的低两位	2	1970~2554	时	1	0~23
月	1	1~12	分	1	0~59
日	1	1~31	秒	1	0~59
星期	1	1~7(星期一~星期六)	纳秒	4	0~999 999 999

2)转换时间并提取指令

转换时间并提取(T_CONV)指令用于在整数和时间数据类型之间转换,如图 4.88 所示,将 Date_And_Time 转换为 LTime_Of_Day。

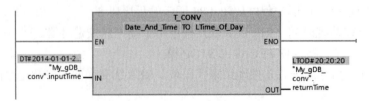

图 4.88　T_CONV 指令编程应用

3）时间相加与时间相减指令

时间相加（T_ADD）指令将两个时间段相加，如图 4.89 所示。时间相减（T_SUB）指令将两个时间段相减，如图 4.90 所示。

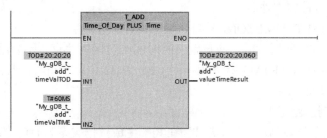

图 4.89　时间段相加

图 4.90　时间段相减

4）时差与组合时间指令

时差（T_DIFF）指令将 IN1 中的时间值减去 IN2 中的时间值，如图 4.91 所示。

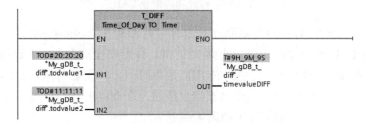

图 4.91　时间值相减

组合时间（T_COMBINE）指令用于合并日期值和时间值，如图 4.92 所示。

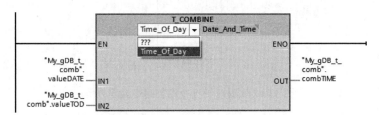

图 4.92　组合时间

5）时钟功能指令

（1）时钟功能指令内容。

时钟功能用于设置和读取时钟时间等操作，包含以下指令。

- 设置时间（WR_SYS_T）指令和读取时间（RD_SYS_T）指令用于设置和读取 CPU 时钟的系统时间（格林尼治标准时间）。
- 写入本地时间（WR_LOC_T）指令和读取本地时间（RD_LOC_T）指令用于写入和读取 CPU 时钟的本地时间。
- 设置时区（SET_TIMEZONE）指令用于设置时区。
  注意组态 CPU 的属性时，应设置实时时间的时区为北京，不启用夏令时。
- 运行时间定时器（RTM）指令用于对 CPU 的 32 位运行小时计数器的设置、启动、停止和读取操作。

（2）时钟功能指令编程。

在项目中生成全局数据块"数据块_1"，在其中生成数据类型为 DTL 的变量 DT1～DT4。

用监控表将新的时间值写入"数据块_1".DT3。"写时间"（M3.2）为 1 状态时，WR_LOC_T 指令将输入参数 LOCTIME 输入的日期时间作为本地时间写入实时钟。参数 DST 与夏令时有关，我国不使用夏令时。

"读时间"（M3.1）为 1 状态时，RD_SYS_T 指令和 RD_LOC_T 指令的输出 OUT 分别是数据类型为 DTL 的 PLC 中的系统时间和本地时间。本地时间多 8h，LAD 如图 4.93 所示。

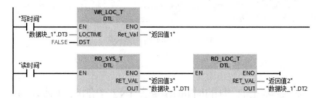

图 4.93 时钟功能指令 LAD

【例 4-15】用实时时钟指令控制路灯的定时接通和断开，19:00 开灯，07:00 关灯。

首先使用 RD_LOC_T 指令读取本地实时时间，保存在全局数据块"数据块_1"数据类型为 DTL 的局部变量 DT4 中，其中的 HOUR 是小时值，其变量名称为 DT4.HOUR。Q0.0 控制路灯，在 19:00～00:00 时，上面比较触点接通；在 00:00～07:00 时，下面比较触点接通。实时时钟指令控制路灯编程应用如图 4.94 所示。

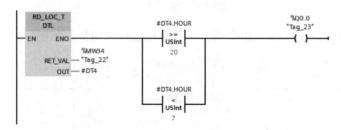

图 4.94 实时时钟指令控制路灯编程应用

2. 字符串+字符指令

新建 DB_1 数据块及字符串如图 4.95 所示。字符串+字符指令主要用于字符串和字符的处理，特别是完成触摸屏控制、通信等功能时，需要使用这一类指令。

		名称	数据类型	偏移量	起始值
1	⬛ ▼	Static			
2	⬛ ■	String1	String[18]	0.0	''
3	⬛ ■	String2	String[18]	20.0	'12345'
4	⬛ ■	String3	String[18]	40.0	''

图 4.95 新建 DB_1 数据块及字符串

数据类型 String 的首字节是字符串的最大长度，第 2 字节是当前实际使用的字符数，后面是最多 254B 的 ASCII 字符代码，此外还有宽字符串 Wstring。在项目中新建 DB_1 数据块，在 DB_1 中生成 3 个字符串，数据类型为 String[18]，最大长度为 18 个字符。字符串+字符指令如图 4.96 所示。

名称	描述
▼ 🗀 字符串 + 字符	
⬛ S_MOVE	移动字符串
⬛ S_CONV	转换字符串
⬛ STRG_VAL	将字符串转换为数值
⬛ VAL_STRG	将数值转换为字符串
⬛ Strg_TO_Chars	将字符串转换为字符
⬛ Chars_TO_Strg	将字符转换为字符串
⬛ MAX_LEN	获取字符串的最大长度
⬛ ATH	将 ASCII 字符串转换为十六进制值
⬛ HTA	将十六进制数转换为 ASCII 字符串
⬛ LEN	获取字符串长度
⬛ CONCAT	合并字符串
⬛ LEFT	读取字符串中的左侧字符
⬛ RIGHT	读取字符串中的右侧字符
⬛ MID	读取字符串中间的几个字符
⬛ DELETE	删除字符串中的字符
⬛ INSERT	在字符串中插入字符
⬛ REPLACE	替换字符串中的字符
⬛ FIND	在字符串中查找字符

图 4.96 字符串+字符指令

转换字符串（S_CONV）指令用于字符串和数值的相互转换。STRG_VAL 指令是将字符串转换为数值指令，VAL_STRG 指令是将数值转换为字符串指令，字符串与值的相互转换程序如图 4.97 所示。

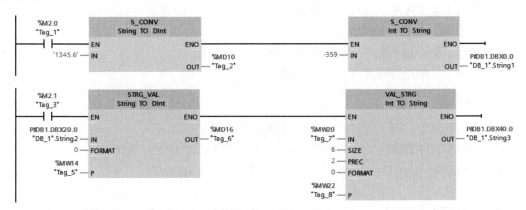

图 4.97 字符串与值的相互转换程序

Strg_TO_Chars 指令将字符串转换为字符元素组成的数组，Chars_TO_Strg 指令将字符元素组成的数组转换为字符串。ATH 指令是将 ASCII 字符串转换为十六进制数指令，HTA 指令是将十六进制数转换为 ASCII 字符串指令。

LEN 指令是获取字符串长度指令，MAX_LEN 指令是获取字符串的最大长度指令，CONCAT 指令是合并字符串指令，S_MOVE 指令是移动字符串指令，LEFT、RIGHT 和 MID 指令分别用来读取字符串左侧、右侧和中间的字符。LAD 如图 4.98 所示。

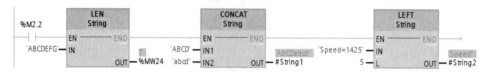

图 4.98 字符串指令 LAD

DELETE、INSERT、REPLACE 和 FIND 指令分别用来删除、插入、替换和查找字符。指令中的 L 用来定义字符个数，P 是字符串中字符的位置，LAD 如图 4.99 所示。

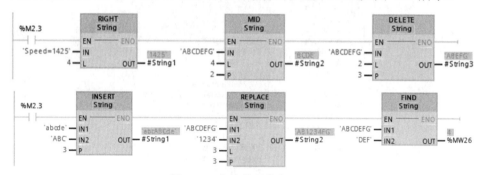

图 4.99 字符处理指令 LAD

练习卡 4

一、填空题

1. 西门子全集成自动化软件 TIA Portal，简称为（　　）。
2. 西门子全集成自动化软件有 Portal 视图和（　　）视图两种视图类型。
3. LAD 最左边的竖线称为起始（　　）。
4. 字母 I 表示输入地址；字母 Q 表示（　　）地址。
5. 指令一般由操作码和（　　）构成。

二、单选题

1. 博途软件中，用于硬件组态和编写 PLC 程序的是（　　）。
   A．SIMATIC STEP7　　　　　　B．SIMATIC STEP7 PLCSIM
   C．SIMATIC WinCC　　　　　　D．STEP7 Safety
2. 博途软件中，用于仿真调试的软件是（　　）。
   A．SIMATIC STEP7　　　　　　B．SIMATIC STEP7 PLCSIM
   C．SIMATIC WinCC　　　　　　D．STEP7 Safety
3. 博途软件中，用于组态可视化监控系统、支持触摸屏和计算机工作站的软件是（　　）。
   A．SIMATIC STEP7　　　　　　B．SIMATIC STEP7 PLCSIM

C. SIMATIC WinCC   D. STEP7 Safety

4. 博途软件中，用于设置和调试变频器的软件是（   ）。

A. SIMATIC STEP7   B. SIMATIC STEP7 PLCSIM

C. SIMATIC WinCC   D. SINAMICS Startdrive

5. 西门子博途软件中常开触点的符号为（   ）；常闭触点的符号为（   ）；线圈的符号为（   ）。

A. ─┤ ├─   B. ─┤/├─   C. ─┤ ├─   D. ─┤ ├→

6. 西门子博途软件中接通延时定时器的指令助记符为（   ）。

A. TP   B. TON   C. TOF   D. TONR

7. 西门子博途软件中关断延时定时器的指令助记符为（   ）。

A. TP   B. TON   C. TOF   D. TONR

8. 西门子博途软件中加计数指令的助记符为（   ）。

A. CTU   B. TON   C. CTD   D. CTUD

9. 下图所示的四种逻辑运算中，"异或"运算程序是（   ）。

10. 下图所示的"启保停"控制程序中，实现保持功能的数字序号为（   ）

A. ①   B. ②   C. ③   D. ④

三、多选题

1. 西门子博途软件中块的类型有（   ）。

A. 组织块（OB）   B. 函数块（FB）

C. 函数（FC）   D. 数据块（DB）

2. 西门子博途软件中定时器类型有（   ）。

A. 脉冲型定时器（TP）   B. 接通延时定时器（TON）

C. 关断延时定时器（TOF）   D. 保持性接通延时定时器（TONR）

四、判断题

1. Portal 视图和项目视图之间可以相互切换。（   ）

2. 在博途项目中添加 PLC 及其他硬件设备的操作叫设备组态。（   ）

3．编程设备（PC）和 PLC 的 IP 地址相同，才能正常通信。　　　（　）

4．PLC 用 1 位二进制数表示开关量的两种不同状态，如 1 代表线圈接通、常开触点接通、常闭触点断开，0 则反之。　　　（　）

5．8 位二进制数为 1 字节（Byte），16 位二进制数为 1 个字（Word）。　　　（　）

6．位地址的表示方法：地址标识符+字节起始地址.位地址，如 I0.0、Q0.1 或 M3.4。

（　）

7．使用 M0.5 秒脉冲信号，必须设置启用系统时钟存储器字节。　　　（　）

8．跳转指令用于分支结构程序设计。　　　（　）

五、简答题

IEC 61131-3 的编程语言是哪五种？

六、编程题

1．按下启动按钮 I0.4 后，PLC 的输出端口 I0.2 对应的 LED 每秒闪烁 2 次，按下停止按钮 I0.5，该 LED 停止闪烁。

2．设计一个 3 人抢答器控制程序。

3．接通开关 SA（I0.0）10s 后，LED（Q0.0）亮。

4．用接通延时定时器设计周期 10s 和占空比 50%的振荡电路。

5．对输入信号 I0.0 计数 10 次，计满 10 次，Q0.0 接通，I0.1 复位。

6．使用循环移位指令编写（使用 QB0 的 8 个输出）彩灯控制程序，要求初始状态亮两个灯。

项目 5　西门子 S7-1200 程序结构

本项目主要介绍西门子 S7-1200 的程序结构，包含四种块（组织块、函数块、函数、数据块）、中断的知识。项目 4 学习的各类指令是构建程序的基本材料，本项目学习的块和中断，加上跳转和循环构成程序的骨架，二者是相辅相成的。清晰的程序结构会提升编写、调试、维护程序的效率。

【知识目标】能区分组织块、函数块、函数和数据块，能初步理解中断及中断类型的概念，能初步理解模块化编程思路。

【能力目标】能使用博途软件编写及调用函数块、函数，设置数据块；能初步应用中断处理各种中断请求，完成实时控制。

【素质目标】初步理解并建立模块化程序设计的思维，耐心细致。

知识卡 10　S7-1200 用户程序结构

一、西门子 PLC 程序结构

1. S7-1200 PLC 的块

STEP7 编程软件提供各种类型的块（BLOCK），可以存放用户程序和相关数据，根据工程项目控制和数据处理的需要，程序可以由不同的块组成。块类似于高级编程语言子程序的功能，但类型更多，功能更强大。在工业控制中，程序往往是非常庞大和复杂的，采用块的概念，便于大规模程序的设计和理解，还可以设计标准化的块程序重复调用，使程序结构清晰明了，修改方便，调试简单。

STEP7 提供了多种不同类型的组织块（OB）、函数块（FB）、函数（FC）和数据块（DB）。

1）组织块（OB）

组织块（Organization Block，OB）是操作系统与用户程序之间的接口，只有在 OB 中编写的指令或调用的程序块才能被 CPU 的操作系统执行。OB 用于控制扫描循环和中断程序的执行、PLC 的启动和错误处理等，OB 由用户编写。OB 由操作系统调用，OB 间不可互相调用，OB 可调用子函数，如 FB、FC。

（1）OB 的类型

在"项目树"窗格中，单击"程序块"按钮，在其下拉列表中双击"添加新块"按钮，在"添加新块"对话框中单击"组织块"按钮，右侧列表中有 17 种 OB。其中常用的有程序循环 OB（Program cycle，扫描循环执行）、启动 OB（Startup，启动时执行一次，默认编号 100）、中断 OB 等，还有模块插拔、诊断、时间、状态、更新、伺服控制等 OB。OB 分为以下 3 种类型。

① 程序循环 OB。

程序循环 OB 在 CPU 处于运行（RUN）状态时循环执行。用户在其中编写控制程序和调用其他用户块。相当于主程序功能，其中的 OB1 是默认的程序循环 OB，允许使用多个 OB。OB 的编号一般由系统自动给出，编号从 123 开始。

② 启动 OB。

在 CPU 开始处理用户程序之前，首先执行启动 OB。启动 OB 只在 CPU 启动时执行一次，以后不再被执行。可以将一些初始化指令编写在启动 OB 中，同样允许有多个启动 OB。OB100 是默认的启动 OB，其他启动 OB 的编号由系统自动给出，编号从 123 开始。

③ 中断 OB。

中断 OB 用于处理各种类型的中断事件，及时对外部信息进行处理。中断 OB 包含延时中断（OB20、OB21、OB22、OB23 及 OB123 以后的编号）、循环中断（OB30）、硬件中断（OB0）、时间错误中断（OB80）、诊断错误中断（OB82）5 种类型。

（2）OB 的优先级。

为避免 OB 在执行过程中发生冲突，操作系统为每个 OB 分配了相应的优先级，若同时满足几个 OB 的执行条件，则系统首先执行优先级高的 OB。其中，启动 OB 在 CPU 工作模式切换到 RUN 时执行，循环执行 OB 在没有中断的情况下循环执行，二者的优先级最低为 1。中断 OB 在特定的时间或特定的情况下执行相应的程序和响应特定事件的中断程序，当 CPU 检测到中断源的中断请求时，操作系统在执行完当前程序的当前指令（断点处）后，立即响应中断，CPU 暂停正在执行的程序，调用中断源对应的中断程序，执行完中断程序后，返回被中断的程序断点处，继续执行原来的程序。中断 OB 中的程序，在中断条件满足时，被执行一次，不会循环执行。OB 类型及优先级表如表 5.1 所示。

表 5.1 OB 类型及优先级表

OB 类型		数量	编号	优先级
程序循环		必须有一个 OB，允许多个 OB	1（默认），≥123	1
启动		必须有一个 OB，允许多个 OB	100（默认），≥123	1
延时中断		4 个延时 OB	20（默认），21～23	3
循环中断		4 个循环 OB	30（默认），31～33	4
硬件中断	HSC	16 个上升沿和 16 个下降沿事件，共 32 个 OB	≥123	5
	边沿	6 个 CV=PV、6 个方向改变和 6 个外部复位，共 18 个 OB	≥123	6
时间错误		1 个 OB	80	9
诊断错误		1 个 OB	82	26

2）函数块（FB）

函数块（Function Block，FB）是由用户自己编写的子程序块或带形式参数（以下简称形参）的函数，可以被其他程序块（OB、FC 和 FB）调用。与 FC 不同的是，FB 拥有自己的被称为背景数据块的数据存储区，常用于编写复杂功能的函数，如闭环控制任务。附加背景数据块的 FB，内部含有静态变量，使用背景数据块来保存该 FB 调用实例的数据值，多数情况下需要在多个扫描周期内执行完毕。

3）函数（FC）

函数（Function，FC）是由用户自己编写的子程序块或带形参的函数，可以被其他程序块（OB、FC 和 FB）调用。内部不含有静态变量的函数，不需要附加背景数据块，在一个扫描周期内执行完毕。

4）数据块（DB）

数据块（Data Block，DB）是用户定义的存放数据的区域，有以下两种类型。
（1）背景数据块保存 FB 的输入变量、输出变量、静态变量。
（2）全局数据块存储用户数据，所有代码块共享。

2. 程序结构

1）线性编程设计

将用户的所有指令均放在 OB1 中，从第一条到最后一条顺序执行。这种方式适用于一个人完成的小项目，不适合多人合作设计和程序调试。

2）模块式程序设计

当工程项目比较大时，可以将大项目分解成多个子项目，由不同的人员编写相应的子程序块，在 OB1 中调用，最终由多人合作完成项目的设计与调试，如图 5.1 所示。

3）参数化程序设计

如果项目中多处使用的控制程序指令相同，只是程序中所用的地址不同，那么为了避免重复编写相同的指令，减少程序量，可以编写带形参的函数，在每次调用时赋不同的实际参数（以下简称实参）。参数化编程设计有利于对常用功能进行标准化设计，减少重复劳动，如图 5.2 所示。

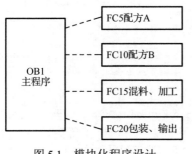

图 5.1 模块化程序设计

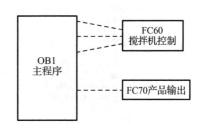

图 5.2 参数化程序设计

在进行程序块的调用过程中，还可以调用其他的程序块，称为嵌套调用，如图 5.3 所示。可嵌套程序块的数目（嵌套深度）取决于 CPU 的型号。

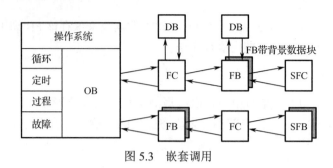

图 5.3 嵌套调用

二、FC 编写与调用

1. FC 的特点

FC 和 FB 是用户编写的子程序,它们包含完成特定任务的程序,FC 和 FB 有与调用它的块共享的输入参数、输出参数。

设压力变送器量程的下限为 0 MPa,上限为 H MPa,经 A/D 转换后得到 0～27 648 的整数。转换后的数字 N 和压力(注:此处的"压力"为工程实践中的习惯说法,实际上应为"压强",下同)P 之间的计算公式为 $P = (H \times N) / 27\,648$(MPa)。

编写函数 FC1 实现上述运算。

2. 生成 FC

在"项目树"窗格中,单击"程序块"按钮,在其下拉列表中双击"添加新块"按钮,在弹出的"添加新块"对话框中单击"函数"按钮,FC 默认的编号为 1,默认的语言为 LAD。设置 FC 的名称为"计算压力"。单击"确定"按钮,生成 FC1 块,如图 5.4 所示。

3. 生成 FC 的局部数据

往下拉动程序区最上面的分隔条,分隔条上面是 FC 的接口区,下面是程序区。在接口区中生成局部变量,只能在它所在的块中使用,如图 5.5 所示。

图 5.4 添加 FC1 块

图 5.5 FC 的局部变量定义

右击"项目树"窗格中的 FC1,在弹出的快捷菜单中单击"属性"按钮,选中弹出对话框左边的"属性"选项,如图 5.6 所示。取消勾选"优化的块访问"复选框。成功编译后接口区出现"偏移量"列,只有临时数据才有偏移量。

FC 各种类型的局部变量的作用如下:

(1) 输入参数 Input 用于接收调用它的主调块提供的输入数据。

图 5.6 取消优化的块访问

（2）输出参数 Output 用于将块的程序执行结果返回给主调块。

（3）输入_输出参数 InOut 的初值由主调块提供，块执行完后用同一个参数将它的值返回给主调块。

（4）文件夹 Return 中自动生成的返回值"计算压力"与 FC 的名称相同，属于输出参数。数据类型为 Void，表示 FC 没有返回值。

FC 还有以下两种局部数据。

（1）临时数据 Temp 是暂时保存在局部数据堆栈中的数据。每次调用块之后，临时数据可能被同一优先级中后面调用的块的临时数据覆盖。

（2）常量 Constant 是块中使用并且带有符号名的常量。

4．FC1 的程序设计

FC1 程序如图 5.7 所示，运算的中间结果用临时局部变量"中间变量"保存。STEP 7 自动在局部变量的前面添加"#"。

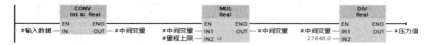

图 5.7 FC1 程序

5．在 OB1 中调用 FC1

在 PLC 变量表中生成调用 FC1 时需要的 3 个变量，如图 5.8（a）所示，将"项目树"窗格中的 FC1 拖动到右边的程序区的水平导线上。FC1 方框中左边的"输入数据"等是在 FC1 的接口区中定义的输入参数，右边的"压力值"是输出参数。它们被称为块的形参。形参在 FC 内部的程序中使用。方框外是调用时为形参指定的实参。实参与它对应的形参应具有相同的数据类型。STEP 7 自动在全局变量的符号地址两边添加双引号，调用程序如图 5.8（b）所示。

(a) PLC 变量表　　　　　　　　　(b) OB1 调用 FC1 的程序

图 5.8 调用 FC1 编程操作

三、FB 编写与调用

1. FB

FB 是用户编写的有自己的存储区（背景数据块）的代码块，FB 的典型应用是执行不能在一个扫描周期结束的操作。每次调用 FB 时，都需要指定一个背景数据块。该数据块随 FB 的调用而打开，在调用结束时自动关闭。FB 的输入参数、输出参数和静态数据（Static）用指定的背景数据块保存。FB 执行完后，背景数据块中的数据不会丢失。

2. 生成 FB

在项目“函数与函数块”中添加名为“电动机控制”的 FB1。取消 FB1 默认的属性“优化的块访问”复选框。

3. 生成 FB 的局部变量

FB 的输入参数、输出参数和静态数据用指定的背景数据块保存。在 FB 中，定时器如果使用一个固定的背景数据块，那么在同时多次调用该 FB 时，该数据块将会被同时用于两处或多处。为此在块接口中生成数据类型为 IEC_TIMER 的静态变量“定时器 DB”，用它提供 TOF 的背景数据，FB1 的接口数据如图 5.9 所示，其背景数据块如图 5.10 所示。

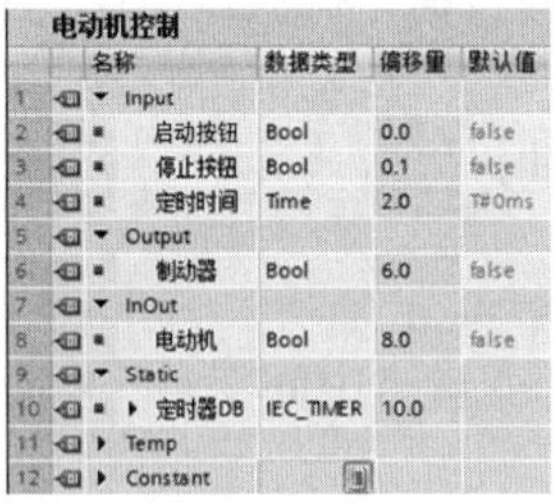

电动机控制

	名称	数据类型	偏移量	默认值
1	Input			
2	启动按钮	Bool	0.0	false
3	停止按钮	Bool	0.1	false
4	定时时间	Time	2.0	T#0ms
5	Output			
6	制动器	Bool	6.0	false
7	InOut			
8	电动机	Bool	8.0	false
9	Static			
10	定时器DB	IEC_TIMER	10.0	
11	Temp			
12	Constant			

图 5.9　FB1 的接口数据

电动机数据1

	名称	数据类型	偏移量	启动值
1	Input			
2	启动按钮	Bool	0.0	false
3	停止按钮	Bool	0.1	false
4	定时时间	Time	2.0	T#0ms
5	Output			
6	制动器	Bool	6.0	false
7	InOut			
8	电动机	Bool	8.0	false
9	Static			
10	定时器DB	IEC_TIMER	10.0	

图 5.10　FB1 的背景数据块

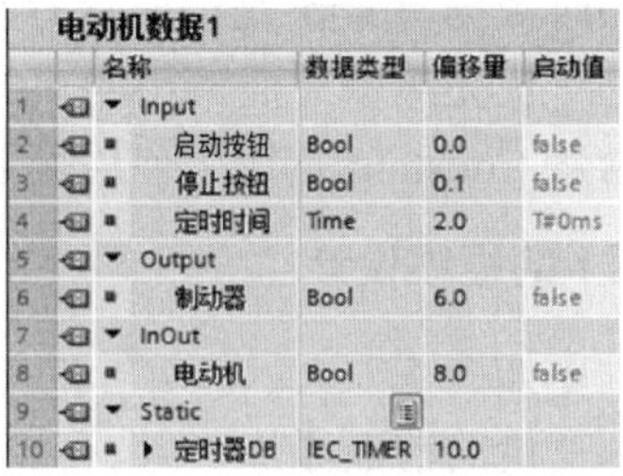

4. FB1 的控制要求与程序

用输入参数“启动按钮”和“停止按钮”控制 InOut 参数“电动机”。按下停止按钮，TOF 开始定时，输出参数“制动器”为 1 状态，经过输入参数“定时时间”设置的时间预置值后，停止制动，FB1 程序如图 5.11 所示。

在 TOF 定时期间，每个扫描周期执行完 FB1 之后，用静态变量“定时器 DB”来保存 TOF 的背景数据。可以修改 FB 的输入参数、输出参数和静态变量的默认值。该默认值作为 FB 背景数据块同一个变量的启动值。调用 FB 时没有指定实参的形参使用背景数据块中的启动值。

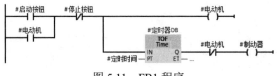

图 5.11　FB1 程序

5. 用于定时器、计数器的多重背景

IEC 定时器指令实际上是 FB，每次调用它们时，都需要指定一个背景数据块。若这类指令很多，则将会生成大量的数据块"碎片"。可以在 FB 的接口区定义数据类型为 IEC_Timer 的静态变量（见图 5.12），用它们来提供定时器和计数器的背景数据。这种程序结构被称为多重背景。

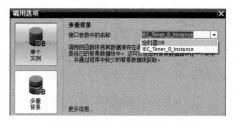

图 5.12 多重背景

将定时器 TON 方框拖动到 FB1 的程序区，弹出"调用选项"对话框。单击"多重背景"按钮，选择"接口参数中的名称"下拉列表中的"定时器 DB"选项，用 FB1 的静态变量"定时器 DB"提供 TON 的背景数据。

这样处理后，多个定时器、计数器的背景数据被包含在它们所在的 FB 的背景数据块中，而不需要为每个定时器或计数器设置一个单独的背景数据块。

6. 在 OB1 中调用 FB1

在 PLC 变量表中生成两次调用 FB1 使用的符号地址。在 OB1 中两次调用 FB1，自动生成背景数据块，为各形参指定实参。OB1 调用 FB1 程序如图 5.13 所示。

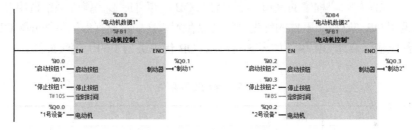

图 5.13 OB1 调用 FB1 程序

四、块的区别

1. FC 与 FB 的区别

FB 和 FC 均为用户编写的子程序，接口区中均有 Input、Output、InOut 参数和 Temp 数据。FC 的返回值实际上属于输出参数。FC 和 FB 的区别如下。

（1）FB 有背景数据块，FC 没有。

（2）只能在 FC 内部访问它的局部变量。其他代码块或 HMI 可以访问 FB 的背景数据块中的变量。

（3）FC 没有静态变量，FB 有保存在背景数据块中的静态变量。FC 如果有执行完需要保存的数据，那么只能使用全局数据区（如全局数据块和位存储区）来保存，但是这样会影响 FC 的可移植性。如果 FC 或 FB 的内部不使用全局变量，只使用局部变量，那么不需要进行任何修改，就可以将块移植到其他项目。如果在块的内部使用了全局变量，那么在移植时需要重新统一分配所有的块内部使用的全局变量的地址，以保证不会出现地址冲突。当程序很复杂，代码块较多时，这种操作的工作量很大，也很容易出错，所以在代码块有

执行完后需要保存的数据时，应使用 FB 而不是 FC。

（4）FB 的局部变量（不含 Temp）有默认的初始值，FC 的局部变量没有默认值。所以在调用 FB 时可以不设置某些输入参数、输出参数的实参，而是使用它们的默认值。而 FC 的局部变量没有默认值，调用时应给所有的形参指定实参。

（5）FB 的输出参数值不仅与来自外部的输入参数有关，还与用静态数据保存的内部状态数据有关。FC 没有静态数据，相同的输入参数可以产生相同的执行结果。

2．OB、FB 和 FC 的区别

出现事件或故障时，由操作系统调用对应的 OB，FB 和 FC 是用户程序在代码块中调用的。OB 没有输入参数、输出参数和静态数据，它的输入参数是操作系统提供的启动信息。用户可以在 OB 的接口区生成临时变量和常量。OB 中的程序是用户编写的。

知识卡 11　中断事件与中断指令

一、事件与 OB

1. 启动 OB 的事件

OB 是操作系统与用户程序的接口，出现启动 OB 的事件时，由操作系统调用对应的 OB。若当前不能调用 OB，则按照事件的优先级将其保存到队列。若没有为该事件分配 OB，则会触发默认的系统响应。启动 OB 事件如表 5.2 所示，OB 优先级为 1 的优先级最低。

表 5.2　启动 OB 事件

事件类型	OB 编号	OB 个数	启动事件	OB 优先级
程序循环	1 或≥123	≥1	启动或结束前一个程序循环 OB	1
启动	100 或≥123	≥0	从 STOP 模式切换到 RUN 模式	1
时间中断	≥10	≤2	已达到启动时间	2
延时中断	≥20	≤4	延时时间结束	3
循环中断	≥30		固定的循环时间结束	8
硬件中断	40~47 或≥123	≤50	上升沿（≤16）、下降沿（≤16）	18
			HSC 计数值=设定值，计数方向变化，外部复位，最多各 6 次	18
状态中断	55	0 或 1	CPU 接收到状态中断，如从站模块更改了操作模式	4
更新中断	56	0 或 1	CPU 接收到更新中断，如更改了从站或设备插槽参数	4
制造商中断	57	0 或 1	CPU 接收到制造商或配置文件特定的中断	4
诊断错误中断	82	0 或 1	模块检测到错误	5
插入/移除模块	83	0 或 1	插入/移除分布式 I/O 模块	6
机架错误	86	0 或 1	分布式 I/O 的 I/O 系统错误	6
时间错误中断	80	0 或 1	超过最大循环时间，调用的 OB 仍在执行，错过时间中断，STOP 期间错过的时间中断，中断队列溢出，因为中断负荷过大丢失中断	26

如果插入/移除中央模块，或超过最大循环时间的两倍，那么 CPU 将切换到 STOP 模式。系统忽略过程映像更新时间出现的 I/O 访问错误。块中有编程错误或 I/O 访问错误时，保存 RUN 状态不变。

启动事件与程序循环事件不会同时发生，在启动期间，只有诊断错误事件能中断启动事件，其他事件将进入中断队列，在启动事件结束后处理它们。OB 用局部变量提供启动信息。

2. 事件执行的优先级与中断队列

优先级、优先级组合队列用来决定事件服务程序的处理顺序。每个 CPU 事件均有其优先级，表 5.2 给出了 S7-1200 的各类事件的优先级。优先级编号越大，优先级越高。时间错误中断具有最高的优先级。

事件一般按优先级的高低来处理，先处理高优先级的事件。优先级相同的事件按"先来先服务"的原则进行处理。

优先级不低于 2 的 OB 将中断循环程序的执行。如果设置为 OB 可中断模式，那么优先级为 2~25 的 OB 可以被优先级高于当前运行的 OB 的任何事件中断，优先级为 26 的时间错误中断会中断其他所有的 OB。若未设置可中断模式，那么优先级为 2~25 的 OB 不能被任何事件中断。若执行可中断 OB 时发生多个事件，CPU 则将按照优先级顺序处理这些事件。

3. 禁止与激活中断

可以用指令 DIS_AIRT，将延时处理优先级高于当前 OB 的中断 OB，输出参数 RET_VALUE 返回调用 DIS_AIRT 的次数。

发生中断时，调用指令 EN_AIRT 启用以前调用 DIS_AIRT 延时的 OB 处理。要取消所有的延时，EN_AIRT 的执行次数必须与 DIS_AIRT 的次数相同。

二、初始化 OB 与循环中断 OB

1. 程序循环 OB

主程序 OB1 属于程序循环，CPU 在 RUN 模式时循环执行 OB1，可以在 OB1 中调用 FC 和 FB。如果用户程序生成了其他程序循环 OB，那么 CPU 按 OB 编号顺序执行它们。首先执行主程序 OB1，然后执行编号大于或等于 123 的程序循环。一般只需要一个程序循环 OB。不论程序循环 OB 的优先级高低，其他事件都可以中断他们。

建立新项目，取名为"启动组织块与循环中断组织块"，自动生成程序循环组织块 OB1。

在"项目树"窗格中，单击"程序块"按钮，在其下拉列表中双击"添加新块"按钮，在弹出的对话框中单击"组织块"按钮，选中右侧列表中的"Program cycle"选项，生成一个程序循环 OB。OB 默认的编号为 123，语言为 LAD。单击"确定"按钮，生成 OB123。

分别在 OB1 和 OB123 中生成简单的程序，如图 5.14 和图 5.15 所示将它们下载到仿真 PLC，若可以用 I1.0 和 I1.1 分别控制 Q1.0 和 Q1.1，则说明 OB1 和 OB123 均被循环执行。

图 5.14 OB1 程序

图 5.15 OB123 程序

2. 启动 OB

启动 OB 用于首次扫描时将系统初始化，当 CPU 从 STOP 模式切换到 RUN 模式时，执行一次启动 OB，执行完成后，读入过程映像输入，开始执行 OB1。允许生成多个启动 OB，默认的 OB 是 OB100，其他 OB 的编号应该大于 123。一般只需要启动 OB。

用上述方法生成启动组织块 OB100，在其中编程给 QB0 置初值 9，将 MB14 加 1，程序如图 5.16 所示。可以在仿真时观察 OB100 的功能是否正常。

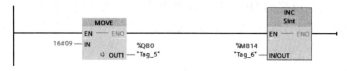

图 5.16 OB100 程序

3. 循环中断 OB

循环中断 OB 以设定的循环时间（1～60 000ms）周期性地执行，而与程序循环 OB 的执行无关。循环中断和延时中断 OB 的个数之和最多允许 4 个，循环中断 OB 的编号应为 OB30～OB38，也可大于或等于 123。

在"项目树"窗格中，单击"程序"按钮，在其下拉列表中双击"添加新块"按钮，在弹出的对话框中单击"组织块"按钮，选中右侧列表中的"Cyclic interrupt"选项，将循环中断的时间间隔设置为 1000ms，默认的编号为 OB30，生成 OB30。可以设置循环中断的循环时间和相位偏移。相位偏移用于错开不同时间间隔的几个循环中断 OB，默认为 0。若循环中断的时间大于循环时间，则将启动时间错误 OB。

在 OB30 编写程序控制 8 位彩灯循环移位，I0.2 控制彩灯是否移位，I0.3 控制移位的方向，循环中断编程如图 5.17 所示。

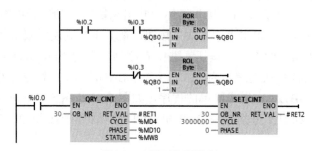

图 5.17 循环中断编程

CPU 运行期间，在 OB1 中，可以使用 SET_CINT 指令重新设置循环中断的循环时间（CYCLE）和相移（PHASE），时间的单位为 μs，用 QRY_CINT 指令查询循环中断的状态。MB9 是读取的状态字 MW8 的低位字节，M9.4 为 1 表示已下载 OB30，M9.2 为 1 表示已启用循环中断。

三、时间中断 OB

1. 时间中断的功能

时间中断又称为日时钟中断，用于在设置的日期和时间产生一次中断，或从设置的日期时间开始，周期性地重复产生中断，如每分钟、每小时、每天、每周、每月、每年产生一次时间中断。可以用专用的指令来设置、激活和取消时间中断。时间中断 OB 的编号应为 10～17，也可大于或等于 123。

2. 编写程序

新建一个"时间中断"的新项目，打开项目，添加一个时间中断 OB，默认的编号为 10，默认编程语言为 LAD。OB10 程序如图 5.18 所示。

图 5.18　OB10 程序

在 OB1 中调用 QRY_TINT 指令来查询时间中断的状态。在 I0.0 的上升沿，调用 SET_TINTL 和 ACT_TINT 指令来分别设置和激活时间中断 OB10。图 5.19 中指令框的参数 OB_NR 为 OB 的编号，参数 LOCAL 为 1 表示使用本地时间，参数 PERIOD 为 16#201 表示每分钟产生一次时间中断。参数 ACTIVATE 为 1 时，该指令设置并激活时间中断，为 0 仅设置时间中断。本例用 ACT_TINT 指令来激活时间中断，用 CAN_TINT 指令来取消时间中断。时间中断项目 OB1 程序如图 5.19 所示。

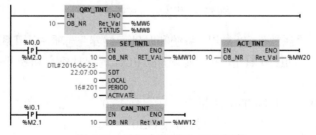

图 5.19　时间中断项目 OB1 程序

四、硬件中断 OB

1. 硬件中断事件与硬件中断 OB

硬件中断事件包括 CPU 内置的和信号板的 DI 的上升沿/下降沿事件，HSC 的实际计数值等于设定值、计数方向改变和外部复位输入信号的上升沿。

硬件中断 OB 用于处理需要快速响应的过程事件。出现硬件中断事件时，立即中止正在执行的程序，改为执行对应的硬件中断 OB。最多可以生成 50 个硬件中断 OB，其编号应为 40~47，也可大于或等于 123。

若在执行硬件中断 OB 期间，同一个中断事件再次发生，则新发生的中断事件丢失。若一个中断事件发生，在执行该中断 OB 期间，又发生多个不同的中断事件，则新的中断事件进入队列，等待第一个 OB 中断事件执行完毕后依次执行。

2．硬件中断事件处理方法

给一个事件指定一个硬件中断 OB，这种方法最为简单，应优先采用。

多个硬件中断 OB 分时处理一个硬件中断事件，需要使用将 OB 与中断事件分离（DETACH）指令取消原有的 OB 与事件的连接，用将 OB 附加到中断事件（ATTACH）指令将一个新的硬件中断 OB 分配给中断事件。

3．编写程序

新建项目"硬件中断 1"，在"项目树"窗格中单击"程序"按钮，在其下拉列表中双击"添加新块"按钮，在弹出的对话框中单击"组织块"按钮，选择右侧列表中的"Hardware Interrupt"选项，生成硬件中断组织块 OB40、OB41，组态时将它们分配给 I0.0 的上升沿事件和 I0.1 的下降沿事件，如图 5.20 所示。

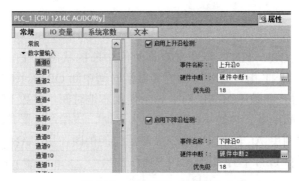

图 5.20　组态硬件中断事件

选中巡视窗口的"属性"→"常规"系统和时钟存储器"选项，启用系统存储字节 MB1。

ATTACH 指令和 DETACH 指令分别用于在 PLC 运行时建立和断开硬件中断事件与中断 OB 的连接。

下面使用 ATTACH 和 DETACH 指令，在出现 I0.0 上升沿事件时，交替调用硬件中断组织块 OB40 和 OB41，分别将不同的数写入 QB0。

在硬件组态时将 OB40 分配给 I0.0 的上升沿中断事件，该中断事件出现时，调用 OB40。在 OB40 中，断开该事件与 OB40 的连接，建立该事件与 OB41 的连接。用 MOVE 指令给 QB0 赋值为 16#A，如图 5.21 所示。

下一次出现 I0.0 上升沿事件时，在 OB41 中，断开该事件与 OB41 的连接，建立该事件与 OB40 的连接。用 MOVE 指令给 QB0 赋值为 16#0F，如图 5.22 所示。

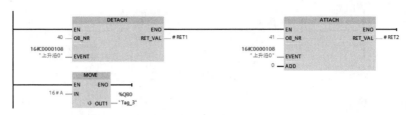

图 5.21　OB40 程序

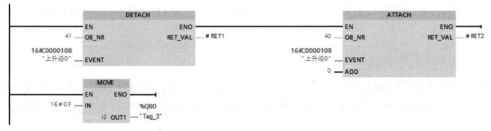

图 5.22　OB41 程序

五、延时中断 OB

1．延时中断 OB

PLC 的普通定时器的工作过程与扫描工作方式有关，其定时精度较差。如果需要高精度的延时，就应使用延时中断。在 SRT_DINT 指令的 EN 端使能输入的上升沿，启动延时过程。该指令的延时时间为 1～60 000ms，精度为 1ms。延时时间到时触发延时中断，调用指定的延时中断 OB。循环中断和延时中断 OB 的和最多允许 4 个，延时中断 OB 的编号为 20～23，也可大于或等于 123。

2．编程应用

新建项目为"延时中断"。打开项目，通过"添加新块"，生成名为"硬件中断"的 OB（OB40）、名为"延时中断"的 OB（OB20），以及数据块 1（DB1），如图 5.23 所示。

选择设备视图中的 CPU，再选择巡视窗口的"属性"—"常规"选项卡左边的"数字量输入"的通道 0（I0.0，见图 5.20），勾选复选框启用上升沿中断功能，再单击选择框"硬件中断"右边的 按钮，用下拉列表将 OB40 指定给 I0.0 的上升沿中断事件，出现该中断事件的时候调用 OB40。

图 5.23　延时中断组态

3．程序设计

1）硬件中断 OB 程序

在 I0.0 的上升沿中断 OB40 中，调用 SRT_DINT 指令，启动 10s 延时。时间范围为 1～60 000ms，精度为 1ms。调用 RD_LOC_T 指令，读取启动延时的时间，用 DB1 中的变量 DT1 保存，程序如图 5.24 所示。

图 5.24 OB40 程序 2

2）延时中断 OB 程序

在 I0.0 上升沿调用的 OB40 启动时间延迟，延时时间到时调用 OB20。在 OB20 中调用 RD_LOC_T 指令，读取延时结束的时间，用 DB1 中的变量 DT2 保存。同时将 Q0.4:P 置位，如图 5.25 所示。

3）OB1 程序设计

在 OB1 中调用 QRY_DINT 指令来查询延时中断的状态字 STATUS，查询的结果存放在 MW8 中。在 I0.1 为 1 时调用 CAN_DINT 指令来取消延时中断过程。OB1 程序如图 5.26 所示。

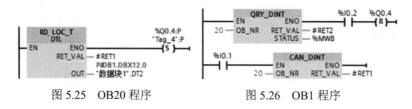

图 5.25 OB20 程序　　　　图 5.26 OB1 程序

练习卡 5

一、填空题

1. 组织块（OB）是操作系统与用户程序之间的（　　）。
2. 在西门子博途软件中，打开项目视图的程序块，双击"添加新块"对话框中，默认的编程语言为（　　）。

二、单选题

1. 在西门子博途软件的四种块中，块内的指令和程序块能被 CPU 操作系统执行的是（　　）。
   A．组织块（OB）　　B．函数块（FB）　　C．函数（FC）　　D．数据块（DB）
2. 西门子博途软件默认的程序循环 OB（Main）为（　　）。
   A．OB0　　　　　　B．OB1　　　　　　C．OB20　　　　　D．OB100
3. 西门子博途软件默认的启动 OB 为（　　）。
   A．OB0　　　　　　B．OB1　　　　　　C．OB20　　　　　D．OB100

三、多选题

1. 西门子博途软件中的 OB 的类型有（　　）。
   A．程序循环 OB　　B．启动 OB　　　　C．中断 OB　　　　D．数据块

2．西门子博途软件的中断 OB 除了诊断错误，还有（　　）。
A．延时中断　　　　B．循环中断　　　　C．硬件中断　　　　D．时间错误中断
3．西门子博途软件的程序设计方法有（　　）。
A．线性编程数据　　B．模块式程序设计　　C．参数化程序设计　　D．以上都不对

四、判断题

1．某 OB 的优先级为 1，比优先级为 26 的优先级更高。　　　　　　　　　　（　　）
2．FB 和 FC 的区别在于 FC 拥有自己的背景数据块。　　　　　　　　　　　（　　）

五、编程题

设计一个硬件中断程序，I0.0 出现上升沿信号，交替点亮、熄灭 QB0 对应的 8 个 LED。

项目 6　PLC 程序设计方法

本项目将介绍 PLC 程序设计的主要方法，包含顺序功能图法、经验设计法、时序图法和逻辑设计法，每种设计方法都有优点和适用对象。重点掌握顺序功能图法、时序图法和经验设计法。

【知识目标】了解顺序功能图的概念、组成及分类，熟悉顺序结构、分支结构、并行结构和循环结构的编程思路；会阅读时序图。

【能力目标】能使用博途软件编写顺序功能图的四种结构程序，会使用经验法编写常用的控制程序，会使用时序图法和逻辑设计法编写特定的程序。

【素质目标】初步理解并建立逻辑思维，耐心细致。

知识卡 12　顺序功能图设计法及应用

顺序控制就是在生产过程中，各执行机构按照生产工艺规定的顺序，在各输入信号的作用下，根据内部状态和时间顺序，自动有序地进行操作。在工业控制系统中，顺序控制的应用是最为广泛的。

顺序控制程序设计的方法有很多，其中顺序功能图（Sequential Function Chart，SFC）法是当前顺序控制设计中常用的设计方法之一。使用该方法设计的程序具有条理清晰、可读性强、可靠性更高等优点。即使是初学者也很容易编出复杂的顺序控制程序，大大提高了工作效率，也为调试、试运行带来方便。

一、顺序功能图知识

1. 顺序功能图的组成

1）工步及其划分

生产机械的一个工作循环可以分为若干个步骤进行，在每一步中，生产机械进行着特定的机械动作。在控制系统中，把这种进行特定机械动作的步骤称为"工步"或"状态"。每一个工步可以用机械动作执行的顺序编号来命名。

工步是根据被控对象工作状态的变化来划分的，而被控对象的状态变化又是由 PLC 输出状态（ON、OFF）的变化引起的，因此 PLC 输出量状态的变化可以作为工步划分的依据。

例如，某机械动力头在运行过程中有快进、工进、快退、停止 4 个状态，即 4 个工步，如图 6.1（a）所示。该机械动作由 PLC 的输出端 Q0.0、Q0.1、Q0.2 控制，如图 6.1（b）所示。

快进：在 PLC 输出端的 Q0.0、Q0.1 两点输出（控制 2 个电动机），用于快速定位到加工点［见图 6.1（a）中限位开关 SQ1（I0.1）］，为加工做好准备。

工进：在 PLC 输出端的 Q0.0 一点输出（控制 1 个电动机），用于加工处理［从图 6.1（a）

中限位开关 SQ1 处开始，限位开关 SQ2（I0.2）处结束]。

快退：在 PLC 输出端的 Q0.2 一点输出（控制 1 个电动机），用于快速退回原点［从图 6.1（a）中限位开关 SQ2 处开始，限位开关 SQ3（I0.3）处结束]。

停止时，3 个点均没有输出。

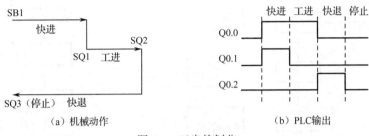

图 6.1 工步的划分

工步又分为活动步和静步。活动步是指当前正在运行的步，静步是没有运行的步。处于活动步状态时，相应的动作被执行；处于静步状态时，相应的非存储型动作被停止执行。

2）状态的转换及转换条件

工步活动状态的进展是由转换条件的出现来实现的。系统从一个状态进入另一个状态，称为状态的转换。导致状态转换的原因称为转换条件。常见的转换条件有按钮、行程开关、传感器信号的输入、内部定时器和计数器触点的动作等。

在图 6.1 中，动力头由停止转为快进的转换条件是动力头在原点，行程开关 SQ3 闭合，同时启动按钮 SB1（I0.0）的触点闭合；由快进转为工进的转换条件是行程开关 SQ1 闭合；由工进转为快退的条件是行程开关 SQ2 闭合；由快退转为停止的条件是行程开关 SQ3 闭合。

应该说明的是，转换条件既可以是单个信号，也可以是若干个信号的逻辑组合，SQ3·SB1 是将两个信号相与，表示启动按钮 SB1 的动作只有在动力头停止位（SQ3）才能有效。

3）顺序功能图的组成

顺序功能图由工步、步进方向、转换和转换条件、动作等组成，如图 6.2（a）所示。动力头的具体实例如图 6.2（b）所示，在图中用矩形框表示各步，框内数字是步的号，初始步一般用双线框表示。正在执行的步叫活动步，当前一步为活动步且转换条件满足时，启动下一步并终止当前步。

在图 6.2（a）中，顺序功能图的画法有以下要求。

① 工步（状态）。工步框内的 $n-1$、n、$n+1$ 表示各工步的编号，使用 PLC 内部辅助继电器地址来表示，为了便于识别，也可在上面用中文注释，如图 6.2（b）所示。

② 步进方向。用有向线段表示。若进展方向由上而下，则可以不用箭头；若进展方向由下而上，则必须画箭头。

③ 转换及转换条件。有向线段中间的短横线表示两个状态间的转换，边上的字母为转换条件，如 d 为状态 $n+1$ 转入状态 $n+2$ 的条件，e 为转出 $n+2$ 的条件。转换条件可用元件名称表示，如 SB1、SQ1 或 PLC 的元件地址。注意：

● 转换条件 d 和 $\bar{d}$ 分别表示转换信号"ON"或"OFF"时，条件成立。

- 转换条件 d↑ 和 d↓ 分别表示转换信号从"OFF"变成"ON"和从"ON"变成"OFF"时，条件成立。

④ 动作（输出）。框内填写和该状态相对应的 PLC 的输出和注释。

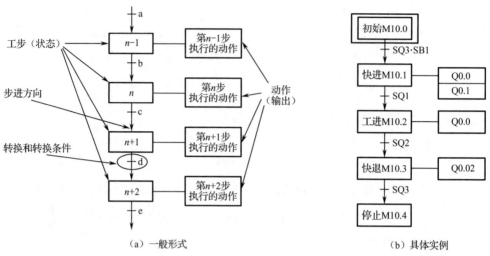

(a) 一般形式　　　　　　　　　　　　　(b) 具体实例

图 6.2　顺序功能图组成

2．顺序功能图分类

顺序功能图有四种类型：顺序（单列）结构、选择结构、并行结构和循环结构。

1）顺序（单列）结构

顺序（单列）结构的特点是没有分支，每个步后只有一个步，各步间需要转换条件，后一步成为活动步时，前一步变为静步。图 6.2（b）所示的动力头顺序功能图就是顺序结构。

2）选择结构

图 6.3 所示为选择结构顺序功能图。

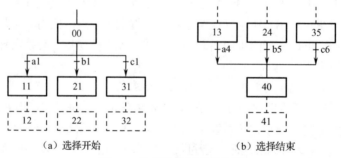

(a) 选择开始　　　　　　　　　(b) 选择结束

图 6.3　选择结构顺序功能图

选择结构的特点是序列的开始称为分支（步 00），各分支（步 11、21、31）不能同时执行，若选择转向某个分支，则其他分支的首步不能成为活动步。当前一步为活动步且转换条件满足时，才能转向下一步，后一步成为活动步时，前一步变为静步。当某个分支的最后一步成为活动步且转换条件满足时，都要转向合并步（若步 13 处于活动步，且满足条件 a4，则转向步 40）。

3）并行结构

图 6.4 所示为并行结构顺序功能图。并行序列的特点是开始用双线表示，转换条件（如图中的条件 a）放在双线之上。当并行序列首步（步 00）为活动步且条件满足时，各分支首步同时变为活动步（步 11、21、31）。并行序列的结束称为合并（步 40），用双线表示并行序列的合并，转换条件（条件 c）放在双线之下。当各分支的末步都为活动步，且条件满足时，将同时转换到合并步，且各末步都变为静步。

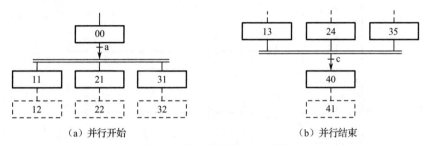

图 6.4 并行结构顺序功能图

4）循环结构

循环结构有单循环、条件循环和多循环等类型，单循环和条件循环结构功能图如图 6.5 所示。

在图 6.5（a）中，转换条件 a 相当于启动信号，只要 a 成立，立即进入状态 1，然后根据条件进入状态 2 和 3，在状态 3 中，若满足条件 d，则返回状态 1，进入下一个循环。

在图 6.5（b）中，转换条件 a 相当于启动信号，只要 a 成立，立即进入状态 1，然后根据条件进入状态 2 和 3。在状态 3 中，若满足条件 d，则返回状态 1，进入下一个循环；若满足条件 f，则结束循环，进入状态 4。

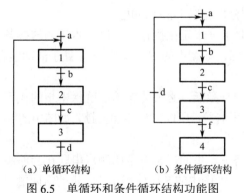

图 6.5 单循环和条件循环结构功能图

二、根据顺序功能图编写 LAD

从前面的学习可以知道，顺序功能图是一种较新的编程方法，它将一个完整的控制过程分为若干阶段，各阶段具有不同的动作，阶段间有一定的转换条件，转换条件满足就实现阶段转移，上一阶段动作结束，下一阶段动作开始，它提供了一种组织程序的图形方法。

根据顺序功能图编写 LAD 程序，可以使用基本指令中的置位和复位指令来实现。

1. 顺序功能图与基本指令 LAD 的对应关系

根据顺序控制的要求，当某一工步的转移条件满足时，代表前一工步的内部辅助继电器失电，代表后一工步的内部辅助继电器得电并自锁，各状态依次出现。用基本指令编写顺序功能图控制程序，可以参考图 6.6 所示的模板。

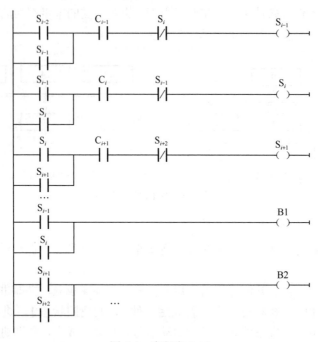

图 6.6　步程序 LAD

步程序 LAD 主要分为以下两部分。

一是状态转换控制部分，有以下三个功能。

① 激活本步。条件是上一步正在执行，且进入本步的转换条件已经满足，而下一步尚未出现的条件下，才能激活，如图中的 S_i 步。当 S_{i-1} 处于活动状态，且本步的控制位 C_i 为 ON 时，S_i 步成为活动步。

② 本步自锁。本步一旦激活，必须能自锁，确保本步的执行，同时为激活下一步创造条件。由于转换条件常是短信号，所以每步要加自锁，如图中的 S_i 步，使用了 S_i 常开触点进行自锁。

③ 本步复位。通常将下一步的标志位常闭触点串联在当前步中实现互锁，其作用是在执行下一步时将本步复位，如图中的 S_i，使用了 S_{i+1} 步的常闭触点来复位 S_i 步。

二是输出控制部分。当某一步成为活动步时，其控制位为 ON，可以利用这个 ON 信号实现相应的控制，如图中使用 S_{i-1} 和 S_i 控制输出 B1，使用 S_{i+1} 和 S_{i+2} 控制输出 B2。因为 B1 的输出在 S_{i-1} 和 S_i 两步均出现，所以将这两步的常开触点并联，保证该输出继电器正常输出，同时避免同名线圈重复输出的现象，这种输出方式叫组合输出。

2. 用顺序控制设计法编程的基本步骤

（1）根据控制要求将控制过程分成若干个工作步。明确每个工作步的功能，弄清步的转换是单向进行（单序列）的还是多向进行（选择或并行序列）的；确定各步的转换条件（可能是多个信号的"与""或"等逻辑组合）；必要时可画一个工作流程图，它有助于理顺整个控制过程的进程。

（2）为每步设置控制位，确定转换条件。控制位最好使用同一个通道的若干连续位。

（3）确定所需输入点和输出点，选择 PLC 机型，做出 I/O 分配。

（4）在前两步的基础上，画出功能表图。

（5）根据功能表图画 LAD。

（6）添加某些特殊要求的程序。

3. 顺序功能图法编程应用

根据顺序功能图编写 LAD，下面针对三种结构分别举例说明。

【例 6-1】顺序结构的顺序功能图编程——动力头控制。

使用 M1.0 需要先在项目中启用系统存储器字节，如图 6.7 所示。字节地址为 MB1，常用的位为首次循环 M1.0、M1.2（始终为 1）和 M1.3（始终为 0）。

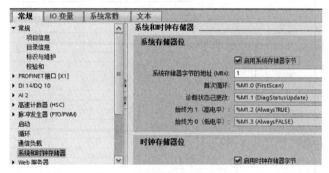

图 6.7　启用系统存储器字节

动力头顺序功能图程序如图 6.8 所示。在该程序中，使用辅助存储器的 MB10 进行步控制（若程序步较多，则可以继续使用后续的 MB11、MB12……），在该程序的程序段①，在程序第一个扫描周期（M1.0 接通），给 MB10 送立即数 0 将各步对应的存储器位复位为 0 状态，再将顺序功能图的初始步对应的存储器位 MB10.0 置为 1 状态，使初始步变为活动步。

在程序段②~④中进行 M10.1、M10.2、M10.3 步的控制，如在上一步 M10.0 激活的状态下，满足 I0.0 和 I0.3 同时接通，置位 M10.1 步，复位 M10.0 步；在上一步 M10.1 激活的状态下，满足 I0.2 接通，置位 M10.2 步，复位 M10.1 步；在上一步 M10.2 激活的状态下，满足 I0.3 接通，置位 M10.3 步，复位 M10.2 步。

在程序段⑤~⑦中进行输出处理。用代表步的存储器位的常开触点或它们的并联电路来控制输出位的线圈。程序段⑤的 M10.1 步或 M10.2 步控制 Q0.0 输出，程序段⑥的 M10.1 步控制 Q0.1 输出，程序段⑦的 M10.3 步控制 Q0.2 输出。

【例 6-2】循环结构的顺序功能图编程——小车控制。

循环结构的顺序功能图如图 6.9 所示。循环结构的顺序功能图编程如图 6.10 所示，程序在第一次扫描信号 M1.0 的作用下启动初始步 M4.0，在制动步 M4.3 激活状态下，定时器 T0 定时时间到，再次激活 M4.0 步，从而实现程序循环，程序第 4 行实现了此步的控制。

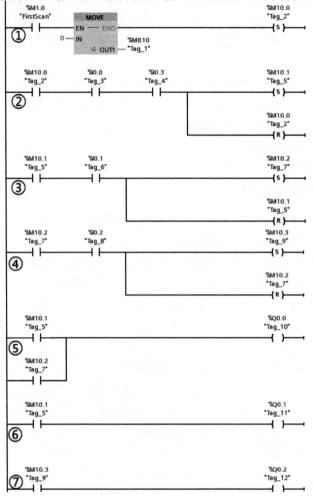

图 6.8 动力头顺序功能图程序

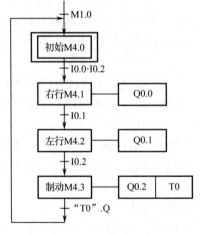

图 6.9 循环结构的顺序功能图

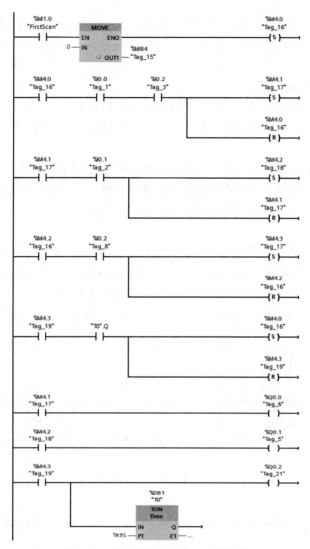

图 6.10 循环结构的顺序功能图编程

【例 6-3】复杂顺序功能图编程。

复杂顺序功能图如图 6.11 所示,其中包含了选择结构、循环结构和并行结构。

复杂顺序功能图的编程分析如下:

(1)初始化处理。先把 MB4 清零,再把 M4.0 置位,进入初始步,如图 6.12 所示程序段 1。

(2)步控制处理。

① 选择序列的编程方法。

图 6.11 中的 M4.0 步为分支程序步,当满足条件 I0.0 时,执行 M4.1 步;当满足条件 I0.2 时,执行 M4.2 步。所以 M4.2 步的前一步有 M4.1 步和 M4.0 步。图 6.12 中,在程序段 2 的第 1 行 M4.0 步处于激活状态,满足条件 I0.0,

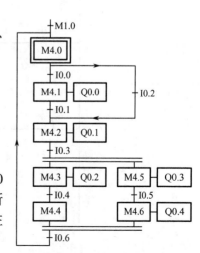

图 6.11 复杂顺序功能图

置位 M4.1 步、复位 M4.0 步；第 2 行 M4.1 步处于激活状态，满足条件 I0.1，置位 M4.2 步，复位 M4.1 步；在程序段 2 的第 3 行 M4.0 步处于激活状态，满足条件 I0.2，置位 M4.2 步，复位 M4.0 步。

② 并行序列的编程方法。

图 6.12 中，M4.2 步之后有一个并行序列的分支，程序段 2 的第 4 行用 M4.2 步和转换条件 I0.3 的常开触点组成的串联电路，将后续步对应的 M4.3 步和 M4.5 步同时置位，将前级步对应的 M4.2 步复位。

条件 I0.6 对应的转换之前有一个并行序列的合并，用两个前级步 M4.4 和 M4.6 的常开触点，以及转换条件 I0.6 的常开触点组成的串联电路，将后续步对应的 M4.0 步置位，以及将前级步对应的 M4.4、M4.6 步复位，如程序段 2 的第 7 行所示。

③ 循环结构处理。

如图 6.12 中程序段 2 的第 7 行所示，由 M4.4 步和 M4.6 步的常开触点，以及转换条件 I0.6 的常开触点组成的串联电路，将后续步对应的 M4.0 步置位（完成循环控制）。

（3）输出处理。程序的输出控制由图 6.12 中程序段 3 完成。

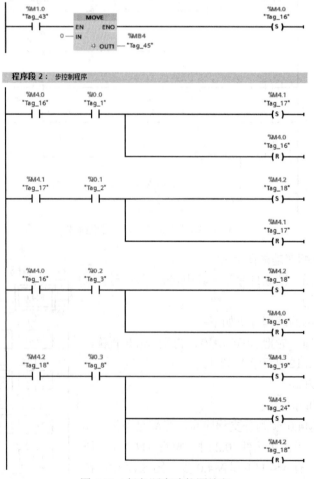

图 6.12 复杂顺序功能图编程

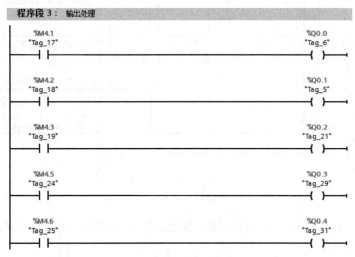

图 6.12 复杂顺序功能图编程（续）

知识卡 13 经验设计法及其他设计方法

一、经验设计法及应用

1. 经验设计法概述

经验设计法对于一些比较简单的程序设计是比较奏效的，可以收到快速、简单的效果。但是，由于这种方法主要是依靠设计人员的经验进行设计的，所以对设计人员的要求也就比较高，特别是要求设计者有一定的实践经验，对工业控制系统和工业上常用的各种典型环节比较熟悉。经验设计法没有规律可遵循，具有很大的试探性和随意性，往往需要经多次反复修改和完善才能符合设计要求,所以设计的结果往往不很规范,因人而异。

2. 典型经验设计法案例

典型经验法设计法案例包括三相异步电动机(本节简称电动机)的启/停控制、星-三角启动控制、多地控制、几台电动机的顺序启/停控制及正、反转控制等。

【例6-4】图6.13所示为电动机单地启/停控制电路图。控制要求如下:
- 启动:SB1→KM得电,星接法启动,电动机M进入正常运转。
- 停止:SB2→KM失电,电动机M停止。
- 过载保护:过载时,FR常开触点闭合→KM失电,电动机M停止,报警灯HL以1s的频率闪烁。

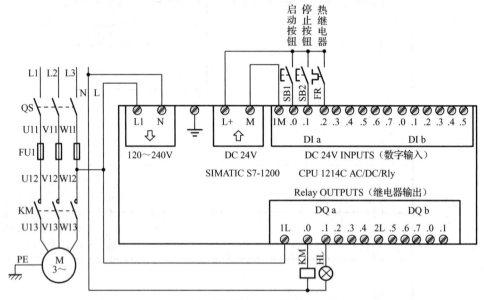

图6.13 电动机单地启/停控制电路图

根据控制要求,单地启/停控制I/O地址分配表如表6.1所示,电动机单地启/停控制LAD程序如图6.14所示。

表6.1 单地启/停控制I/O地址分配表

输入元件	符号	输入地址	输出元件	符号	输出地址
启动按钮	SB1	I0.0	接触器线圈	KM	Q0.0
停止按钮	SB2	I0.1	报警灯	HL	Q0.1
热继电器	FR	I0.2			

在博途软件中新建项目"电动机启停控制",进行PLC硬件组态,添加S7-1200 1214C AC/DC/Rly CPU,打开项目视图,在项目树中单击PLC_1,再双击"设备组态"打开设备视图,在下方出现的"属性"对话框中,有"常规""I/O变量""系统常数"和"文本"页框。选中CPU,弹出其"属性"对话框,在"常规"页框的下拉列表中选择"系统和时钟

存储器"中,勾选"启用时钟存储器字节"复选框,如图 6.15 所示。

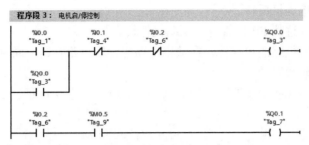

图 6.14　电动机单地启/停控制 LAD 程序

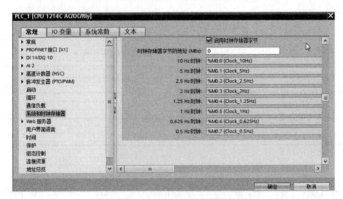

图 6.15　启用时钟存储器字节

编写如图 6.15 所示的程序,启动按钮 I0.0 按下,控制 Q0.0 接通,电动机接触器线圈得电,接触器主触点接通,电动机转动;按下停止按钮 I0.1 或电动机过载,Q0.0 断开,接触器线圈失电,接触器主触点断开,电动机停止,当 FR 过载时使用 M0.5 产生秒脉冲,控制报警灯闪烁。

【例 6-5】电动机正、反转控制电路图如图 6.16 所示,控制要求如下:

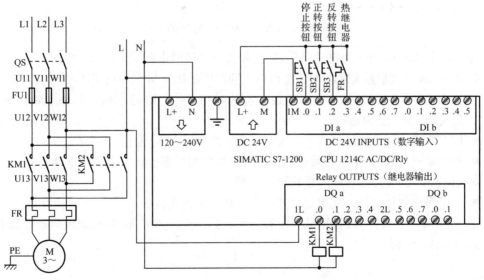

图 6.16　电动机正、反转控制电路图

- 按下 SB2，电动机正转。
- 按下 SB3，电动机反转。
- 按下 SB1，或过载 FR 闭合时，电动机停转。
- 为了提高控制电路的可靠性，在输出电路中设置电路互锁，同时要求在 LAD 程序中也要实现软件互锁。

电动机正、反转控制 I/O 地址分配表如表 6.2 所示，电动机正、反转控制 LAD 程序如图 6.17 所示。

表 6.2 电动机正、反转控制 I/O 地址分配表

输入元件	符号	输入地址	输出元件	符号	输出地址
停止按钮	SB1	I0.0	正转接触器线圈	KM1	Q0.0
正转按钮	SB2	I0.1	反转接触器线圈	KM2	Q0.1
反转按钮	SB3	I0.2			
热继电器	FR	I0.3			

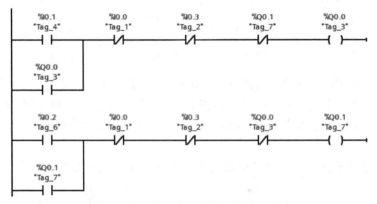

图 6.17 电动机正、反转控制 LAD 程序

【例 6-6】图 6.18 所示为电动机星-三角降压启动控制电路图，控制要求如下：

- 按下 SB1，接触器 KM1 和 KM2 得电主回路中电动机 M 采用星接法，开始启动，同时开始定时；定时时间 10s 到，接触器线圈 KM2 失电，KM3 得电，电动机 M 转换成三角接法，进入正常运转。
- 按下 SB2，三个接触器线圈均失电，主回路电动机 M 停止。
- 若电动机过载，FR 常开触点闭合，三个接触器线圈也均失电，则电动机 M 停止。
- KM2 和 KM3 采用程序实现软触点互锁。
- 为了简化硬件设计，利用定时器指令替代时间继电器。

星-三角降压启动控制 I/O 地址分配表如表 6.3 所示，电动机星-三角降压启动控制 LAD 程序如图 6.19 所示。

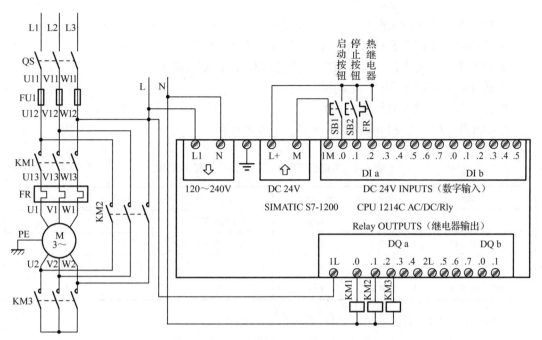

图 6.18 电动机星-三角降压启动控制电路图

表 6.3 星-三角降压启动控制 I/O 地址分配表

输入元件	符号	输入地址	输出元件	符号	输出地址
启动按钮	SB1	I0.0	接触器线圈	KM1	Q0.0
停止按钮	SB2	I0.1	接触器线圈（星形）	KM2	Q0.1
热继电器	FR	I0.2	接触器线圈（三角形）	KM3	Q0.2

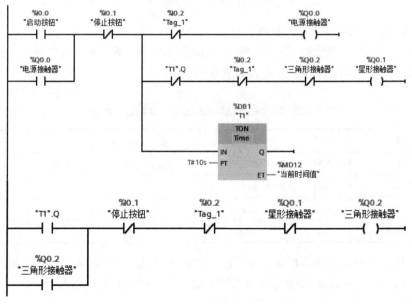

图 6.19 电动机星-三角降压启动控制 LAD 程序

【例 6-7】两台电动机顺序启/停控制，控制要求如下：
- 启动时，先按下 SB1，电动机 M1 启动（连续运转）。
- 电动机 M1 启动后，按下 SB3，电动机 M2 启动（连续运转）。
- 停止时，先按下 SB4，电动机 M2 停止。
- 最后按下 SB2，电动机 M1 停止。

电动机顺序启/停控制 I/O 地址分配表如表 6.4 所示。

表 6.4　电动机顺序启/停控制 I/O 地址分配表

输入元件	符号	输入地址	输出元件	符号	输出地址
M1 启动按钮	SB1	I0.0	M1 接触器线圈	KM1	Q0.0
M1 停止按钮	SB2	I0.1	M2 接触器线圈	KM2	Q0.1
M2 启动按钮	SB3	I0.2			
M2 停止按钮	SB4	I0.3			

两台电动机顺序启/停控制 LAD 程序如图 6.20 所示。

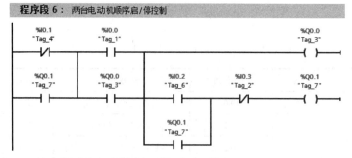

图 6.20　两台电动机顺序启/停控制 LAD 程序

【例 6-8】电动机长动与点动控制。

电动机的控制既需要长动（持续工作），又需要点动（微调位置或者设备的安装和调试）。电动机长动与点动控制 I/O 地址分配表如表 6.5 所示。

表 6.5　电动机长动与点动控制 I/O 地址分配表

输入元件	符号	输入地址	输出元件	符号	输出地址
点动按钮	SB1	I0.0	接触器线圈	KM	Q0.0
长动按钮	SB2	I0.1			
停止按钮	SB3	I0.2			
辅助存储位		M10.0			

长动：按下 SB2，电动机长动，直到按下 SB3 才停止；点动：按下 SB1，电动机旋转，松开则电动机停止。电动机长动与点动控制 LAD 程序如图 6.21 所示。

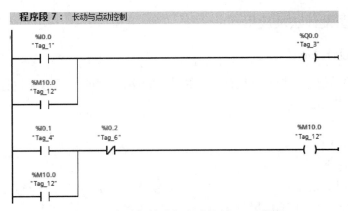

图 6.21 电动机长动与点动控制 LAD 程序

【例 6-9】电动机三地启/停控制

电动机实现三地启停控制，I/O 地址分配表如表 6.6 所示。

表 6.6 电动机三地启/停控制 I/O 地址分配表

输入元件	符号	输入地址	输出元件	符号	输出地址
甲地启动	SB1	I0.0	接触器线圈	KM	Q0.0
乙地启动	SB2	I0.1			
丙地启动	SB3	I0.2			
甲地停止	SB4	I0.3			
乙地停止	SB5	I0.4			
丙地停止	SB6	I0.5			
热继电器	FR	I0.6			

图 6.22 所示为电动机三地启/停控制 LAD 程序。多地启动的按钮触点并联（"或"运算），任意一个按钮均可以启动电动机；多地停止的按钮触点串联（"与"运算），按下任意一个停止按钮均可以停止电动机。

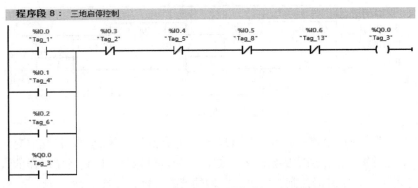

图 6.22 电动机三地启/停控制 LAD 程序

二、时序图设计法及应用

1. 时序图设计法概述

若 PLC 各输出信号的状态变化有一定的时间顺序,可由时序图入手进行程序设计。时序图设计法的一般步骤如下:

(1) 画出工作时序图。
(2) 分析时序图。
(3) 分配定时器。
(4) 列出定时器功能表。
(5) 列出 PLC 的 I/O 分配表。
(6) 编写 LAD。
(7) 进行模拟实验,进一步修改、完善程序。

2. 时序图设计法应用

【例 6-10】3 个执行机构轮流工作。接通启动开关 SA(I0.1),执行机构 1 工作 10s 后停止,执行机构 2 开始工作;执行机构 2 工作 5s 后停止,执行机构 3 开始工作;执行机构 3 工作 5s 后,执行机构 1 开始工作,循环进行。

(1) 画出工作时序图。根据各输入、输出信号之间的时序关系,画出输入和输出信号的工作时序图,如图 6.23 所示。

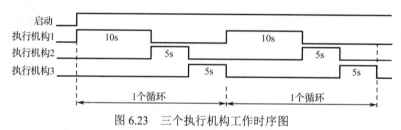

图 6.23 三个执行机构工作时序图

(2) 分析时序图。把时序图划分成若干个区段,确定各区段的时间长短。找出区段间的分界点,弄清分界点处各输出信号状态的转换关系和转换条件。时序图划分如图 6.24 所示。

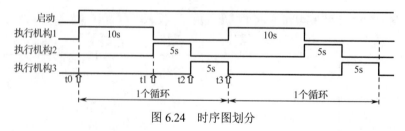

图 6.24 时序图划分

1 个循环有 4 个时间分界点:t0、t1、t2、t3,分界点处信号的状态将发生变化。

(3) 分配定时器。确定所需的定时器个数,分配定时器号,确定各定时器的设定值。用 T1~T3 分别表示 3 个定时器控制 3 个执行机构的状态转换,如图 6.25 所示。

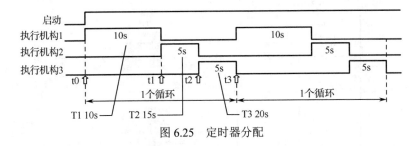

图 6.25 定时器分配

（4）列出定时器功能表。明确各定时器开始定时和定时到两个时刻各输出信号的状态。最好做一个状态转换明细表，列出定时器功能表如表 6.7 所示。

表 6.7 3 个执行机构控制定时器功能表

定时器	t0	t1	t2	t3
T1 定时 10s	开始定时，为执行机构 1 定时	T1ON，执行机构 1 停止；执行机构 2 工作	ON	开始下一个循环的定时
T2 定时 15s	开始定时	继续定时	T2ON，执行机构 2 停止；执行机构 3 工作	开始下一个循环的定时
T3 定时 20s	开始定时	继续定时	继续定时	T3ON，执行机构 3 停止；执行机构 1 工作。开始下 1 个循环的定时

（5）列出 PLC 控制 I/O 分配表，如表 6.8 所示。

表 6.8 3 个执行机构西门子 PLC 控制 I/O 分配表

数据类型	地址	用途	注释
布尔型	I0.0	输入	系统启动
布尔型	I0.1	输入	系统停止
布尔型	Q0.0	输出	执行机构 1
布尔型	Q0.1	输出	执行机构 2
布尔型	Q0.2	输出	执行机构 3

（6）根据时序图、状态转换明细表和 I/O 分配表，编写 PLC 控制 LAD 程序，如图 6.26 所示。

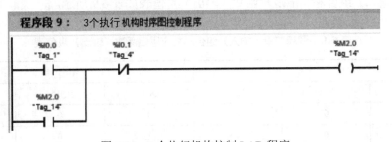

图 6.26 3 个执行机构控制 LAD 程序

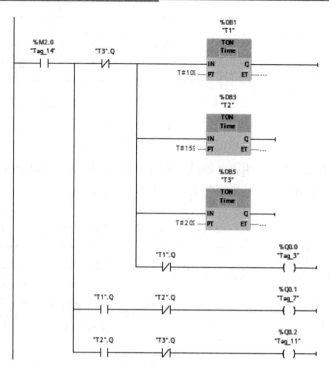

图 6.26 3个执行机构控制 LAD 程序(续)

三、逻辑设计法

逻辑设计法采用数字电子技术中的逻辑设计法来设计 PLC 控制程序,其步骤有以下三步。
(1)根据控制要求建立真值表。
(2)按真值表写出逻辑表达式。
(3)按逻辑表达式编写 LAD 程序。

【例 6-11】 三人表决器。

三个按钮(SB1、SB2、SB3)分别接在输入 I0.0、I0.1、I0.2 端子上,三个指示灯(H0、H1、H2)分别接在输出 Q0.0、Q0.1、Q0.2 端子上。当按下任意一个按钮时,灯 H0(红灯)亮;当按下任意两个按钮时,灯 H1(黄灯)亮;当同时按下三个按钮时,灯 H2(绿灯)亮;没有按下按钮时,所有灯不亮。

(1)根据控制要求建立真值表。将 PLC 的输入继电器作为真值表的逻辑变量,得电时为"1",失电时为"0";将输出继电器作为真值表的逻辑函数,得电时为"1",失电时为"0"。逻辑变量(输入)组合和相应逻辑函数(输出)真值表如表 6.9 所示。

表 6.9 逻辑变量(输入)组合和相应逻辑函数(输出)真值表

输 入			输 出		
I0.0	I0.1	I0.2	Q0.0	Q0.1	Q0.2
0	0	0	0	0	0
0	0	1	1	0	0

续表

输入			输出		
I0.0	I0.1	I0.2	Q0.0	Q0.1	Q0.2
0	1	0	1	0	0
0	1	1	0	1	0
1	0	0	1	0	0
1	0	1	0	1	0
1	1	0	0	1	0
1	1	1	0	0	1

（2）按真值表写出逻辑表达式。

$Q0.0 = \overline{I0.0} \cdot \overline{I0.1} \cdot I0.2 + \overline{I0.0} \cdot I0.1 \cdot \overline{I0.2} + I0.0 \cdot \overline{I0.1} \cdot \overline{I0.2}$

$Q0.1 = \overline{I0.0} \cdot I0.1 \cdot I0.2 + I0.0 \cdot \overline{I0.1} \cdot I0.2 + I0.0 \cdot I0.1 \cdot \overline{I0.2}$

$Q0.2 = I0.0 \cdot I0.1 \cdot I0.2$

通常逻辑表达式需要化简，但上面的表达式已经最简，因此不需要化简。在上述表达式中，等号右边的是输入触点的组合，"·"为触点的串联，即逻辑"与"运算，"+"为触点的并联，即逻辑"或"运算，非号表示该触点为常闭触点，等号左边的逻辑函数就是输出线圈。

（3）按逻辑表达式编写 LAD 程序。三人表决器 LAD 程序如图 6.27 所示。

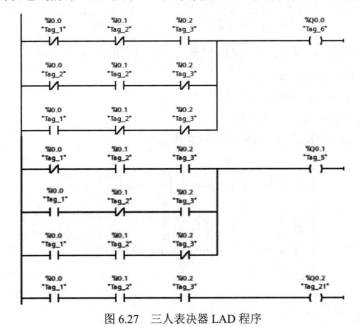

图 6.27　三人表决器 LAD 程序

练习卡 6

一、填空题

1. 生产机械动作的步骤称为（　　）或状态。

2. 工步的切换是由（　　）决定的。

二、单选题

1. 下图所示的点动与长动控制 LAD 程序，说法错误的是（　　）。

A．①I0.0 是点动按钮　　　　　　　B．②I0.1 是长动按钮
C．③I0.2 是停止按钮　　　　　　　D．④M10.0 是长动按钮

2. 下图所示的长动控制 LAD 程序，代表秒脉冲的序号是（　　）。

A．①　　　　B．②　　　　C．③　　　　D．④

3. 下图所示的正、反转控制 LAD 程序，说法错误的是（　　）。

A．①中的程序构成自锁
B．②中的 I0.0 为停止按钮
C．③中的 I0.2 和 I0.1 形成互锁
D．④中的 I0.3 电动机过载会接通 Q0.0 和 Q0.1

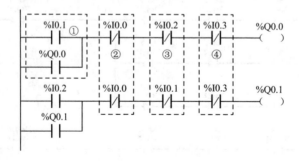

三、多选题

1. 顺序功能图的结构有（　　）。

A．顺序结构　　　B．分支结构　　　C．并行结构　　　D．循环结构

2. 顺序功能图由（　　）构成。

A．步　　　　　　B．有向连线　　　C．转换条件　　　D．动作说明

3. 在顺序功能图编程过程中，状态转换控制由（　　）功能构成。
A．激活本步　　　　　　　　　B．本步自锁
C．本步复位　　　　　　　　　D．输出控制

四、判断题

1. 工步的转换条件只能是单个信号（如按钮、开关、传感器等）。（　　）
2. 顺序结构中活动步只有一个。（　　）
3. 并行结构中活动步可以有多个。（　　）
4. 在使用 M0.5 作为秒脉冲的情况下，仍然可以使用 M0 作为顺序功能图法编程的步控制。（　　）

五、简答题

1. PLC 程序设计方法有哪几种？
2. 列举出能作为工步转换条件的 4 种条件。

六、编程题

1. 根据 1 题时序图编程。
2. 根据 2 题时序图编程。
3. 根据 3 题时序图编写工业报警控制程序。

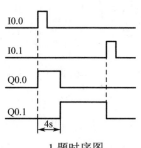
1 题时序图

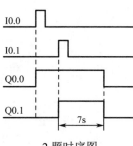
2 题时序图

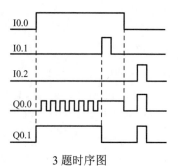
3 题时序图

4. 某机床的冷却泵电动机 M1 启动一段时间后，主电动机 M2 才能启动，设备停机时，M2 先停止一段时间后 M1 才停止。具体要求：按下启动按钮 I0.4，M1（Q0.0）先启动 5s 后 M2（Q0.1）启动；按下停止按钮 I0.5，M2 先停止 6s，M1 再停止。编程实现此控制功能。

5. 三盏灯控制时序图如图所示，接通开关 SW1（I0.4），系统开始运行，按下 SB1（I0.0），LED1 亮（Q0.0）；按下 SB2（I0.1），LED2 亮（Q0.1），LED1 灭；按下 SB3（I0.2），LED3 亮（Q0.2），LED2 灭；按下 SB4（I0.3），LED1 亮（Q0.0），LED3 灭，如此循环。断开开关 SW1（I0.4）后，循环过程终止。编程实现此控制功能。

6. 鼓风机和引风机顺序启/停控制时序图如图所示，按启动按钮（I0.0），先开引风机（Q0.0），延时 6s 后再开鼓风机（Q0.1）。按停止按钮（I0.1）后，先停鼓风机，4s 后再停引风机。编程实现此控制功能。

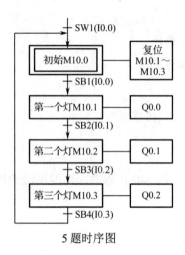
5 题时序图

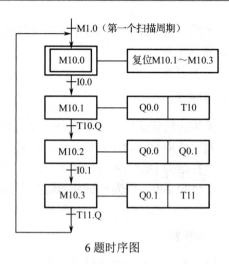
6 题时序图

项目 7 PLC 控制系统设计与应用

本项目主要介绍 PLC 控制系统设计与应用的基本原则、步骤等知识,以及 PLC 在工业控制中的应用。

【知识目标】能熟知 PLC 控制系统设计的基本原则、步骤;会看 PLC 控制系统的相关图纸,具有控制要求分析的基础知识;初步了解工业控制系统的构成及软、硬件设计方法。

【能力目标】会进行控制要求的分析,并根据控制要求完成 PLC 软、硬件设计。

【素质目标】初步理解并建立系统设计思维,耐心细致,具有沟通交流与团队合作能力。

知识卡 14 PLC 控制系统设计

一、PLC 控制系统设计概述

1. PLC 控制系统设计的基本原则

在设计 PLC 控制系统时,应该遵守以下基本原则。

1)优先满足控制要求

在 PLC 程序设计过程中,优先满足控制要求是最重要的一条原则,也是系统能否成功的关键。设计人员需要深入现场调查研究、收集资料,同时注意和现场工程技术人员、管理人员、操作人员进行充分的沟通交流,紧密配合,共同制订控制技术方案,解决设计中的重点问题和疑难问题。

2)保证系统的安全、可靠

保证 PLC 控制系统能够长期安全、可靠、稳定的运行,也是设计控制系统的重要原则。设计者应该在设计、元器件选择、软件编程上全面考虑,确保系统的安全、可靠。

3)充分考虑性价比

工控产品品牌繁多且价格差异很大,为了取得良好的性价比,既要考虑系统的性能达到要求,又要控制系统的成本,这样才能取得双赢的效果。

4)先进性

技术在不断进步,对控制系统的要求也会不断提高,设计的时候应充分考虑今后系统发展和完善的需要,这要求 PLC 选型时对 PLC 类型、内存容量及 I/O 点数要留有一定的裕量,以满足今后生产的发展和工艺的改进。

2. PLC控制系统设计的步骤

PLC控制系统的设计涉及需求分析、设备选择、硬件电路设计施工、软件编程、系统调试等，如图7.1所示，一般由以下几步组成。

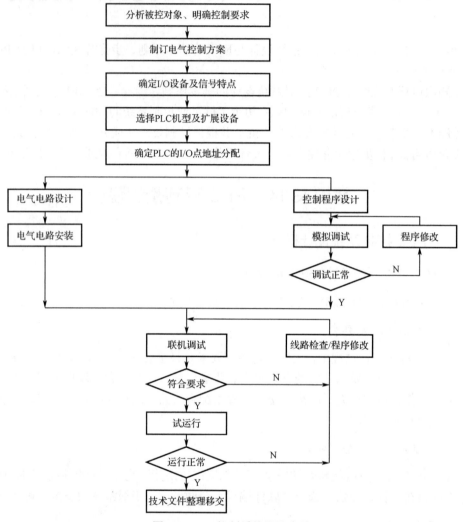

图7.1 PLC控制系统设计步骤

1) 分析被控对象、明确控制要求

通过对现场的详细调研，弄清哪些是PLC的输入信号，是模拟量还是开关量信号，用什么方式来获取信号；弄清哪些是PLC的输出信号，通过什么执行元件去驱动负载；弄清整个工艺过程和想要完成的控制内容；了解运动部件的驱动方式，是液压、气动还是电动；了解系统是否有周期运行、单周期运行、手动调整等控制要求；了解哪些量需要监控、报警、显示，是否需要故障诊断，需要哪些保护措施等；了解是否有通信联网要求等。

2) 制订电气控制方案

在深入了解控制要求的基础上，确定电气控制总体方案。

3)确定系统的硬件构成

确定主回路所需的各电器,确定 I/O 元件的种类和数量;确定保护、报警、显示元件的种类和数量;计算所需 PLC 的 I/O 点数,并参照其他要求选择合适的 PLC 机型。

4)确定 PLC 的 I/O 地址分配

确定各 I/O 元件并制作 PLC 的 I/O 地址分配表,设计 I/O 连接图。

5)设计控制程序

根据控制要求,拟订几个设计方案,经比较后选出最佳编程方案。当控制系统较复杂时,可分成多个相对独立的子任务,分别对各子任务进行编程,最后将各子任务的程序合理地连接起来。

6)应用程序的调试

编写的程序必须先进行模拟调试。经过反复调试和修改,使程序满足控制要求。

7)制作电气控制柜和控制面板

在开始制作控制柜和控制面板之前,要画出电气控制主回路电路图;要全面考虑各种保护、联锁措施等问题;在控制柜布置和敷线时,要采取有效的措施抑制各种干扰信号;要注意解决防尘、防静电、防雷电等问题。

8)联机调试程序

调试前要制订周密的调试计划,以免由于工作的盲目性而隐藏了故障隐患。程序调试完毕,必须运行试机一段时间,以确认程序是否真正达到控制要求。

9)编写技术文件

整理程序清单并保存程序,编写元件明细表,整理电气原理图及主回路电路图,整理相关的技术参数,编写控制系统说明书等。

二、PLC 控制系统硬件设计

PLC 控制系统硬件设计包含硬件选型,已经在项目 4 中学习,硬件的选型是控制系统设计的基础。下面主要学习应用这些硬件搭建 PLC 的硬件平台,为软件设计奠定基础。

1. 硬件系统总体设计方案

在利用 PLC 构成应用控制系统时,首先要明确控制对象的要求,然后根据实际需要确定控制系统的类型和系统工作时的运行方式。

1)控制系统的类型

由 PLC 构成的控制系统可分为集中控制系统和分布式控制系统。

(1)集中控制系统。

集中控制系统分类如图 7.2 所示。图 7.2(a)所示为典型的单台控制,由一台 PLC 控制单台被控对象。这类系统要求 PLC 的 I/O 点数较少,存储器的容量较小,控制系统的构成简单明了。虽然该系统一般不需要与其他控制器或计算机进行通信,但设计者还应该考虑将来是否有通信联网的需要。如果有的话,那么应该选择具有通信功能的 PLC,以备今后系统扩展需要。

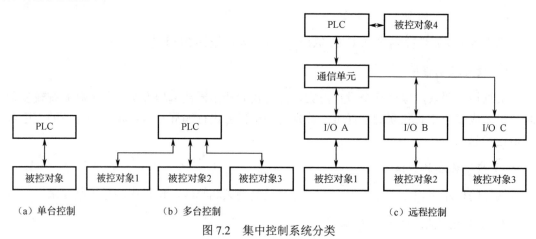

图 7.2 集中控制系统分类

图 7.2(b)所示为多台控制,用一台 PLC 控制多台被控对象,每个被控对象与 PLC 的指定 I/O 相连接。该控制系统多用于控制对象所处的地理位置比较接近,且相互之间的动作有一定联系的场合。由于采用一台 PLC 控制多台被控对象,所以被控对象之间的数据状态的变化,不需要另设专门的通信线路。如果被控对象的地理位置比较远,而且大多数的 I/O 线都要引入控制器,这时需要的电缆线、施工量和系统成本增加,那么在这种情况下,建议使用远程 I/O 控制系统。集中控制系统的最大缺点是当某一被控对象的控制程序需要改变,或 PLC 出现故障时,必须停止整个系统的工作。因此,对于大型的集中控制,可以采用冗余系统克服上述缺点。

图 7.2(c)所示为远程控制,用一台 PLC 构成远程 I/O 控制系统,PLC 通过通信单元控制远程 I/O 模块。图 7.2(c)中系统使用了三个远程 I/O 单元(A、B、C),分别控制被控对象 1、2、3,被控对象 4 由 PLC 所带的 I/O 单元直接控制。远程 I/O 控制系统,适用于被控对象远离集中控制室的场合。一个控制系统需要多少个远程 I/O 通道,既要考虑被控对象的分散程度和距离,又要受所选 PLC 所能驱动 I/O 通道数的限制。

(2)分布式控制系统。

分布式控制系统的被控对象较多,它们分布在一个较大区域内,相互之间的距离较远,而且被控对象之间要求经常交换数据和信息。分布式控制方式如图 7.3 所示。分布式控制系统由若干个具有通信联网功能的 PLC 构成,系统的上位机可以采用 PLC,也可以采用计算机。在分布式控制系统中,每一台 PLC 控制一个被控对象,各控制器之间可以通过信号传递进行内部联锁、响应或者命令,或由上位机通过数据总线进行通信。分布式控制系统的通信方式有两种,通信方式 1 如图 7.3(a)所示,PLC 只能和上位机通信,PLC 相互之间不能通信;通信方式 2 如图 7.3(b)所示,PLC 除了可以和上位机通信,PLC 相互之间也可以通信。

分布式控制系统多用于多台机械生产线的控制,各生产线间有数据连接。由于各被控对象都有自己的PLC，因此当某一台PLC停止时，不需要停止其他的PLC。

分布式控制系统相对于集中控制系统而言，系统总价偏高，但从运行、维护、试运转或增设控制对象等方面看，其灵活性要大得多。

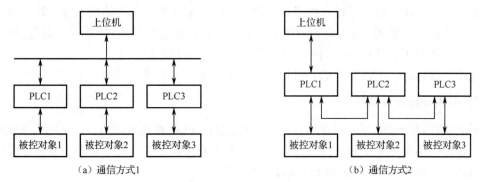

图 7.3 分布式控制方式

2）系统运行方式

用 PLC 构成的控制系统有自动、半自动、单步和手动四种运行方式。

（1）自动运行方式。

自动运行方式是控制系统的主要运行方式。这种方式的主要特点是在系统工作过程中，系统按给定的程序自动完成被控对象的动作，不需要人工干预。系统的启动，可由 PLC 本身的启动系统来控制，也可以由 PLC 发出启动预告，由操作人员确认，并按下启动响应按钮后，PLC 自动启动系统。

（2）半自动运行方式。

半自动运行方式的特点是系统在启动和运行过程中的某些步骤，需要人工干预才能进行下去。半自动运行方式多用于检测手段不完善、需要人工判断，或某些设备不具备自动控制条件、需要人工干预的场合。

（3）单步运行方式。

单步运行方式的特点是系统运行中的每一步都需要人工干预才能进行下去。单步运行方式常用于调试，调试完成后可将其删除。

（4）手动运行方式。

手动运行方式不是控制系统的主要运行方式，而是用于设备调试、系统调整和故障情况下的运行方式，因此它是自动运行方式的辅助方式。

3）系统停止方式

系统停止方式与系统运行方式的设计相对应，还必须考虑停止方式的设计。PLC 的停止方式有正常停止、暂时停止和紧急停止三种。

（1）正常停止。

正常停止由 PLC 的程序执行，当系统的运行步骤执行完毕，且不需要重新启动执行程序时，或 PLC 接收到操作人员的停止指令后，PLC 按规定的停止步骤停止系统运行。

（2）暂时停止。

暂时停止用于暂停执行当前程序，使所有输出设置成 OFF 状态，待暂停解除时，继续执行被暂停的程序。另外，可用暂停开关直接切断负载电源，同时将此信号传给PLC，以停止执行程序，或者把CPU的RUN模式换成STOP模式，以实现对系统的暂停。

（3）紧急停止。

紧急停止是在系统运行过程中设备出现异常情况或故障，若不中断系统运行，将导致重大事故或有可能损坏设备，则必须使用紧急停止按钮使整个系统立即停止。紧急停止时，所有设备必须停止，且程序控制被解除，控制内容恢复到原始状态。

在硬件设计时，不但要考虑到可行性，还要考虑到所组成的控制方案的先进性。

2．系统硬件设计文件

系统硬件设计形成一个初步的方案、对所配置的PLC也基本确定后，应完成系统硬件设计，设计的结果是系统硬件设计文件。一般系统硬件设计文件应包括系统硬件配置图、模块统计表、I/O地址分配表和I/O硬件接线图等。

1）系统硬件配置图

系统硬件配置图应完整地给出整个系统硬件组成，它应包括系统构成级别、系统联网情况、网上PLC的站数、每个PLC站上的CPU单元和扩展单元构成情况、每个PLC中的各种模块构成情况。图7.4给出了一般的两级控制系统的硬件配置图。对于一个简单的被控对象，也可能只有一个设备控制站，不包括图中的其他部分。但无论怎样，都要根据实际系统设计出系统硬件配置图。

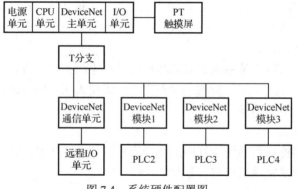

图7.4 系统硬件配置图

2）模块统计表

由系统硬件配置图可知系统所需各种模块的数量。为了便于了解整个系统硬件设备状况和硬件设备投资计算，应做出模块统计表。模块统计表应包括模块名称、模块类型、模块订货号、所需模块个数等内容。模块统计表在工程项目中也称为项目配置清单，是后续设备采购的依据。因此，必须保证设备型号的准确性，避免买错设备，模块统计表可以参考项目3的案例1和案例2。

3）I/O地址分配表

在系统设计中，还要把输入/输出列成表，给出相应的地址和名称，以备编程和系统调试时使用，这在前面已经有所描述。例如，某小车自动往返运行控制系统，采用西门子S7-1200 PLC的I/O地址分配表如表7.1所示。

表 7.1 I/O 地址分配表

输入			输出		
元件名称、代号		输入点	元件名称、代号		输出点
停止按钮	SB1	I0.0	左行接触器	KM1	Q0.0
右行启动按钮	SB2	I0.1	右行接触器	KM2	Q0.1
左行启动按钮	SB3	I0.2			
热继电器	FR	I0.3			
左限位开关	SQ1	I0.4			
右限位开关	SQ2	I0.5			

在项目中建立如图 7.5 所示的变量名表。

	名称	数据类型	地址	保持	可从…	从 H…	在 H…	注释
1	Tag_1	Bool	%I0.0		✓	✓	✓	停止
2	Tag_4	Bool	%I0.1		✓	✓	✓	右行启动
3	Tag_6	Bool	%I0.2		✓	✓	✓	左行启动
4	Tag_2	Bool	%I0.3		✓	✓	✓	FR
5	Tag_5	Bool	%I0.4		✓	✓	✓	左限位
6	Tag_8	Bool	%I0.5		✓	✓	✓	右限位
7	Tag_3	Bool	%Q0.0		✓	✓	✓	KM1
8	Tag_7	Bool	%Q0.1		✓	✓	✓	KM2

图 7.5 小车往返控制变量名表

4）I/O 硬件接线图

I/O 硬件接线图是系统设计的一部分，它反映的是 PLC 的 I/O 模块与现场设备的连接。小车自动往返运行控制系统的 I/O 硬件接线图如图 7.6 所示，注意电路图中 S7-1200 使用的是 DC/DC/DC 型，接线图与 AC/DC/Rly 有所不同。

三、PLC 系统软件设计

1. 软件设计概述

软件设计的基本要求是由 PLC 本身的特点，及其在工业控制中要求完成的控制功能所决定的，其基本要求如下。

1）紧密结合生产工艺

每个控制系统都是为完成一定的生产过程控制而设计的，不同的生产工艺要求都具有不同的控制功能，即使是相同的生产过程，由于各个设备的工艺参数不一样，故实现控制的方式也不尽相同。各种控制逻辑运算都是由生产工艺决定的，程序设计人员必须严格遵守生产工艺的具体要求来设计应用软件，不能随心所欲。

2）熟悉控制系统的硬件结构

软件系统是由硬件系统决定的，不同系列的硬件系统一般不会采用同一种语言形式进行程序设计。即使语言形式相同，其具体的指令也不尽相同。有时虽然选择的是同一系列的 PLC，但由于型号不同或系统配置的差异，故要有不同的应用程序与之相对应。软件设计人员不可能抛开硬件系统孤立地考虑软件，程序设计时必须根据硬件系统的形式、接口情况，编制相应的应用程序。

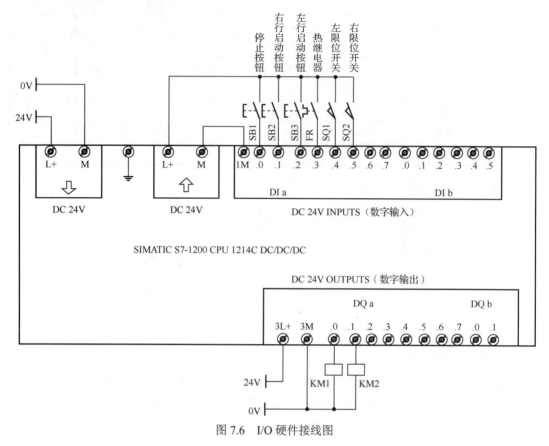

图 7.6　I/O 硬件接线图

3）具备计算机和自动化方面的知识

PLC 是以微处理器为核心的控制设备，无论是硬件系统还是软件系统，都离不开计算机技术。控制系统的许多内容也是从计算机技术衍生而来的，同时控制功能的实现、某些具体问题的处理和实现都离不开自动控制技术，因此一个合格的 PLC 程序设计人员必须具备计算机和自动控制两方面的知识。

2．软件设计的内容

PLC 程序设计的基本内容一般包含参数表的定义、程序框图的绘制、程序清单的编制和程序说明书的编写四项内容。当设计工作结束时，程序设计人员应向使用者提供含有以下设计内容的文本文件。

1）参数表的定义

参数表是为编制程序做准备，按一定格式对系统各接口参数进行规定和整理的表格。参数表的定义包括对输入信号表、输出信号表、中间标志表和存储单元表的定义。参数表的定义格式和内容根据公司的规定（没有的话按个人的偏好）和系统的情况而不尽相同，但所包含的内容基本相同。总的原则就是要便于使用，尽可能详细。

一般情况下，I/O 信号表要明显地标出模块的位置、信号端子号或线号、I/O 地址号、信号名称和信号的有效状态等；中间标志表的定义要包括信号地址、信号处理和信号的有效状态等；存储单元表中要含有信号地址和信号名称。信号的顺序一般按信号的地址从小到大排列，实际中没有使用的信号也不要漏掉，便于在编程和调试时查找。

2）程序框图的绘制

程序框图是指根据工艺流程而绘制的控制过程框图，程序框图包括程序结构框图和控制功能框图。程序结构框图（状态转移图）是一台 PLC 的全部应用程序中各功能单元在内存中的先后顺序，使用中可以根据此结构框图去了解所有控制功能在整个程序中的位置。控制功能框图（控制流程图）是描述某一种控制功能在程序中的具体实现方法及控制信号的流程。设计者根据控制功能框图编制实际控制程序。使用者根据控制功能框图可以详细阅读程序清单。程序设计时一般要先绘制程序结构框图，再详细绘制控制功能框图，程序结构框图和控制功能框图，二者缺一不可。

3）程序清单的编制

(1) PLC 控制程序组成。

PLC 控制程序除了尽可能满足控制要求外，还要包含以下内容。

① 初始化程序。初始化程序可以为系统启动做好必要的准备，如将某些数据区清零；使某些数据区恢复所需数据；对某些输出位置位/复位；显示某些初始状态等。

② 检测、故障诊断、显示程序。这些内容可以在程序设计基本完成时再进行添加。有时，它们也是相对独立的程序段。

③ 保护、联锁程序。其作用为杜绝由非法操作等引起的逻辑混乱，保证系统安全、可靠地运行。通常在 PLC 外部也要设置联锁和保护措施。

(2) PLC 控制程序要求。

① 程序的正确性。正确的程序必须能经得起系统运行实践的考验。

② 程序的可靠性。能保证系统在正常和非正常（短时掉电、某些被控量超标、某个环节有故障等）情况下都能安全、可靠地运行；能保证即使在出现非法操作（如按动或误触动了不该动作的按钮等）情况下，也不会出现系统失控。

③ 参数的易调整性好。经常修改的参数，在程序设计时必须考虑怎样编写才能易于修改。

④ 程序结构简练。简练的程序，可以减少程序扫描时间，提高 PLC 对输入信号的响应速度。

⑤ 程序的可读性好。养成在编程的时候加上注释、说明的习惯，增加程序的可读性。

(3) 编写过程。

程序的编制是程序设计的最主要阶段，是控制功能的具体实现过程。

① 应首先根据操作系统所支持的编程语言，选择最合适的语言形式，了解 PLC 的指令系统。

② 然后按照程序框图所规定的顺序和功能编写程序。

③ 最后测试所编写的程序是否符合工艺要求。

编程是一项繁重而复杂的脑力劳动，需要清醒的头脑和足够的耐心。

4）程序说明书的编写

程序说明书是对整个程序内容的注释性的综合说明，主要是让使用者了解程序的基本结构和某些问题的处理方法，以及程序阅读方法和使用中应注意的事项。此外，还应包括程序中所使用的注释符号、文字编写的含义说明和程序的测试情况。详细的程序说明书也为日后的设备维修和改造带来方便。

3. 程序设计的一般步骤

PLC 的程序设计是硬件知识和软件知识的综合体现，需要计算机知识、控制技术和现场经验等方面的知识。程序设计的主要依据是控制系统的软件设计规格书、电气设备操作说明书和实际生产工艺要求。程序设计可分为以下八个步骤，其中前三步只是为程序设计做准备，但不可缺少。

1）了解系统概况

通过系统设计方案，了解控制系统的全部功能、控制规模、控制方式、I/O 信号种类和数量，是否有特殊功能接口、与其他设备的关系、通信内容与方式等，并做详细记录。没有对整个控制系统的全面了解，就不能联系各种控制设备之间的功能，统观全局。

2）熟悉被控对象

将被控对象和控制功能分类，确定检测设备和控制设备的物理位置，了解每一个检测信号和控制信号的形式、功能、规模，及其之间的关系和预见可能出现的问题，使程序设计有的放矢。在程序设计之前掌握的东西越多，对问题思考得越深入，程序设计时就会越得心应手。

3）制订系统运行方案

根据系统的生产工艺、控制规模、功能要求、控制方式和被控对象的特殊控制要求，分析输入与输出之间的逻辑关系，涉及系统及各设备的操作内容和操作顺序。

4）定义 I/O 信号表

定义 I/O 信号表的主要依据是硬件接线原理图，根据具体情况，内容要尽可能详细，信号名称要尽可能简明，中间标志和存储单元表也可以一并列出，待编程时再填写内容。要在表中列出框架号、模块序号、信号端子号，便于查找和校对，I/O 信号按 I/O 地址由小到大的顺序排列。有效状态中要标明上升沿有效还是下降沿有效，高电平有效还是低电平有效，是脉冲信号还是电平信号，或其他方式。

5）框图设计

框图设计的主要工作是根据软件设计规格书的总体要求和控制系统的具体情况，确定应用程序的基本结构，按程序设计标准绘制出程序结构框图，然后根据工艺要求，绘制出各功能单元的详细功能框图。框图是编程的主要依据，应尽可能详细。框图设计可以对全部控制程序功能的实现有一个整体概念。

6）程序编写

程序编写就是根据设计出的框图和对工艺要求的领会，逐字逐条地编写控制程序，这是整个程序设计工作的核心部分。如果有操作系统支持，就尽量使用编程语言的高级形式，如 LAD 语言。在编写过程中根据实际需要对中间标志信号表和存储单元表进行逐个定义。为了提高效率，相同或相似的程序段，应尽可能使用复制功能，但是在修改的时候一定要注意地址。

程序编写有两种方法：第一种是直接用地址进行编写，这样对信号较多的系统不易记忆，但比较直观；第二种方法是容易记忆的符号编程，编完后再用信号地址和程序进行编码。

另外，编写程序过程中要及时对编出的程序进行注释，以免忘记其相互关系，要随编随注。注释应包括程序的功能、逻辑关系的说明、设计思想、信号的来源和去向，以便阅读和调试。

小车往返控制的控制程序如图 7.7 所示。

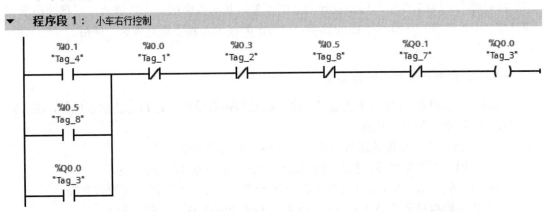

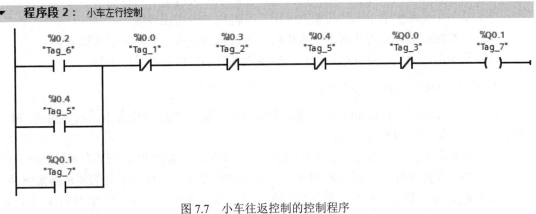

图 7.7 小车往返控制的控制程序

7）程序测试

程序测试是整个程序设计工作中一项很重要的内容，它可以初步检查程序的实际效果。程序测试和程序编写是分不开的，程序的许多功能是在测试中修改和完善的。测试时，先从各功能单元入手，设定输入信号，观察输出信号的变化。或在功能单元测试完成后，再连通全部程序，测试各部分的接口情况，直到满意为止。

程序测试可以在实验室进行，也可以在现场进行。如果在现场进行程序测试，就要将 PLC 系统与现场信号隔离，切断 I/O 模块的外部电源，以免引起不必要的损失。

8）编写程序说明书

程序说明书是对程序的综合性说明，是整个程序设计工作的总结。编写程序说明书的目的是便于程序的使用者和现场调试人员使用，它是程序文件的组成部分。如果是编程人员本人去现场调试，那么程序说明书也是不可缺少的。程序说明书一般应包括程序设计的依据、程序的基本结构、各功能单元的分析、使用的公式和原理、各参数的来源和运算过程、程序的测试情况等。

四、PLC 控制系统的安装、调试、试运行及维护

1. PLC 控制系统的安装

PLC 是专门为工业生产环境设计的控制设备，具有很强的抗干扰能力，可直接用于工业环境。但也必须按照操作手册的说明，在规定的技术指标下进行安装、使用。一般来说，应该注意以下几个问题。

1）PLC 控制系统对布线的要求

电源是干扰进入 PLC 的主要途径。除在电源和接地设计中讲到的注意事项外，在具体安装施工时还要做到以下几点。

（1）对 PLC 主机电源的配线应使用双绞线，并与动力线分开。

（2）接地端子必须接地，接地线必须使用截面积 $2mm^2$ 以上的导线。

（3）I/O 线应与动力线及其他控制线分开走线，尽可能不在同一线槽内布线。

（4）传递模拟量的信号线应使用屏蔽线，屏蔽线的屏蔽层一端接地。

（5）基本单元和扩展单元间传输要采用厂家提供的专用连接线。

（6）所有配线必须使用压接端子或单线（多芯线接在端子上容易引起打火）。

（7）系统的动力线应足够粗，防止大容量设备启动时引起的线路压降。

2）输入/输出对工作环境的要求

良好的工作环境是保证 PLC 控制系统正常工作，提高 PLC 使用寿命的重要因素，PLC 对工作环境的要求一般有以下几点。

（1）避免阳光直射，周围温度为 0～55℃。在安装时不要把 PLC 安装在高温场所，应努力避免高温发热元件；保证 PLC 周围有一定的散热空间；按操作手册的要求固定安装。

（2）避免相对温度急剧变化而凝结露水，相对湿度控制在 10%RH～90%RH，以保证 PLC 的绝缘性能。

（3）避免腐蚀性气体、可燃性气体、盐分含量高的气体的侵蚀，以保证 PLC 内部电路和触点的可靠性。

（4）避免灰尘、铁粉、水、油、药品粉末的污染。

（5）避免强烈振动和冲击。

（6）远离强干扰源，在有静电干扰、电场强度很强、有放射性的地方，应充分考虑屏蔽措施。

2．PLC 控制系统的调试及试运行

1）调试前的操作

（1）在通电前，认真检查电源线、接地线、I/O 线是否正确连接，各接线端子螺钉是否拧紧。接线不正确或接触不良是造成设备重大损失的原因。

（2）在断电情况下，将编程器或带有编程软件的计算机等编程外围设备通过通信电缆和 PLC 的通信接口连接。

（3）接通 PLC 电源，确认上电。

（4）写入程序，检查控制 LAD 的错误和语法错误。

2）调试及试运行

完成以上工作，进入调试及试运行阶段。调试分为模拟调试和联机调试。PLC 程序调试流程图如图 7.8 所示。

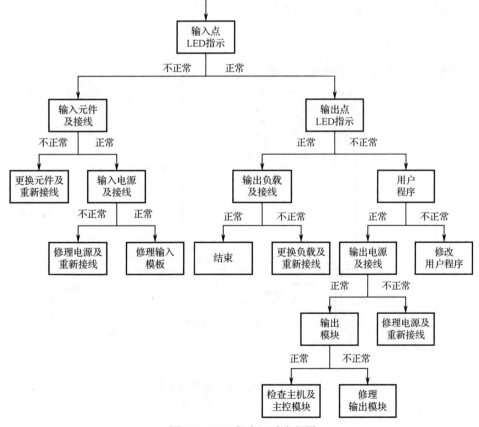

图 7.8　PLC 程序调试流程图

在调试过程中，若发生故障，则可以根据 RUN/STOP 指示灯、ERROR 指示灯、MAINT 指示灯、I/O 指示灯和通信指示灯的状态，查阅相关技术手册，迅速排除故障。

3．PLC 控制系统的维护

PLC 内部没有导致其寿命缩短的易耗元件，因此其可靠性很高，但也应做好定期的常规维护、检修工作。一般情况下以六个月到一年一次为宜，当外部环境较差时，可视具体情况缩短检修时间。

PLC 日常维护检修的项目如下：

（1）供给电源：在电源端子上判断电压是否在规定范围之内。
（2）周围环境：周围温度、湿度、粉尘等是否符合要求。
（3）I/O 电源：在 I/O 端子上测量电压是否在基准范围内。
（4）各单元是否安装牢固，外部配线螺钉是否松动，连接电缆是否断裂老化。
（5）输出继电器：输出触点接触是否良好。
（6）锂电池：PLC 内部锂电池寿命一般为三年。

知识卡 15　PLC 在工业控制中的应用

【案例 7-1】液体混合装置控制

1．控制要求分析

三种液体混合装置示意图如图 7.9 所示。

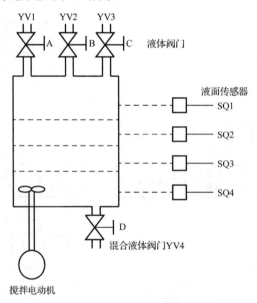

图 7.9　三种液体混合装置示意图

控制要求如下：

（1）初始状态。

当装置投入运行时，液体阀门 A、B、C 关闭，混合液体阀门打开 20s，将容器放空后关闭。

（2）启动操作。

按下启动按钮 SB1，装置开始按下面给定规律运转。

① 液体阀门 A 打开，液体 A 流入容器。当液面达到 SQ3 时，SQ3 接通，关闭液体阀门 A，打开液体阀门 B。

② 当液面达到 SQ2 时，关闭液体阀门 B，打开液体阀门 C。

③ 当液面达到 SQ1 时，关闭液体阀门 C，搅拌电动机开始搅拌。

④ 搅拌电动机工作 1min 后停止搅动，混合液体阀门打开，开始放出混合液体。

⑤ 当液面下降到 SQ4 时，SQ4 由接通变断开，再过 20s 后，容器放空，混合液体阀门关闭。再次按下启动按钮，开始下一周期。

2．I/O 地址分配表

液体混合装置 I/O 地址分配表如表 7.2 所示。

表 7.2　液体混合装置 I/O 地址分配表

输　入　信　号		输　出　信　号	
启动按钮 SB1	I0.0	液体阀门 A	Q0.0
液面传感器 4 SQ4	I0.1	液体阀门 B	Q0.1
液面传感器 3 SQ3	I0.2	液体阀门 C	Q0.2
液面传感器 2 SQ2	I0.3	混合液体阀门	Q0.3
液面传感器 1 SQ1	I0.4	搅拌电动机	Q0.4

3．控制电路图

液体混合装置控制电路图如图 7.10 所示。

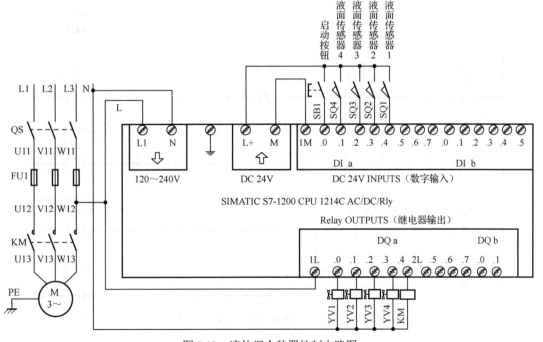

图 7.10　液体混合装置控制电路图

4. 程序设计

三种液体混合装置控制程序如图 7.11 所示。

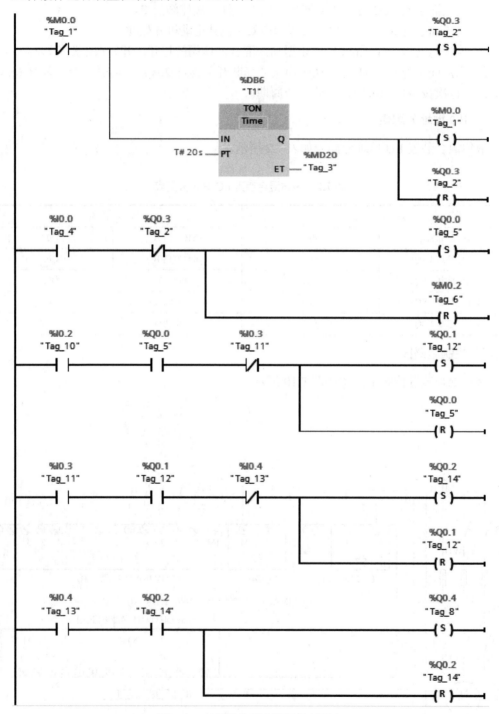

图 7.11 三种液体混合装置控制程序

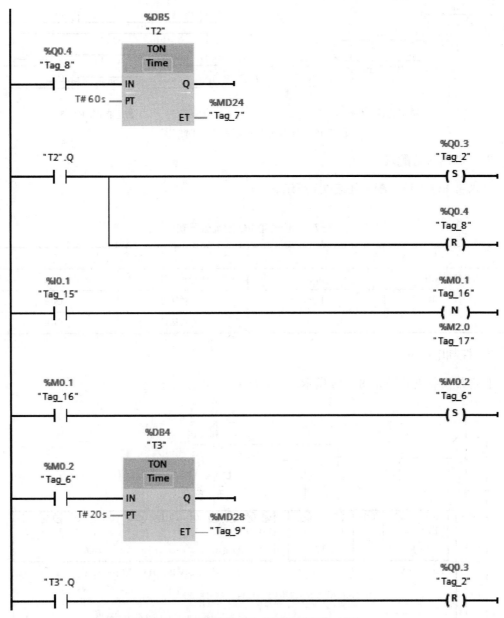

图 7.11 三种液体混合装置控制程序（续）

【案例 7-2】传送带控制系统

1. 控制要求分析

3 条传送带的控制要求：3 条传送带顺序相连，按下启动按钮 I0.2，1 号传送带开始运行，5s 后 2 号传送带自动启动，再过 5s 后 3 号传送带自动启动。按下停止按钮 I0.3 后，先停 3 号传送带，5s 后停 2 号传送带，再过 5s 后停 1 号传送带，传送带工作示意图及时序图如图 7.12 所示。

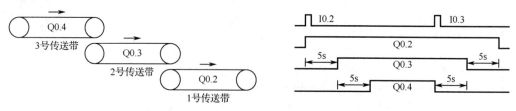

(a) 传送带工作示意图　　　　　　　　(b) 传送带工作时序图

图 7.12　传送带工作示意图及时序图

2. I/O 地址分配表

传送带 I/O 地址分配表如表 7.3 所示。

表 7.3　传送带 I/O 地址分配表

输 入 信 号		输 出 信 号	
启动按钮 SB1	I0.2	1 号传送带	Q0.2
停止按钮 SB2	I0.3	2 号传送带	Q0.3
		3 号传送带	Q0.4

3. 控制电路图

传送带控制电路图如图 7.13 所示。

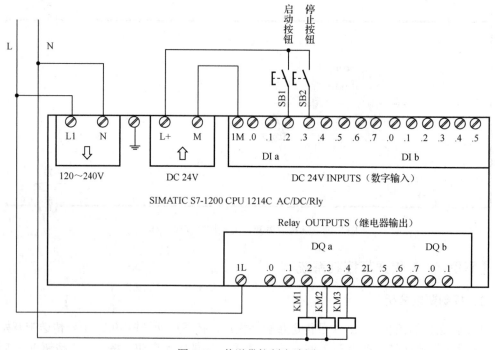

图 7.13　传送带控制电路图

4. 程序设计

将系统的一个工作周期划分为 6 步，即等待启动的初始步、4 个延时步和 3 条运输带同时运行的步,用 M4.0～M4.5 来代表各步。传送带控制顺序功能图如图 7.14 所示。

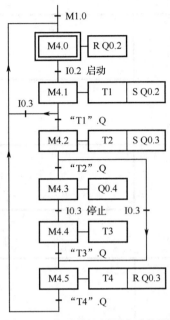

图 7.14 传送带控制顺序功能图

为了简化程序,在 M4.1 步将 Q0.2 置位,在 M4.0 步将 Q0.2 复位为 0 状态。同样地,在 M4.2 步将 Q0.3 置位,在 M4.5 步将 Q0.3 复位。传送带控制程序如图 7.15 所示。

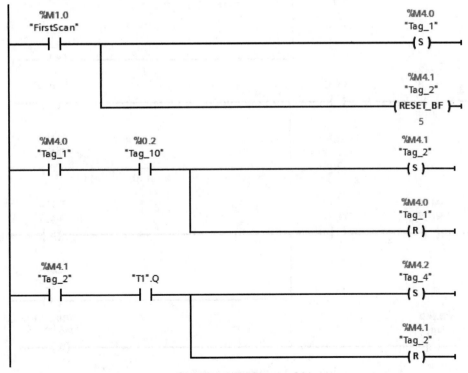

图 7.15 传送带控制程序

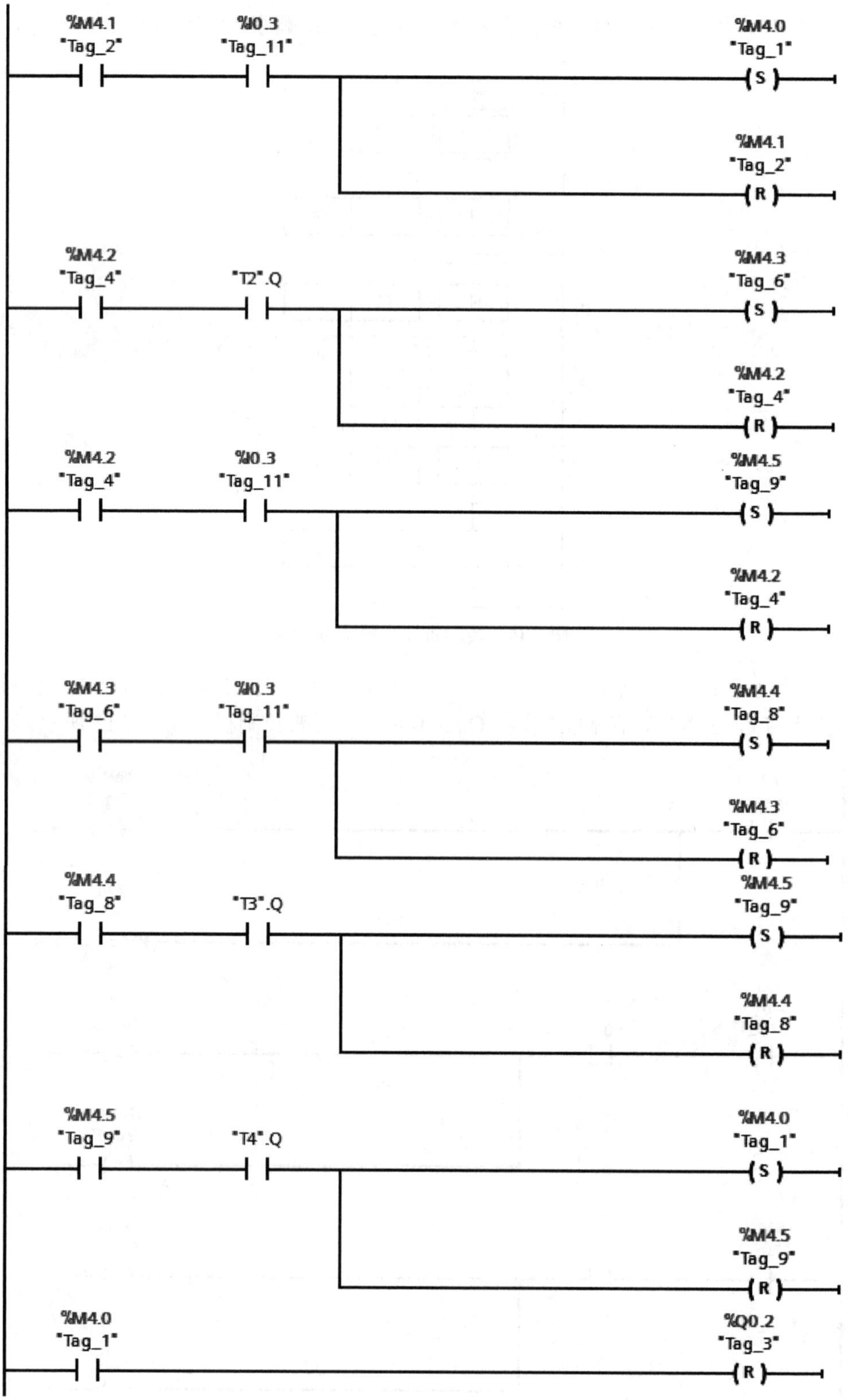

图 7.15 传送带控制程序（续）

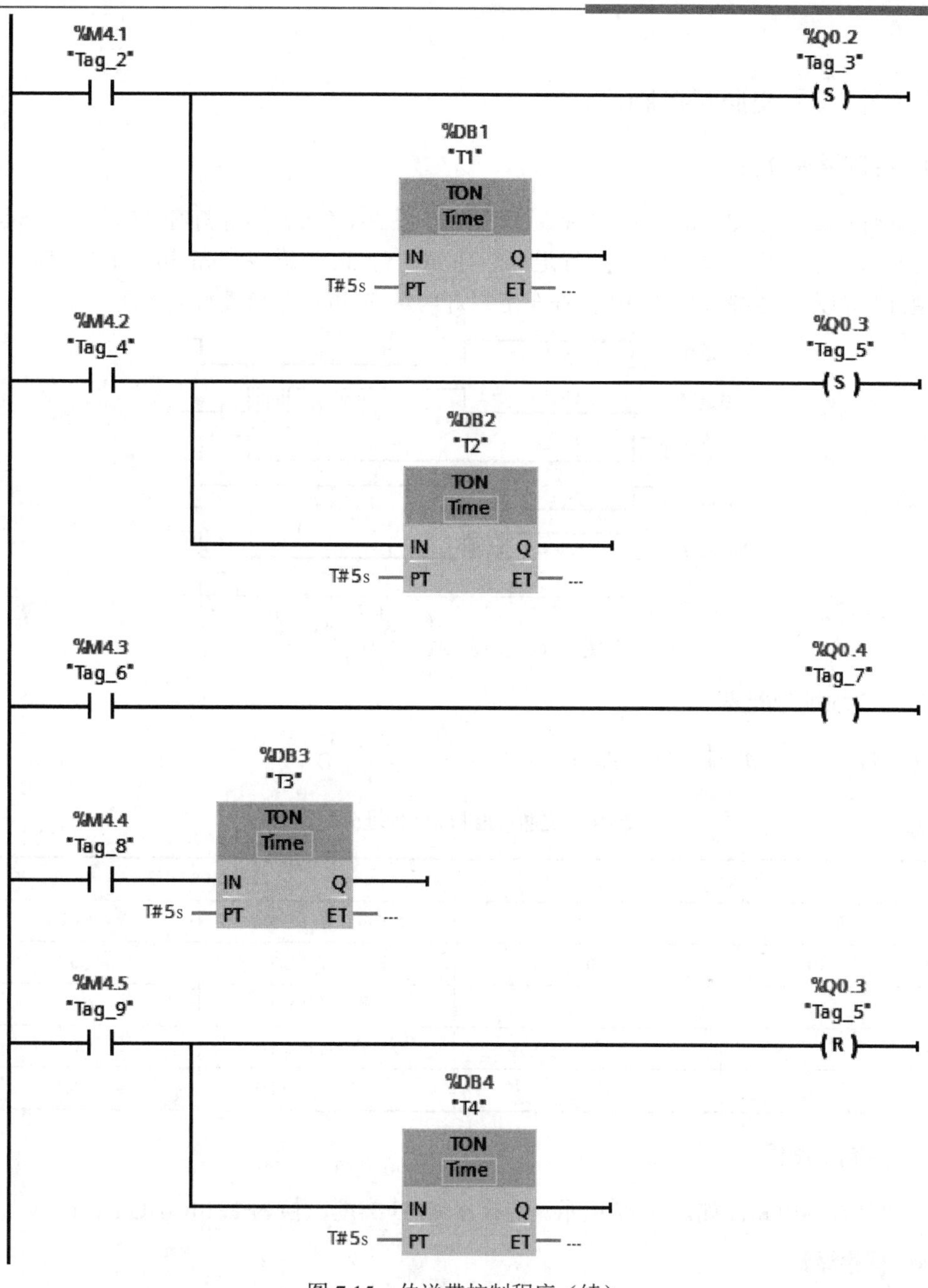

```
      %M4.1                                                                    %Q0.2
      "Tag_2"                                                                 "Tag_3"
      ─┤├─────────────────────────────────────────────────────────────────────( S )─

                                              %DB1
                                              "T1"
                                             ┌──────┐
                                             │ TON  │
                                             │ Time │
                                             │      │
                                          ──┤IN   Q├──
                                    T#5s ──┤PT   ET├── ...
                                             └──────┘

      %M4.2                                                                    %Q0.3
      "Tag_4"                                                                 "Tag_5"
      ─┤├─────────────────────────────────────────────────────────────────────( S )─

                                              %DB2
                                              "T2"
                                             ┌──────┐
                                             │ TON  │
                                             │ Time │
                                          ──┤IN   Q├──
                                    T#5s ──┤PT   ET├── ...
                                             └──────┘

      %M4.3                                                                    %Q0.4
      "Tag_6"                                                                 "Tag_7"
      ─┤├─────────────────────────────────────────────────────────────────────(   )─

                           %DB3
                           "T3"
                         ┌──────┐
                         │ TON  │
      %M4.4              │ Time │
      "Tag_8"            │      │
      ─┤├───────────────┤IN   Q├──
                T#5s ──┤PT   ET├── ...
                         └──────┘

      %M4.5                                                                    %Q0.3
      "Tag_9"                                                                 "Tag_5"
      ─┤├─────────────────────────────────────────────────────────────────────( R )─

                                              %DB4
                                              "T4"
                                             ┌──────┐
                                             │ TON  │
                                             │ Time │
                                          ──┤IN   Q├──
                                    T#5s ──┤PT   ET├── ...
                                             └──────┘
```

图 7.15 传送带控制程序（续）

在顺序启动三条传送带的过程中，操作人员若发现异常情况，则可以由启动改为停车。按下停止按钮 I0.3 后，将已经启动的传送带停车，仍采用后启动的传送带先停车的原则。

在 M4.1 步，只启动了 1 号传送带。按下停止按钮 I0.3，系统应返回初始步；在 M4.2 步，已经启动了两条传送带。按下停止按钮 I0.3，转换到步 M4.5，2 号传送带停车，延时后返回初始步，1 号传送带停车。

【案例7-3】交通灯控制

1．控制要求分析

交通灯控制时序图如图7.16所示。车道红灯亮20s（人行道绿灯亮15s，闪烁5s，车道绿灯和人行道红灯均灭20s），人行道红灯亮40s（此时车道绿灯亮30s，闪烁5s，对应的车道红灯和人行道绿灯均灭40s；在车道绿灯闪烁5s后，车道黄灯亮5s）。

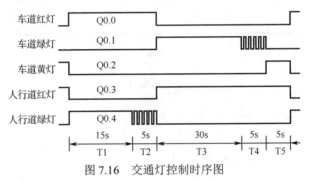

图7.16　交通灯控制时序图

2．I/O地址分配表

交通灯控制I/O地址分配表如表7.4所示。

表7.4　交通灯控制I/O地址分配表

输 入 信 号		输 出 信 号	
启动按钮SB1	I0.0	车道红灯LED1	Q0.0
停止按钮SB2	I0.1	车道绿灯LED2	Q0.1
		车道黄灯LED3	Q0.2
		人行道红灯LED4	Q0.3
		人行道绿灯LED5	Q0.4

3．控制电路图

交通灯控制电路图如图7.17所示。更换了CPU类型，换为1214C DC/DC/DC。

4．程序设计

交通灯控制顺序功能图如图7.18所示。开机后仅初始步M4.0为1状态，按下启动按钮I0.0，连续标志M2.0变为ON并保持，M4.1步和M4.5步同时变为活动步。用并行序列来表示车道交通灯和人行道交通灯同时工作的情况。交通灯按图7.16波形图所示的顺序变化。

在T5的定时时间到时，转换条件M2.0·"T5"·Q满足，将从M4.4步和M4.7步转换到M4.1步和M4.5步，交通灯进入下一循环。

按下停止按钮I0.1，M2.0变为0状态，但是系统不会马上返回初始步。在T5的定时时间到时，转换条件 $\overline{M2.0}$ ·"T5"·Q满足，将从M4.4步和M4.7步返回初始步。

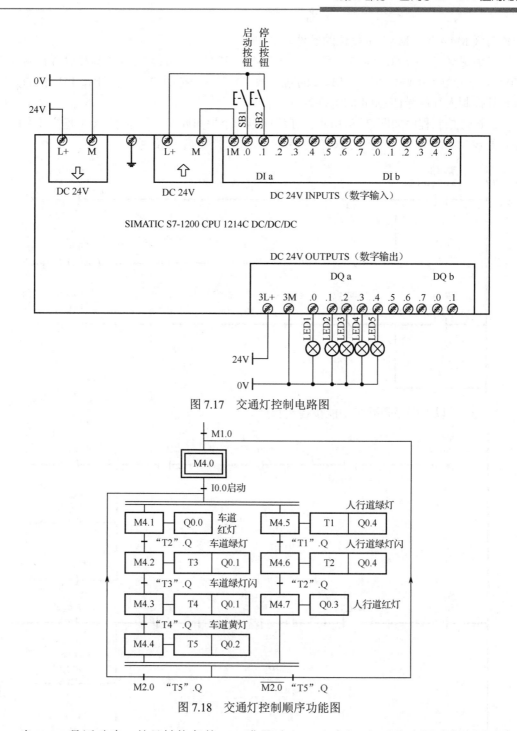

图7.17 交通灯控制电路图

图7.18 交通灯控制顺序功能图

当 M4.0 是活动步,并且转换条件 I0.0 满足时,M4.1 步与 M4.5 步应同时变为活动步,这是用 M4.0 和 I0.0 的常开触点的串联电路驱动两条置位指令来实现的。

M2.0·"T5"·Q 对应的转换之前有一个并行序列的合并,该转换实现的条件是所有的前级步(M4.4 步和 M4.7 步)是活动步,以及转换条件 M2.0·"T5"·Q 满足。由此可知,应将 M4.4、M4.7、M2.0·"T5"·Q 的常开触点串联,作为使后续 M4.1 步、M4.5 步置位和使前级 M4.4 步、M4.7 步复位的条件。

车道绿灯 Q0.1 应在 M4.2 步常亮,在 M4.3 步闪烁。为此将 M4.3 与秒时钟存储器位 M0.5 的常开触点串联,然后与 M4.2 的常开触点并联,来控制 Q0.1 的线圈。用同样的方法来设计控制人行道绿灯 Q0.4 的电路。

交通灯控制程序如图 7.19 所示。在程序第一个扫描周期,置位 M4.0,复位其余的顺序功能步 M4.1~M4.7,通过 I0.0 置位/复位 M2.0,用于启/停交通灯。

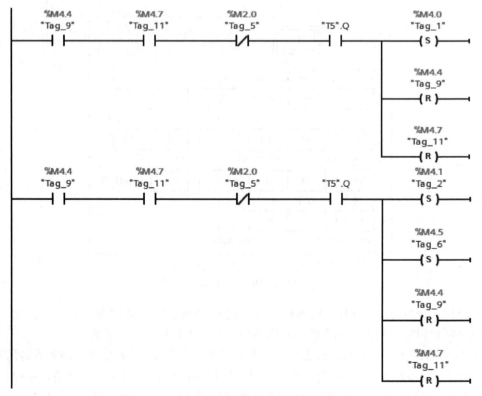

图 7.19 交通灯控制程序

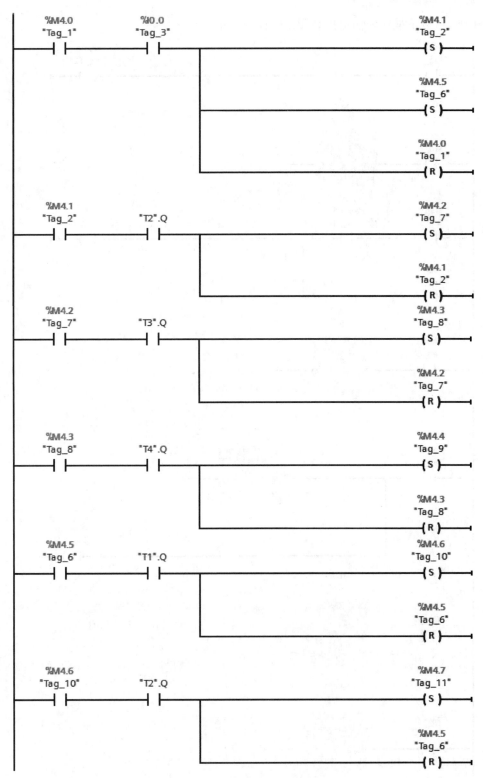

图 7.19 交通灯控制程序（续）

注释 2：以下程序为输出控制和定时控制程序。

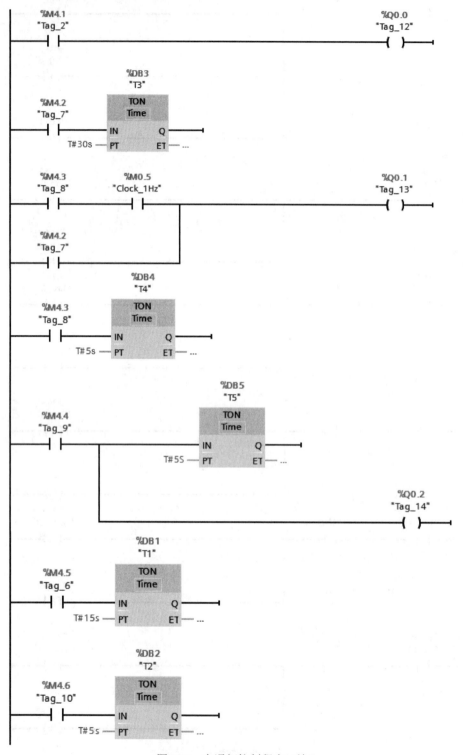

图 7.19 交通灯控制程序（续）

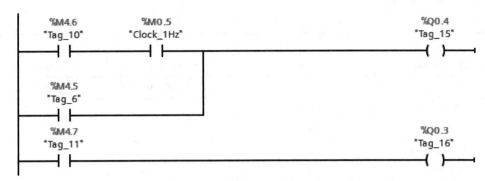

图 7.19 交通灯控制程序（续）

【案例 7-4】专用钻床控制

1. 控制要求分析

某专用钻床用来加工圆盘状零件上均匀分布的 3 大 3 小共 6 个孔，如图 7.20 所示。钻头的运动控制由电磁阀完成，大钻头下降由 Q0.1 控制，下限位为 I0.2；大钻头上升由 Q0.2 控制，上限位为 I0.3；小钻头下降由 Q0.3 控制，下限位为 I0.4；小钻头上升由 Q0.4 控制，上限位为 I0.5。

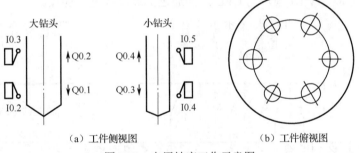

图 7.20 专用钻床工作示意图

2. I/O 地址分配表

专用钻床控制使用的 I/O 点数为 17 个点的 DI，而 CPU1214C 自带的 14 点 DI 不能满足控制要求，需要扩展一个 8×24V DI 的信号模块（在项目中加入 CPU 模块后添加该模块，模块的 I/O 地址由系统自动分配 I8.0～I8.7），专用钻床控制 I/O 地址分配表如表 7.5 所示。

表 7.5 专用钻床控制 I/O 地址分配表

输入信号		输出信号	
启动按钮 SB1	I0.0	夹紧阀 YV1	Q0.0
已夹紧 SQ1	I0.1	大钻头降 YV2	Q0.1
大孔钻完 SQ2	I0.2	大钻头升 YV3	Q0.2
大钻升到位 SQ3	I0.3	小钻头降 YV4	Q0.3
小孔钻完 SQ4	I0.4	小钻头升 YV5	Q0.4
小孔升到位 SQ5	I0.5	工件正转 KM1	Q0.5

续表

输入信号		输出信号	
旋转到位 SQ6	I0.6	松开阀 YV6	Q0.6
已松开 SQ7	I0.7	工件反转 KM2	Q0.7
自动方式开关 SW1	I1.0		
大钻升按钮 SB3	I8.0		
大钻降按钮 SB4	I8.1		
小钻升按钮 SB5	I8.2		
小钻降按钮 SB6	I8.3		
正转按钮 SB7	I8.4		
反转按钮 SB8	I8.5		
夹紧按钮 SB9	I8.6		
松开按钮 SB10	I8.7		

3．控制电路图

专用钻床控制电路图如图 7.21 所示，在外接输入较多的情况下，采用外接 24V 直流电源供电。扩展的 8×24V DI 模块与 CPU 之间通过扩展总线进行连接。

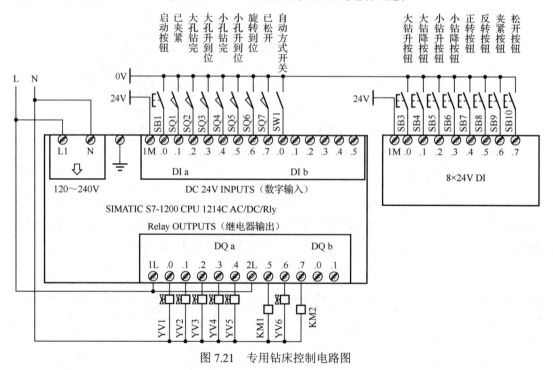

图 7.21　专用钻床控制电路图

4．程序设计

1）顺序功能图

专用钻床控制顺序功能图如图 7.22 所示，在进入自动运行之前，两个钻头在最上面，上限位开关 I0.3 和 I0.5 为 ON，系统处于初始步，加计数器 C1 被清 0。操作人员放好工件后，按下启动按钮 I0.0，转换条件 I0.0·I0.3·I0.5 满足，由初始步转换到 M4.1 步，工件被夹紧。夹紧后压力继电器 I0.1 为 ON，由 M4.1 步转换到 M4.2 步和 M4.5 步，两只钻头同时开始向下钻孔。

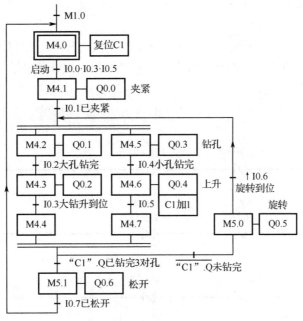

图 7.22　专用钻床控制顺序功能图

钻到由下限位开关设定的深度时，钻头上升，升到由上限位开关设定的起始位置时停止上升，进入等待步。在 M4.6 步，设定值为 3 的计数器 C1 的当前值加 1，当前值小于设定值，C1 的常闭触点闭合，转换条件 $\overline{"C1".Q}$ 满足。

2）程序设计的具体操作

① 主程序设计。

新建项目"钻床控制"。OB1 中符号名为"自动方式"的 I1.0 为 ON 时调用自动程序 FC1，为 OFF 时调用手动程序 FC2，如图 7.23 所示。

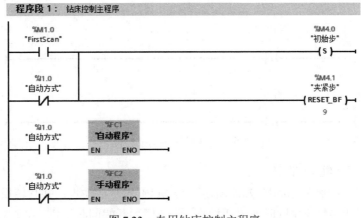

图 7.23　专用钻床控制主程序

在开机时（M1.0 为 1 状态）和手动方式时（"自动方式"I1.0 为 0 状态），将初始步对应的 M4.0 置位，将非初始步对应的 M4.1～M5.1 复位。

上述操作主要是防止由自动方式切换到手动方式，然后又返回自动方式时，可能会出现同时有两个活动步的异常情况。

② 手动程序（FC2）设计。

手动程序用 8 个手动按钮分别独立操作大、小钻头的升降，工件的旋转、夹紧和松开。每对相反操作的输出点用对方的常闭触点实现互锁，用限位开关对钻头的升降限位。手动控制程序如图 7.24 所示。

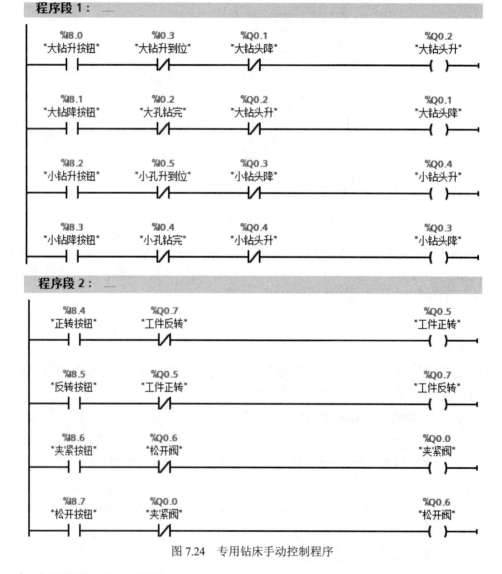

图 7.24 专用钻床手动控制程序

③ 自动程序（FC1）设计。

专用钻床自动控制程序如图 7.25 所示，当 M4.1 步是活动步，并且转换条件 I0.1 为 1 状态时，M4.2 步和 M4.5 步同时变为活动步，两个序列开始同时工作。在 LAD 中，用 M4.1

和 I0.1 的常开触点组成的串联电路，来控制对 M4.2 步和 M4.5 步的置位，以及对前级步 M4.1 的复位。

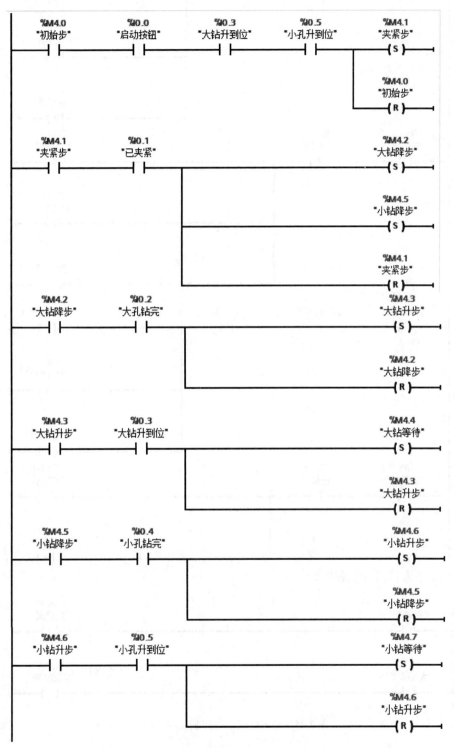

图 7.25 专用钻床自动控制程序

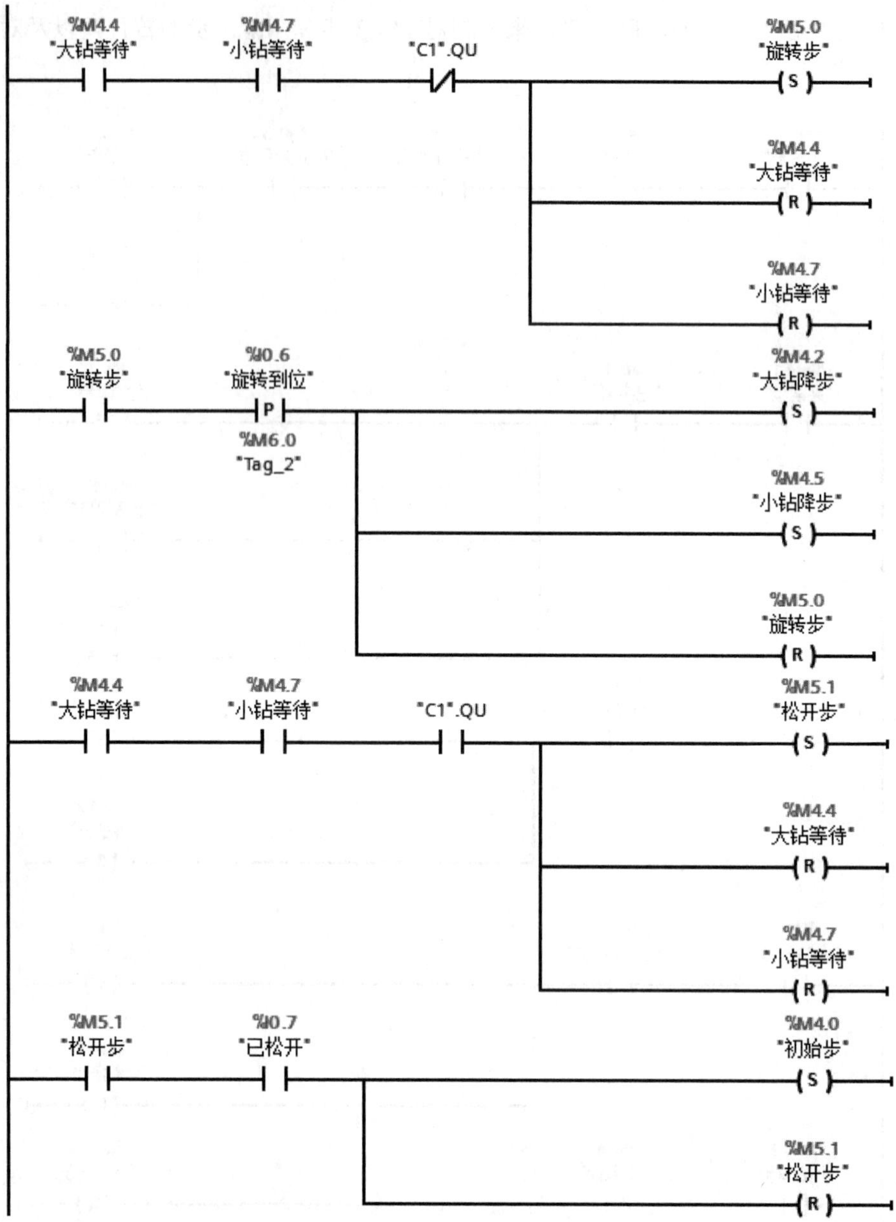

以下程序为输出控制程序。

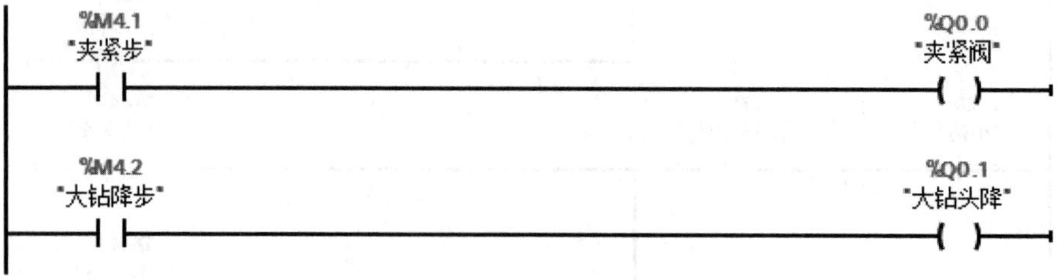

图 7.25 专用钻床自动控制程序（续）

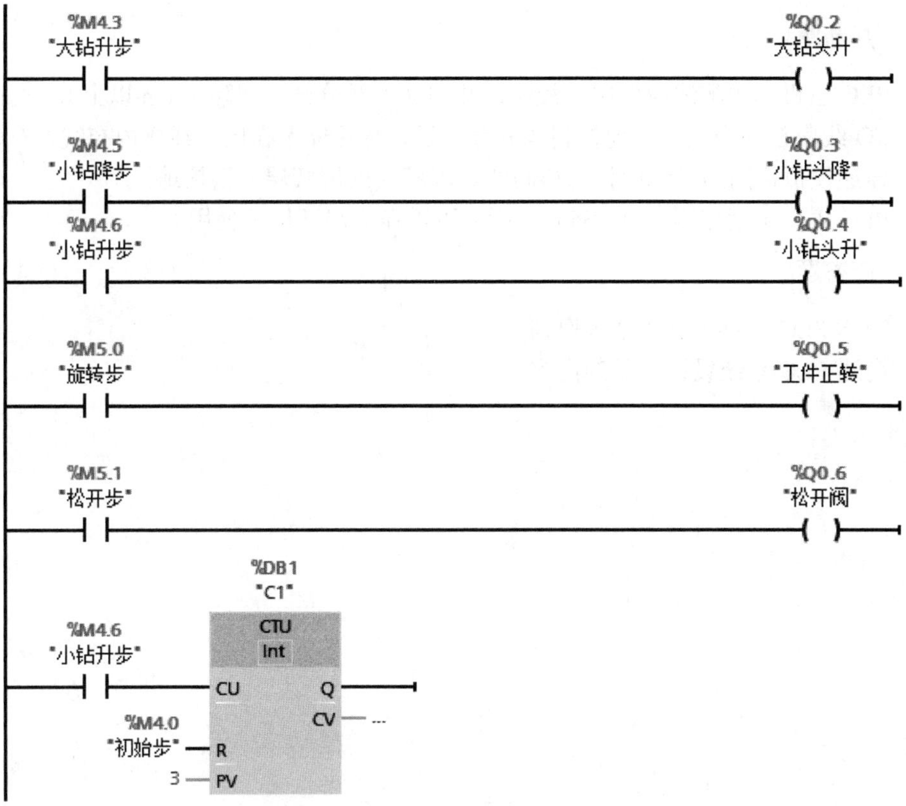

图 7.25 专用钻床自动控制程序（续）

并行序列合并处的转换有两个前级步 M4.4 和 M4.7，当它们均为活动步并且转换条件满足时，将实现并行序列的合并。未钻完 3 对孔时，计数器 C1 输出位的常闭触点闭合，转换条件"C1".Q 满足，将转换到 M5.0 步。在 LAD 中，用 M4.4、M4.7 的常开触点和"C1".Q 的常闭触点组成的串联电路将 M5.0 置位，使后续步 M5.0 变为活动步；同时用 R 指令将 M4.4 步和 M4.7 步复位，使前级步 M4.4 和 M4.7 变为静步。调试程序时，应注意并行序列中各子序列的第 1 步（M4.2 步和 M4.5 步）是否同时变为活动步，最后一步（M4.4 步和 M4.7 步）是否同时变为静步。经过 3 次循环后，是否能进入 M5.1 步，最后返回初始步。

练习卡 7

一、多选题

1. 用 PLC 构成的控制系统的运行方式有（　　）。
   A．自动　　　　　　B．半自动　　　　　C．单步　　　　　　D．手动
2. PLC 的停止方式有（　　）。
   A．正常停止　　　　B．暂时停止　　　　C．紧急停止　　　　D．以上都不对
3. 硬件系统设计文件应包括（　　）。
   A．系统硬件配置图　B．模块统计表　　　C．I/O 地址分配表　D．I/O 接线图

二、判断题

1. PLC 主机电源配线应使用双绞线,并与动力线分开(间隔 15cm 以上)。(　　)
2. I/O 线应与动力线及其他控制线分开走线,尽可能不在同一线槽内布线。(　　)
3. 传递模拟量的信号线应使用屏蔽线,屏蔽线的屏蔽层一端接地。(　　)
4. PLC 工作温度范围为 0~55℃,所以可以在高温环境下使用。(　　)

三、简答题

1. 简述 PLC 系统设计的基本原则。
2. 简述 PLC 系统设计涉及的内容。

项目 8　西门子 S7-1200 通信与网络技术

本项目主要介绍西门子 S7-1200 通信技术基础知识，以及 PROFINET 和 PROFIBUS 两种通信方式。

【**知识目标**】熟知通信技术的基础知识，熟知 PROFINET 和 PROFIBUS 两种通信方式的基础知识，了解 S7、AS-i、Modbus、串行等通信方式的基本知识。

【**能力目标**】能正确使用 PROFINET 和 PROFIBUS 两种通信方式进行通信。

【**素质目标**】耐心细致，自主学习。

知识卡 16　S7-1200 PROFINET 和 PROFIBUS 通信技术

一、S7-1200 通信技术概述

西门子按照国际标准化组织（ISO）的 OSI 七层协议的架构建立了金字塔式的工业网络通信架构，采用 PROFINET、PROFIBUS、AS-i 等现场总线结构实现了设备之间的互联，提供了 Modbus 及串行通信方式。

PROFINET 主要用于用户程序通过以太网与其他通信伙伴交换数据，支持 S7 通信、用户数据报协议（UDP）、ISOonTCP 和传输控制协议（TCP）四种通信协议。

PROFIBUS 主要用于用户程序与其他通信伙伴交换数据。另外，S7-1200 还实现了 OSI 高三层的 S7 通信和 Web 服务器访问功能。

1. 以太网通信协议

1）OSI 参考模型

1979 年，ISO 提出了开放系统互联模型（OSI），作为通信网络国际标准化的参考模型，如图 8.1 所示。模型共包括七个分层，从下到上分别是物理层、数据链路层、网络层、传输层、会话层、表示层、应用层。

2）TCP/IP 协议

TCP/IP（Transmission Control Protocol/Internet Protocol）是传输控制协议/网际协议（又称 Internet 协议）的缩写，它实际上是一个很大的协议包（簇），其中包括网络接口层、网际层、传输层和应用层中的很多协议，TCP 和 IP 只是其中两个核心协议。

TCP/IP 的基本作用是要在网络上传输数据信息时，首先要把数据拆成一些小的数据单元（不超过 64KB），其次加上"包头"做成数据包（段），才交给 IP 层在网络上陆续地发送和传输（叫做"分组交换"或"包交换"网络）；再次，在通过电信网络进行长距离传输时，为了保证数据传输质量，还要转换数据的格式，即拆包或重新打包；最后，到了接收

数据的一方，必须使用相同的协议，逐层拆开原来的数据包，恢复成原来的数据，并加以校验，若发现有错，则要求重发。

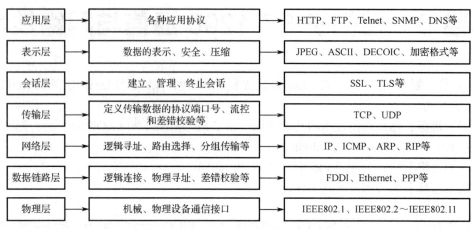

图 8.1　OSI 参考模型

（1）TCP 协议。

计算机网络中非常重要的一层就是传输层，它可以向源主机和目的主机提供端到端的可靠通信。TCP 是一个面向连接的端到端的全双工通信协议，通信双方需要建立由软件实现的虚连接，它提供了数据分组在传输过程中可靠的并且无差错的通信服务。

TCP 规定，首先要在通信的双方建立一种"连接"，也叫做实现双方的"握手"，建立"连接"的具体方式是呼叫的一方要找到对方，并由对方给出明确的响应，原因是需要确定双方的存在，并确定双方处于正常的工作状态；其次，在整个传递多个数据包的过程中，发送的每一个数据包都需要接收方给以明确的确认信息，然后才能发送下一个数据包，如果在预定的时间内收不到确认信息，发送方就会重发信息；最后，数据传送结束后，发送方要发送"结束"信息，"握手"才断开。

在计算机网络中，通常可以把连接在网络上的一台计算机叫做一台"主机"。传输层只能存在端系统（主机）中，所以又称为"端到端"层或"主机到主机"层。或者说，只有在作为"源主机"和"目的主机"的计算机上才有传输层的相应程序，才执行传输层的操作。而在网络中的其他节点上，如在集线器、交换机、路由器上，都是不需要传输层的。

"全双工"通信指通信的双方主机之间，既可以同时发送信息，又可以接收信息。

TCP 还有一个作用就是保证数据传输的"可靠性"。TCP 实际上是通过一种叫做"进程通信"的方式，在通信的两端（双方）传递信息，以保证发出的数据包不仅都能到达目的地，而且是按照它们发出时的顺序到达的。如果数据包的顺序乱了，那么它要负责进行"重新排列"；如果在传输过程中，某个数据丢失了或出现了错误，TCP 就会通知发送端重发该数据包。

（2）IP 协议。

IP 称为 Internet 协议或网际协议，其工作在网络层，是 TCP/IP 的心脏，也是网络层中最主要的协议。它利用一个共同遵守的通信协议，使 Internet 成为一个允许连接不同类型的计算机和不同操作系统的网络。

IP 的内容包括 IP 报文的类型与定义、IP 报文的地址和分配方法、IP 报文的路由转发和 IP 报文的分组与重组。

IP 提供了能适应各种各样网络硬件的灵活性，对底层网络硬件几乎没有任何要求。IP 根据其版本分为 IPv4 和 IPv6，目前局域网较多使用 IPv4，广域网较多使用 IPv6。

（3）协议体系。

TCP/IP 在物理网基础上分为 4 个层次，它与 OSI 模型的对应关系及各层协议组成如图 8.2 所示。

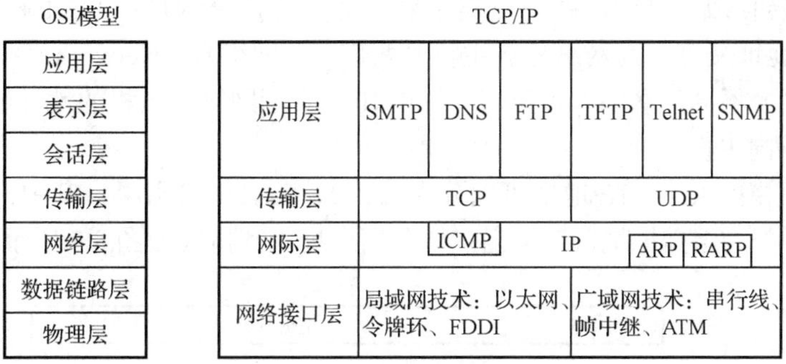

OSI模型	TCP/IP					
应用层	应用层	SMTP	DNS	FTP	TFTP	Telnet	SNMP
表示层						
会话层						
传输层	传输层	TCP			UDP		
网络层	网际层	ICMP		IP	ARP	RARP
数据链路层	网络接口层	局域网技术：以太网、令牌环、FDDI			广域网技术：串行线、帧中继、ATM	
物理层						

图 8.2 TCP/IP 体系结构

① 网络接口层：定义与物理网络的接口规范，负责接收 IP 数据包，传递给物理网络。

② 网际层：实现两个不同 IP 的计算机（主机）的通信，这两个主机可能位于两个不同网络中。具体工作包括形成 IP 数据包和寻址。如果目的主机不是本网的，就要经路由器予以转发直到目的主机。网际层包括 4 个协议：网际协议（IP）、网际控制报文协议（ICMP）、地址解析协议（ARP）、逆向地址解析协议（RARP）。

③ 传输层：提供应用程序间（端到端）的通信，包括传输控制协议（TCP）和用户数据报协议（UDP）。

④ 应用层：支持应用服务，向用户提供了一组常用的应用协议，包括远程登录（Telnet）、文件传输协议（FTP）、简单文件传输协议（TFTP）、简单邮件传输协议（SMTP）、域名系统（DNS）、简单网管协议（SNMP）等。

注意：与 Internet 完全连接必须安装 TCP/IP，操作系统时可自动安装 TCP/IP，且每个节点至少需要一个 IP 地址、一个子网掩码、一个默认网关和一个 DNS 服务器 IP 地址。

（4）IP 地址和子网掩码。

① IP 地址。

为了实现数据的准确传输，除了需要有一套对于传输过程的控制机制，还需要在数据包中加入双方的地址，就像需要在信封上写上收信人和发信人地址一样。现在的问题是进行数据通信的双方，应该用一种什么样的地址来表示。

MAC（Media Access Control）地址就是媒体访问控制地址，是可以用在数据传输过程中的，但它只能用在底层通信过程中，即只能用在"数据链路层"上通信时使用的数据帧中，而网络层中使用的 IP 地址和数据链路层中的 MAC 地址要由 ARP 或 RARP 进行转换。MAC 地址是一个用 12 位的 16 进制数表示的地址，用户很难直接使用它。

显然，MAC 地址存在不便使用和难以查找的缺点，因此需要一种既能简单准确地标明对方的位置，又要能够方便找到对方的地址，这就是设计 IP 地址的初衷。IP 地址就是用四层数字作为代码，说明是在哪个网络中的哪台计算机。

IP 为 Internet 上的每一个节点（主机）定义了一个唯一的统一规定格式的地址，称为 IP 地址。每个主机的 IP 地址由 32 位（4 字节）组成，通常采用"点分十进制表示方法"表示。例如，32 位的二进制地址为 11001010011011000010010100101001。显然这个地址也难记忆，所以分成四段，每段 8 位，变成了下面的形式："11001010　01101100　00100101　00101001"。再转换成十进制，并用点连起来，就构成了 IP 地址：202.108.37.41。

每一个 IP 地址又可分为网络号和主机号两部分，网络号（Network ID）表示网络规模的大小，用于区分不同的网络；主机号（Host ID）表示网络中主机的地址编号，用于区分同一网络中的不同主机。

按照网络规模的大小，IP 地址可以分为 A、B、C、D、E 五类，其中常用的是 A、B、C 三类地址，D 类为组播地址，E 类为扩展备用地址。其格式如图 8.3 所示。

图 8.3　IP 地址格式

A、B、C 三类 IP 地址如表 8.1 所示。

表 8.1　A、B、C 三类 IP 地址

类别	网　络　号	主　机　号	备　注
A	1~126	0~255.0~255.1~254	IP 地址范围为 1.0.0.1~126.255.255.254。适用于大型网络，10 这个网络号留作局域网使用
B	128~191.0~255	0~255.1~254	IP 地址范围为 128.0.0.1~191.255.255.254。适用于中型网络，172.16.0.0~172.31.0.0 这 16 个网号留作局域网
C	192~223.0~255.0~255	1~254	IP 地址范围为 192.0.0.1~223.255.255.254。适用于小型网络，192.168.0.0~192.168.255.0 这 256 个网号留作局域网使用

② 子网掩码。

仅用 IP 地址中的第一个数或网络号来区分一个 IP 地址是哪类地址，对于人类来说，也是较困难的，而且，如何让计算机也可以很容易地区分网络号和主机号呢？这个工作最终还是要通过计算机去执行。解决的办法就是使用子网掩码（Subnet Mask）。

子网掩码是一个 32 位的位模式。位模式中为 1 的位用来定位网络号,为 0 的位用来定位主机号。其主要作用是划分子网和让计算机很容易地区分网络号和主机号。划分子网将在项目 9 详细介绍。A、B、C 三类网络默认的子网掩码表如表 8.2 所示。

表8.2 A、B、C 三类网络默认的子网掩码表

类　　别	子网掩码位模式	子 网 掩 码
A	11111111 00000000 00000000 00000000	255.0.0.0
B	11111111 11111111 00000000 00000000	255.255.0.0
C	11111111 11111111 11111111 00000000	255.255.255.0

子网掩码区分 IP 地址中的网络号和主机号的方法:将 IP 地址与子网掩码逻辑"与"运算,结果即网络号;将子网掩码取反与 IP 地址逻辑"与"运算,结果即主机号。

【例 8-1】已知一主机的 IP 地址为 192.9.200.13,子网掩码为 255.255.255.0。求该主机 IP 地址的网络号和主机号。

(1)先将 IP 地址和子网掩码化为二进制数:

192.9.200.13 → 11000000 00001001 11001000 00001101

255.255.255.0 → 11111111 11111111 11111111 00000000

(2)按两组数字进行逻辑"与"(AND)运算:

11000000 00001001 11001000 00000000,得到网络号为 192.9.200.0。

(3)子网掩码取反为 00000000 00000000 00000000 11111111。

192.9.200.13 → 11000000 00001001 11001000 00001101

逻辑"与"运算:00000000 00000000 00000000 00001101,得到主机号为 0.0.0.13。

2. 现场总线

1)现场总线技术概念

现场总线(Fieldbus)技术是实现现场级设备数字化通信的一种工业现场层网络通信技术,是安装在过程区域的现场设备、仪表与控制室内的自动控制装置系统之间的一种串行、数字式、多点通信的数据总线。

以单个分散、数字化、智能化的测量和控制设备作为网络节点,用总线相连,实现信息的相互交换,使不同网络、不同现场设备之间可以信息共享。

2)主要现场总线

世界上没有形成一致认可并执行的现场总线标准。

目前,现场总线标准主要有基金会现场总线、PROFIBUS、PROFINET 实时以太网、LonWorks、CAN 等。

西门子 S7-1200 系列 PLC 在配备相应的 CM 后可以接入 PROFIBUS 网络和 AS-i 网络,S7-1200 系统 PLC 中则直接配备有 PROFINET 网络、PROFIBUS 网络和 AS-i 网络三种端口,其中 PROFINET 网络功能最为强大,具有替代其他两种网络的态势。

3. 西门子的通信体系

西门子目前提供了一整套各种开放的、应用于不同控制级别的工业环境的通信系统，统称为 SIMATIC NET。西门子的通信体系如图 8.4 所示。

通信协议按照 OSI 七层参考模型架构设计，具有金字塔式结构，顶层为基于国际标准 IEEE802.3 的开放式工业以太网，中间层则采用 PROFIBUS 端口实现工业总线级通信。

S7-1200 PLC 的 CPU 中集成了一个 PROFINET 以太网接口，可以与编程计算机、人机界面（HMI）和其他 S7 系列的 PLC 通信。在中间层则采用 PROFIBUS 端口实现工业现场总线级通信。

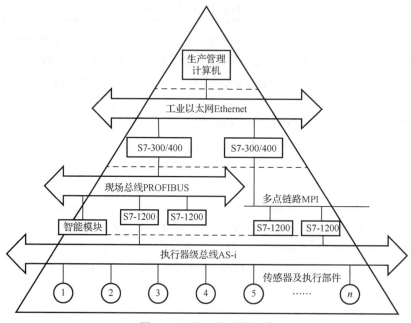

图 8.4 西门子的通信体系

二、PROFINET 通信技术

PROFINET 是由西门子公司和 PROFIBUS 用户协会联合开发的基于工业以太网的新型开放式通信标准，是一种真正的工业以太网，标准序号为 IEC 61158/61784，也是西门子公司在后续产品开发中主推的网络标准。

借助 PROFINET 通信标准，用户能够通过一根电缆实现自动化设备与标准以太网设备等多制造商产品之间的无缝连接。

借助 PROFINET 通信标准，西门子能够有效减少通信接口数量，同时实现从 PROFIBUS 解决方案到 PROFINET 之间的有效转换，增加了产品向上兼容性。

PROFINET 通信标准具有开放、灵活、高效和高性能特性四个特征。采用 PROFINET 通信标准，1 个 SIMANTIC 控制器可以管理多达 512 台设备，轻松实现大型网络结构。

1. 本地/伙伴连接

本地/伙伴连接是 S7-1200 实现不同设备之间通信的主要手段，通过定义两个逻辑分配来建立通信服务,其中发起者为本地设备,被连接方为远程伙伴设备。建立逻辑分配时,需要对通信伙伴的主从关系进行定义,还需要通过通信伙伴属性来确定连接类型(如PLC、HMI或设备连接)及连接路径。

通信连接通过相关指令来实现。连接建立之后,CPU会自动保持和监视该连接。如果连接由于意外发生终止(如断续),那么连接中的主动方将自动尝试重新建立组态连接,并需要重新执行通信指令实现通信连接功能。

PROFINET一共支持TCP、UDP和ISOonTCP三种通信协议,其中最常使用的是TCP。通过TCP,CPU可以实现与其他CPU、编程设备、HMI设备和非西门子设备通信,如图8.5所示。在S7-1200 PLC的产品中,只有部分CPU设置有以太网交换机,多数CPU(如1211C、1212C和1214C等)没有。对这些设备来说,如果网络中除编程设备、HMI设备和非西门子设备外,CPU数量超过1个,就需要通过外置以太网交换机来实现网络通信,除非系统中只有1个CPU或网络只实现2个CPU间的通信。

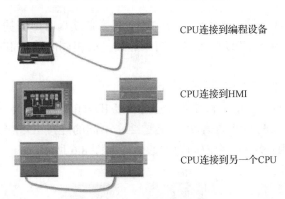

图8.5　PROFINET通过TCP的连接方式

2. PROFINET指令

TCP与设备硬件紧密相关,是一种高效的面向连接的通信协议,适合用于中等大小或较大的数据量(最多8192字节)。该协议具有错误恢复、流控制和可靠性自检等特性,能够实现对其他基于TCP的第三方系统的广泛支持。在PROFINET指令中,针对不同协议设置了不同的控制指令,三种以太网协议的指令如表8.3所示。通常,在TCP和ISOonTCP中,只接收指定长度的数据包,对于变长度的数据包则采取特殊模式。

表8.3　PROFINET三种以太网协议的指令

协　议	用途示例	在接收区输入数据	通信指令	寻址类型
TCP	CPU与CPU通信帧传输	特殊模式	仅TRCV_C和TRCV	将端口号分配给本地(主动)和伙伴(被动)设备
		指定长度的数据接收	TSEND_C、TRCV_C、TCON、TDISCON、TSEND和TRCV	
ISOonTCP	CPU与CPU通信消息的分割和重组	特殊模式	仅TRCV_C和TRCV	将TSAP分配给本地(主动)和伙伴(被动)设备
		协议控制	TSEND_C、TRCV_C、TCON、TDISCON、TSEND和TRCV(V4.1及早期指令)	

续表

协 议	用途示例	在接收区输入数据	通 信 指 令	寻 址 类 型
UDP	CPU 与 CPU 通信用户程序通信	用户数据报协议	TUSEND 和 TURCV	将端口号分配给本地（主动）和伙伴（被动）设备，但不是专用链接

PROFINET 中基于 TCP 的指令共有 6 个，分别用来建立连接、组态配置和数据传输：TSEND_C、TRCV_C、TCON、TDISCON、TSEND、TRCV。

1）连接 ID

PROFINET 的网络连接中，需要对每一个连接设备设置具有唯一性的连接 ID。连接 ID 可以在连接建立指令中直接设定，也可以在组态配置时设定。连接 ID 需要满足以下 3 个条件。

（1）连接 ID 对于 CPU 必须是唯一的，每个连接必须具有不同的数据块和连接 ID。

（2）本地 CPU 和伙伴 CPU 都可以对同一连接使用相同的连接 ID 编号，且连接 ID 编号不需要匹配。

（3）CPU 的连接 ID 可以使用任何数字。

针对同样的物理连接，可以采用灵活配置连接 ID 的方法实现不同的连接方式。例如，对于两个相同 CPU 之间的网络通信，可以通过 2 个不同的连接 ID 实现 2 个单向数据通信，也可以通过 1 个连接 ID 实现 1 个双向数据通信，如图 8.6 所示。

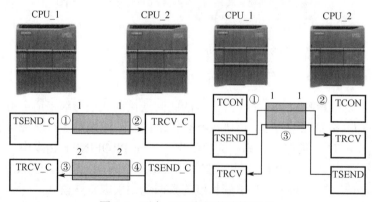

图 8.6 两个 CPU 之间的连接方式

2）通信指令

博途 V14 支持的通信指令如图 8.7 所示。

（1）基本通信指令。

① 指令包括 TCON、TDISCON、TSEND、TRCV，分别完成建立通信连接、断开通信连接、通过通信连接发送数据和通过通信连接接收数据。

② 指令组态四个基本指令采取异步运行，状态分为 DONE（操作完成）、BUSY（运行中）和 EROOR（错误）三种。

③ 指令执行过程首先由 TCON 在客户机与服务器 PC 之间建立 TCP/IP 连接，之后通

过 TSEND 和 TRCV 实现数据发送和接收操作；当数据通信完成之后，通过 TDISCON 指令来断开连接。

在数据传输过程中，传送（TSEND）或接收（TRCV）数据量最小为 1 字节，最多为 8192 字节，数据格式不支持布尔位置信号。

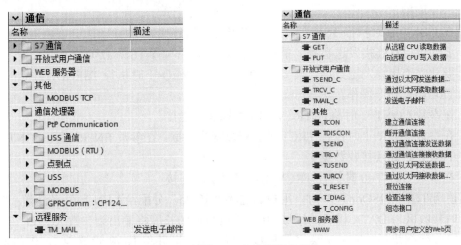

图 8.7　博途 V14 支持的通信指令

（2）简化指令。

简化指令包括 TSEND_C 和 TRCV_C，是为了简化 PROFINET/以太网通信编程而设定的两个指令，兼容了 TCON、TDISCON、TSEND 和 TRCV 四个指令的功能。

TSEND_C 兼具 TCON、TDISCON 和 TSEND 指令的功能。TRCV_C 兼具 TCON、TDISCON 和 TRCV 指令的功能。可使用指令的"属性"栏来实现通信参数的组态，如图 8.8 所示。

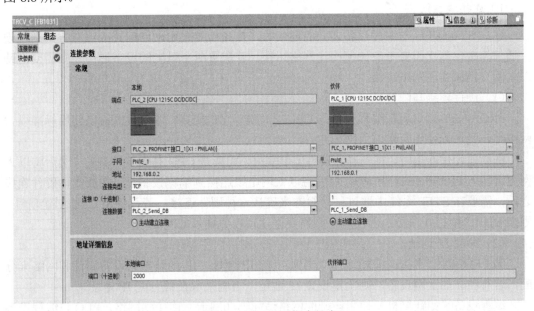

图 8.8　TRCV_C 指令组态

与 TSEND 指令相同，TSEND_C 指令也需要通过 REQ 参数的上升沿来启动发送作业。

① TSEND_C 指令操作。
- 在 CONT=1 时执行 TSEND_C，建立网络连接，成功建立连接后，置位 DONE 参数一个周期。
- 在 CONT=0 时执行 TSEND_C，可以断开网络连接。
- 要通过已有连接发送数据，需要在 REQ 上升沿执行 TSEND_C。
- 要建立连接并发送数据，需要在 CONT=1 且 REQ=1 时执行 TSEND_C。

② TRCV_C 指令操作。
- 在参数 CONT=1 时执行 TRCV_C，可以建立连接。
- 在参数 EN_R=1 时执行 TRCV_C，可以接收数据。在参数 EN_R=1 且 CONT=1 时，TRCV_C 连续接收数据。
- 在参数 CONT=0 时执行 TRCV_C，可以切断连接。

当使用 TCP 或 ISOonTCP 时，用户通过将 "65535" 分配给 LEN 参数来设置 "特殊模式"，此时接收区与 DATA 构成的区域相同。接收数据的长度将输出到参数 RCVD_LEN 中。被动方接收数据块后，TRCV 会立即将数据写入接收区并将 NDR 设置为 1。若将数据存储在优化数据块（仅符号访问）后，则只能接收数据类型为 Byte、Char、USInt 和 SInt 的数据。

在 S7-300/400 PLC 的 STEP7 项目中，可以通过将 "0" 分配给 LEN 参数来设置 "特殊模式"。若要将包含特殊模式的 S7-300/400 项目导入 S7-1200 PLC 中，则必须将 LEN 参数设置成 "65535" 而非 "0"。

3. 组网

1）连接编程设备

建立 S7 的 CPU 与编程设备之间的通信时，首先需要采用硬件配置或组态方式实现硬件通信连接，其次需要考虑如何构建网络拓扑。若配置两个以上的设备通信，则需要借助以太网交换机实现网络连接。

（1）硬件连接与配置。

PROFINET 接口可在编程设备与 CPU 之间建立物理连接，该连接既可以使用标准以太网电缆，又可以使用跨接以太网电缆。

在创建硬件连接时，首先确保硬件安装完好，尤其是 CPU 是否安装到位，然后将以太网电缆插入 PROFINET 端口中，最后将以太网电缆连接到编程设备上。完成实体硬件连接之后，需要在 STEP 系统中通过硬件组态来确认这种硬件连接。若已使用 CPU 创建项目，则在 STEP7 中打开项目；若没有，则需要创建项目并插入 CPU。

（2）分配 IP 地址。

为 PROFINET 网络中每个设备分配唯一的 IP 地址。IP 地址根据设备属性和网络来分配，若有独立的上网设备，则固定设置 IP 地址，否则采取在线分配 IP 地址。

编程设备（如计算机）使用自带的网络适配器（网卡）连接到网络，PLC 与编程设备网卡的 IP 地址设置：二者的网络 ID 和子网掩码必须完全相同。其中网络 ID 指 IP 地址的

第一部分（如 A 类为第一字节，B 类为前两字节，C 类为前三字节），它决定用户所在的 IP 网络。A 类子网掩码通常为 255.0.0.0，B 类子网掩码通常为 255.255.0.0，C 类子网掩码通常为 255.255.255.0。如果系统处于工厂 LAN 中，那么子网掩码也可以使用不同的值（如 255.255.254.0）以设置唯一的子网。

（3）网络测试。

完成组态后，必须将项目下载到 CPU 中进行测试和通信。下载项目时会对所有 IP 地址进行组态，"下载到设备"功能及"扩展的下载到设备"对话框可以显示所有可访问的网络设备，以及是否为所有设备均分配了唯一的 IP 地址。

2）PLC 到 PLC 通信

两个 PLC 的 CPU 之间的通信可以实现 PLC 的性能拓展，完成更加复杂的控制和通信功能。

这种通信需要借助 TSEND_C 和 TRCV_C 指令来实现，由主动 PLC 发起通信请求，被动 PLC 同意连接要求之后建立连接。

（1）建立硬件通信连接：通过 PROFINET 硬件接口建立两个 CPU 之间的物理连接。

（2）配置设备：配置组态项目中的两个 CPU。

（3）组态两个 CPU 之间的逻辑网络连接：在"设备和网络"界面中创建各设备之间的网络连接，并确定连接类型。

（4）在项目中组态 IP 地址：为两个 CPU 分配网络中唯一的 IP 地址，以实现以太网通信和识别。

（5）组态传送（发送）和接收参数：以 TSEND_C 和 TRCV_C 指令实现数据的发送和接收。

（6）测试 PROFINET 网络：下载程序到 CPU 中，完成网络测试。

4．Web 服务器

Web 服务器允许用户通过 Web 页面远程访问 CPU 数据和过程数据，为 PLC 的使用和编程提供了很大的便利。截至目前，所有带 PN 口的 SIMATIC S7-300/400、S7-1200/1500 CPU 或者配置了 CP 卡的 SIMATIC S7-300/400、S7-1500 的 PLC 均支持该项功能，用户可以利用 IE 等浏览器工具，不需要博途、STEP7 等工具软件实现对 PLC 的诊断。目前，该项功能支持的浏览器主要有 Internet Explorer 8.0 或更新版本、Mozilla Firefox 3.0 或更新版本和 Opera 11.0 或更新版本。

1）添加支持 Web 服务的 CPU

新建项目"Web"，添加一个支持 Web 服务的 CPU，如图 8.9 所示，添加了 CPU 1511-1 PN。

2）启动 Web 服务器

在 CPU 属性"Web 服务器"模块上勾选"启用模块上的 Web 服务器"复选框。如果需要对 Web 服务器进行安全访问，就还需要勾选"仅允许通过 HTTPS 访问"复选框，如图 8.10 所示。将设备组态下载到 PLC 之后，就可以使用标准 Web 页面访问 CPU 了。若勾选了"启用自动更新"复选框,则标准 Web 页面每 10s 刷新一次。用户也可以创建自定义 Web 网页,功能与默认服务器功能相同。"Web 服务器"模块还可以进行用户管理[新建、修改访问级别(若选择所有功能权限,则访问级别为"管理")和用户密码]。图中新增了用户名 user2,访问级别为"最小",密码自定。用户管理操作完成后将组态下载到 PLC 并复位。

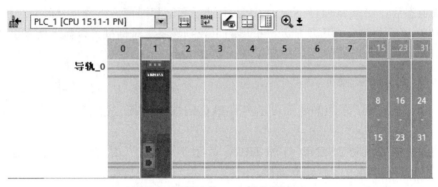

图 8.9　添加支持 Web 服务的 CPU

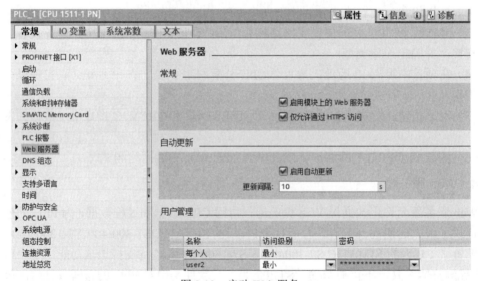

图 8.10　启动 Web 服务

3)网络连接及配置

确保计算机和 PLC 位于同一个以太网中,或直接使用标准以太网电缆连接。网络地址通常为"http://www.xx.yy.zz",其中 www.xx.yy.zz 为所要访问 PLC 的 IP 地址。

4)Web 页面

浏览器初始页面为 PLC 的介绍页面,如图 8.11 所示。该页面是进入 S7-1200 标准 Web 页面的欢迎画面。屏幕上方是有用的 SIEMENS Web 网站的链接以及下载 SIEMENS 安全证书的链接。单击屏幕左上角的"ENTER"按钮可访问 S7-1200 标准 Web 页面。

图 8.11　Web 介绍页面

标准的 Web 页面的布局，共有 9 个导航链接页面。

（1）起始页面（StartPage）：显示所连接 CPU 名称及常规信息，如图 8.12 所示。如果以"admin"登录，就可以更改 CPU 的操作模式。

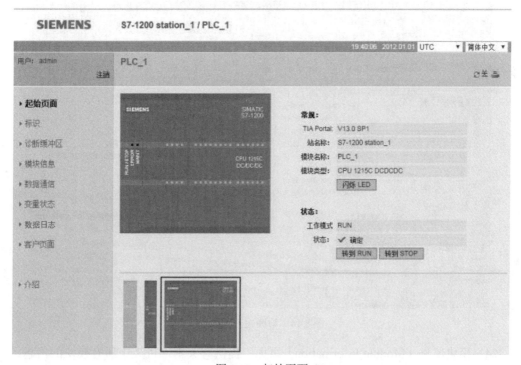

图 8.12　起始页面

（2）标识（Identification）页面：显示有关 CPU 的详细信息，包括序列号、订货号和版本等信息，如图 8.13 所示。

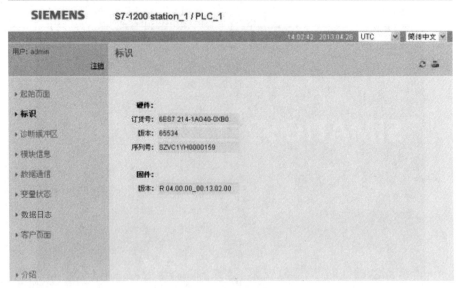

图 8.13　标识页面

（3）诊断缓冲区（Diagnostic Buffer）页面：显示诊断事件，如图 8.14 所示。

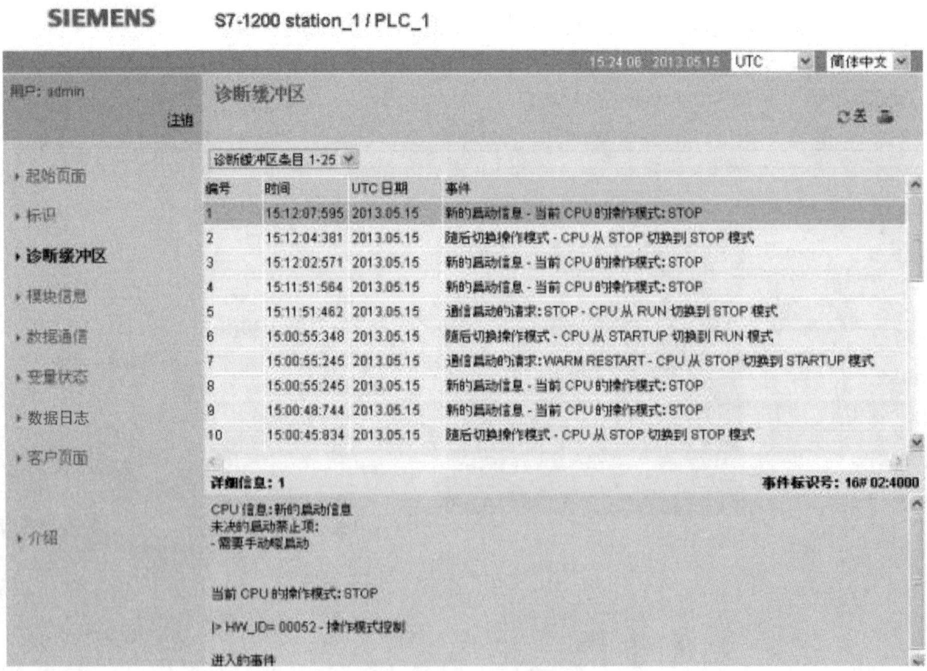

图 8.14　诊断缓冲区页面

（4）模块信息（Module Information）页面：提供有关本地机架中所有模块的信息，如图 8.15 所示。

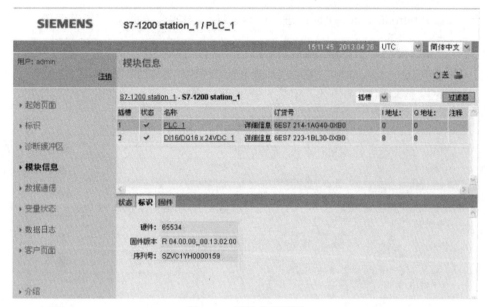

图 8.15 模块信息页面

（5）数据通信（Data Communication）页面：显示所连 CPU 的参数及通信统计数据，如图 8.16 所示。

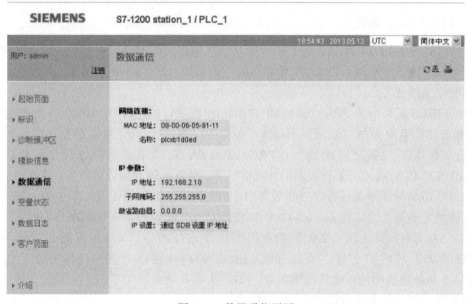

图 8.16 数据通信页面

（6）变量状态（Variable Status）页面：允许查看 CPU 中的任何 I/O 或存储器数据，也可直接查看特定数据块的变量，如图 8.17 所示。

（7）文件浏览器（File Browser）：可浏览存储在 CPU 内部或存储卡中的数据日志文件（Datalogs）和配方文件（Recipes）。

（8）客户页面（User Page）：客户建立的页面。

（9）介绍（Introduction）页面：进入标准 Web 页面的介绍页面。

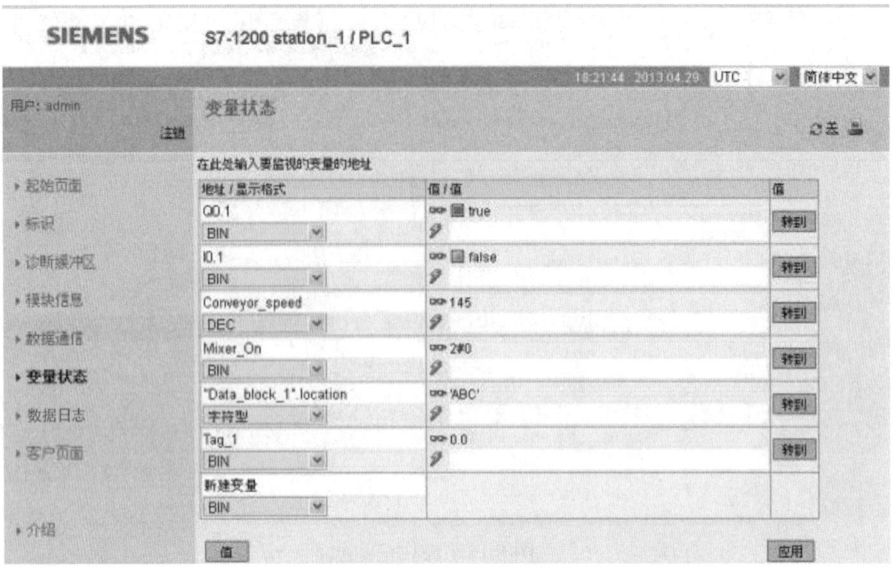

图 8.17　变量状态页面

三、PROFIBUS 通信技术

1. PROFIBUS 概述

PROFIBUS 是由 14 家工业企业和 5 家科研机构在德国联邦研技部的资助下完成的生产过程现场总线标准规范，自 1987 年起被批准为德国标准，1996 年被批准为欧洲现场总线标准的组成部分之一。

PROFIBUS 又可分为 PROFIBUS-DP、PROFIBUS-PA、PROFIBUS-FMS 三个兼容版本，其中 PROFIBUS-DP 总线主要应用于高速设备分散控制或自动化控制，特别适用于 PLC 与现场级分散 I/O 设备之间的通信；PROFIBUS-PA 总线主要面向过程自动化设计；PROFIBUS-FMS 总线面向车间级通用性通信任务，可以提供大量通信服务，完成中等传输速率的循环与非循环通信任务。三个版本中，PROFIBUS-DP 在工业应用中最为规范，该协议支持绝大多数的硬件设备，S7-1200 中的 PROFIBUS 指的是 PROFIBUS-DP。

S7-1200 CPU 固件从 V2.0 开始，组态软件 STEP7 从 V11.0 开始，就实现了对 PROFIBUS-DP 通信的支持。支持 PROFIBUS 的模块主要有 CM1243-5 主站模块和 CM1242-5 从站模块两种，地址范围为 0～127，实际有效地址为 2～125。采取这种通信方式，传输速率可以从 9.6kbit/s 上升到 12Mbit/s。

PROFIBUS 系统采用了主从式网络结构，总线主站轮询 PROFIBUS 总线上以多点方式分布的从站设备。主站属于主动站，具有发起通信、处理数据和实现控制的功能，分为两类。第一类主站主要用于处理与分配给它的从站之间的常规通信或数据交换，通常是中央 PLC 或运行特殊软件的计算机；第二类主站主要用于调试从站和诊断的特殊设备，通常是具有调试、维护或诊断等组态功能的计算机。

PROFIBUS 从站可以处理任何信息，并将其输出发送到主站的外围设备（如 I/O 传感器、阀、电动机驱动器或其他测量设备)。从站设备没有总线访问权限,属于被动站,只能确认接收到的消息或根据请求将响应消息发送给主站,各从站优先级相同。

S7-1200 可通过 CM1242-5 通信模块作为从站连接到 PROFIBUS 网络,也可以通过 CM1243-5 通信模块作为主站连接到 PROFIBUS 网络。若 PLC 同时安装了 CM1242-5 通信模块和 CM1243-5 通信模块,则 S7-1200 可同时充当更高级 DP 主站系统的从站和更低级 DP 从站系统的主站。S7-1200 PLC 构成的 PROFIBUS 网络结构如图 8.18 所示。

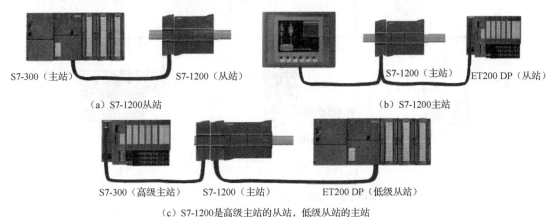

图 8.18　S7-1200 PLC 构成的 PROFIBUS 网络结构

2. PROFIBUS 通信模块

S7-1200 的 PROFIBUS 通信模块包括 CM1243-5 主站模块和 CM1242-5 从站模块两种,这两个 CM 执行的是 PROFIBUS-DP-V1 协议,支持周期性数据通信。此外,CM1243-5 还支持非周期性通信和 S7 通信。两个 CM 可以与不同的 DPV0/V1 主站/从站通信伙伴进行数据通信。

CM1242-5 支持分布式 I/O SIMATIC ET200、配备 CM1242-5 的 S7-1200 CPU、带有 PROFIBUS-DP 模块 EM277 的 S7-200 CPU、SINAMICS 变频器、各家供应商提供的驱动器和执行器、各家供应商提供的传感器、具有 PROFIBUS 接口的 S7-300/400 CPU、配备 PROFIBUS-CP(如 CP342-5)的 S7-300/400 CPU 和 SIMATIC PC 站等。CM1242-5 用作 PROFIBUS 从站如图 8.19 所示。

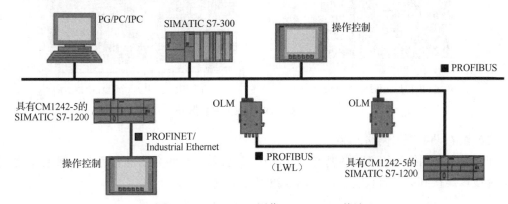

图 8.19　CM1242-5 用作 PROFIBUS 从站

CM1243-5 支持 SIMATIC S7-1200、S7-300、S7-400、S7 等模块化嵌入式控制器、DP 主站模块和分布式 I/O SIMATIC ET200、SIMATIC PC 站、SIMATIC NETIE /PBLink，以及其他各家供应商提供的 PLC。CM1243-5 用作 PROFIBUS 主站如图 8.20 所示。

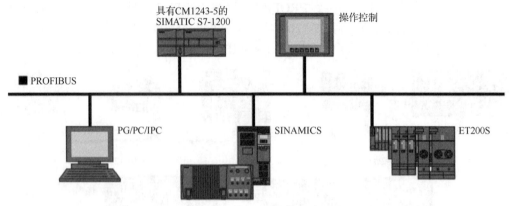

图 8.20 CM1243-5 用作 PROFIBUS 主站

【案例 8-1】PROFIBUS 主、从站通信

建立 PROFIBUS 通信，首先需要对通信网络进行组态，完成通信主站和从站的添加和配置；然后建立逻辑网络连接；最后给通信中的设备分配网络唯一地址，以下为具体步骤。

（1）添加 DP 主站和 DP 从站。

首先添加 DP 主站（CPU314C-2 PN/DP），如图 8.21（a）所示；再添加与之对应的从站（CPU1215C DC/DC/Rly），如图 8.21（b）所示。两种添加都需要在"设备和网络"的硬件目录中进行操作。

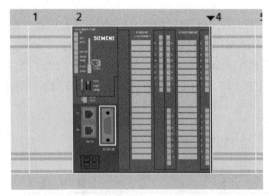 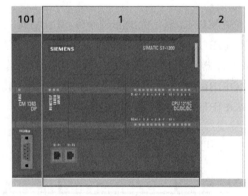

（a）添加 DP 主站（CPU314C-2 PN/DP）　　　（b）添加 DP 从站 CPU1215C DC/DC/Rly

图 8.21 添加 DP 主站和从站模块

（2）组态设备逻辑网络连接。

在"设备和网络"的"网络视图"功能中，选择第一台设备上的紫色框（深色），通过拖动连线以连接到第二台设备上，如图 8.22 所示。

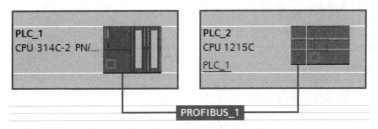

图 8.22　组态网络连接

(3) 分配 PROFIBUS 地址。

在 PROFIBUS 的"属性"选项卡中对主站和从站接口的参数进行调整,为每台设备分配一个网络中唯一的 PROFIBUS 地址。原则上来说,地址范围为 0～127,但实际上可用地址的范围是 2～126,主站的地址为 2,如图 8.23 所示;从站的地址为 3,如图 8.24 所示。

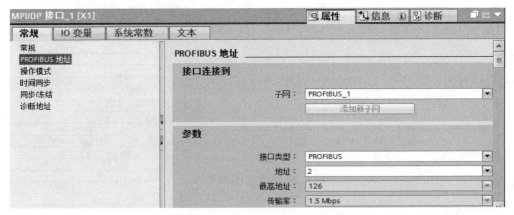

图 8.23　分配 PROFIBUS 主站地址

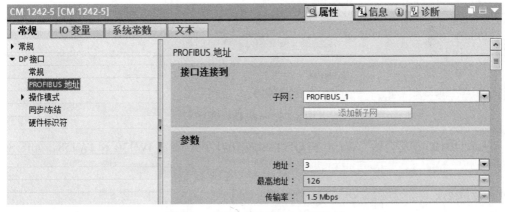

图 8.24　分配 PROFIBUS 从站地址

(4) 编程。

① 主站程序。

主站 OB33 程序,将要发送的第一个字 QW128 加 1,如图 8.25 所示。为防止 DP 主站不能与从站正常通信造成停机,为主站生成 OB82、OB86 和 OB122,不需要编程,主站 OB1 也不需要编程。

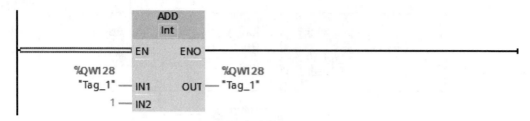

图 8.25 主站 OB33 程序

主站 OB100 程序,将要发送的 QW128 开始的 16 个整数初始化为 16#3333,将接收数据 IW128 开始的 16 个数据清零,如图 8.26 所示。

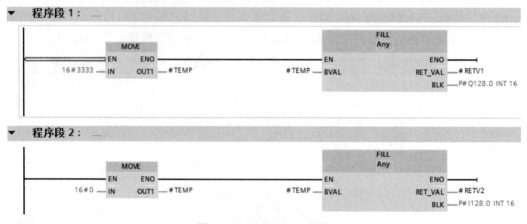

图 8.26 主站 OB100 程序

② 从站程序。

从站 OB1 程序中将要发送的 QW128 加 1,如图 8.27 所示。

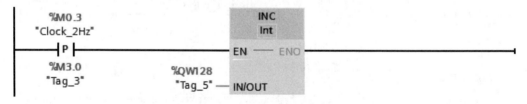

图 8.27 从站 OB1 程序

从站 OB100 程序,给 QW130 和 QW158 送 16#1200,清零 IW130 和 IW158,如图 8.28 所示。

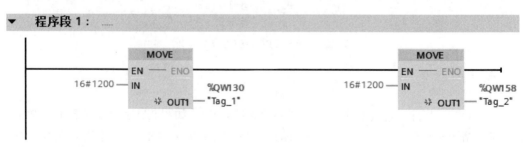

图 8.28 从站 OB100 程序

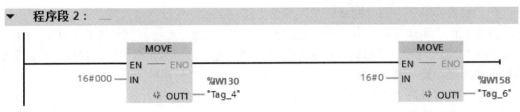

图 8.28 从站 OB100 程序（续）

知识卡 17　S7-1200 其他通信技术

一、西门子 S7 通信技术

1. S7 通信协议概述

S7 通信协议是西门子 S7 系列 PLC 内部集成的一种专有通信协议，是西门子 S7 通信协议簇里的一部分。从结构来看，S7 以太网协议对应于 OSI 7 层模型的上 3 层，即 5 层会话层、6 层表示层和 7 层应用层，1～4 层由其他以太网协议（如 PROFIBUS 和 PROFINET）提供支撑。协议运行在传输层之上，可实现基于 MPI 网络、PROFIBUS 网络或者以太网的数据传输。通信协议规则被封装在 TPKT 和 ISO-COTP 协议中，这使得协议数据单元（PDU）能够通过 TCP 实现数据传送。协议主要用于 PLC 编程、PLC 之间交换数据及从 SCADA（数据监视和采集系统）访问 PLC 数据并进行诊断。

S7 通信支持两种方式，即基于客户端（Client）/服务器（Server）的单边通信和基于伙伴（Partner）/伙伴（Partner）的双边通信。目前 S7-1200 的 PROFINET 端口同时支持两种通信方式。对于 C/S 通信方式，只需要在客户端一侧进行配置和编程，服务器一侧只需要准备好被访问的数据，不需要任何编程操作。

2. S7 通信协议指令

在 S7 通信协议中，客户端进行操作使用的指令包括 GET 和 PUT，其中 GET 指令实现数据读取，PUT 指令实现数据存储。

（1）GET 和 PUT 指令。

GET 和 PUT 指令是 S7 通信的两个重要指令，通过这两个指令可以实现 CPU 之间的通信。

通过 ADDR_x 端口，GET 和 PUT 指令可以通过绝对地址访问远程 CPU 和标准数据块中的数据，也可以使用绝对地址或符号地址分别作为 GET 或 PUT 指令的 RD_x 或 SD_x 输入字段的输入。但是 S7-1200 的 CPU 不能访问远程 S7-1200 CPU 的优化数据块中的数据块变量。

通过 GET 指令可接收的字节总数或者通过 PUT 指令可发送的字节总数有一定的限制，具体取决于四个可用地址和存储区数量，各个地址和存储区参数的字节数之和必须小于或等于定义的限值。

（2）组态连接。

要想实现 S7 通信，首先需要创建通信连接，之后控制器将设置、建立并自动监视该连接。

在"设备和网络"的"网络视图"界面下建立连接,进行网络互联。

首先,在"连接"选项卡中确定连接类型为S7连接,连接两个设备的PROFINET框创建PROFINET连接;然后需要在通信指令的"属性"组态对话框中确定通信参数;最后需要在"连接参数"对话框的"地址详细信息"中定义要使用的TSAP或端口。

端口信息可以在"本地TSAP"和"伙伴TSAP"中进行输入确认。

(3) 连接参数分配。

在使用GET或PUT指令时,需要对两个指令的连接参数进行分配。在"连接参数"页面中实现必要的S7连接组态,确认连接中的本地端点和伙伴端点信息,也可以通过"块参数"页面组态其他块参数。

对于S7连接参数中的连接ID,可在GET/PUT块中直接更改。若新设置的ID属于已有连接,则连接将相应改变;若不属于已有连接,则会创建新S7连接。这种连接信息也可通过"连接概况"对话框进行更改。

在S7通信中,可以通过"连接概况"对话框对连接名称进行编辑。对话框中列出了所有可用S7连接,可以选择这些连接作为当前GET/PUT通信的备选方式,也可以创建全新的连接。在"连接概况"对话框通过单击"连接名称"按钮启动。

(4) 基于PROFINET的S7通信。

① 确定PLC-1为本地端点,把PLC-2确定为伙伴端点,当两个CPU之间出现了绿色连线之后说明这一连接关系确定。

② 按照两个CPU类别,设定"本地接口"和"伙伴接口"的参数,尤其需要选择接口类型为PROFINET Interface,其中本地接口编号为R0/S1,伙伴接口编号为R0/S2。两个接口类型均设置为"Ethernet/IP"。

③ 按照需求设置连接子网的名字,如PN/IE_1,并且按照两个通信端口的IP地址确定本地/伙伴端口的IP地址。

④ 连接ID需要与GET/PUT功能块中参数保持一致,如均设置为100。

⑤ 确定连接名称之后,选择主动连接建立即可完成S7通信的连接。若想要实现双向通信,则将"单向"选项勾除即可。

完成以上五步之后,即可在"网络视图"中查看这一连接,之后可以通过两个指令进行S7通信操作。

二、AS-i通信技术

AS-i(Actuator-Sensor-interface)是一种用在控制器(主站)和传感器/执行器(从站)之间双向交换信息的总线网络,属于自动化系统中最低级别的单一主站网络连接系统。该系统能够通过主站网关实现与多种现场总线的连接,此时AS-i主站对于上层现场总线来说是一个节点服务器。这种总线结构主要运用于具有开关量特征的传感器和执行器系统,也能够连接模拟量信号系统。

AS-i总线中的连接导线兼具信号传输和供电的功能,节省了独立的供电线路,在现场控制中使用频率较高。S7-1200提供了AS-i主站卡CM1243-2,以实现与AS-i网络的连接。通过CM1243-2,仅需一条AS-i电缆即可将传感器和执行器(AS-i从站设备)连接到CPU。

CM1243-2 可处理所有 AS-i 网络协调事务，并通过为其分配的 I/O 地址中继传输从执行器和传感器到 CPU 的数据和状态信息。根据从站类型，可以访问二进制值或模拟值。AS-i 从站是 AS-i 系统的输入和输出通道，并且只有在由 CM1243-2 调用时才会激活。

S7-1200 是控制 AS-i 操作面板和数字量、模拟量 I/O 模块从站设备的 AS-i 主站，如图 8.29 所示。

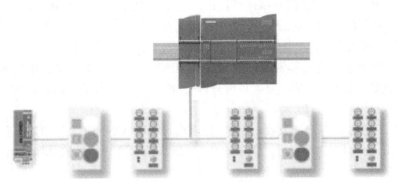

图 8.29　S7-1200 控制 AS-i 操作面板及从站

三、Modbus 通信技术

Modbus 是 Modicon 公司（现在的施耐德电气 Schneider Electric）于 1979 年提出的一种串行通信协议。由于具有开放式、易使用、易维护的特性，故该协议被称为工业领域通信协议的业界标准，是工业电子设备之间常用的连接方式。该协议允许多个（大约 240 个）设备连接在同一个网络上进行通信。

Modbus 协议具有用于串口、以太网和其他支持互联网协议的多个版本。大多数通过串行连接实现通信，又分为采取二进制数据的紧凑 Modbus RTU 和支持 ASC 码的 Modbus ASCII 两种形式，分别采取循环冗余校验和纵向冗余校验进行误码识别，且两种版本之间不可互相通信。

对于通过 TCP/IP（如以太网）的通信连接，采取多种不需要校验和计算 Modbus TCP 的形式。除此之外，Modbus 还有一个 Modicon 专有的扩展版本 Modbus Plus（Modbus+或者 MB+）。S7-1200 中仅支持 Modbus RTU 和 Modbus TCP 两种形式。

1. Modbus RTU

Modbus RTU（远程终端单元）是一个标准的网络通信协议，使用 RS232 或 RS485 在 Modbus 网络设备之间实现串行数据传输。S7-1200 中可以在带有一个 RS232 或 RS485 CM，也可在一个 RS485 CB 的 CPU 上添加 PtP 网络端口实现这种网络连接。Modbus RTU 网络使用主/从结构，主设备启动通信，从设备响应主设备请求。在操作中，通常由主设备向一个从设备地址发送请求，从设备地址对命令做出响应。

PLC 作为 Modbus RTU 主站（或 Modbus TCP 客户端）运行时，可在远程从站（或服务器）中进行读/写数据、查询 I/O 状态、数据处理。

PLC 作为 Modbus RTU 从站（或 Modbus TCP 服务器）运行时，允许监控装置在远程 CPU 中进行读/写数据和查询 I/O 状态操作。

STEP7 中针对 Modbus RTU 的操作指令共有 3 个，分别是设置 PtP 端口参数 MB_COMM_LOAD、设置主设备 MB_MASTER 和设置从设备 MB_SLAVE，具体指令的使用方法可以查看技术手册。

2. Modbus TCP

Modbus TCP 是一个标准的网络通信协议，它使用 CPU 上的 PROFINET 连接器进行 TCP/IP 通信，不需要额外的通信硬件模块。该协议支持多个客户端—服务器连接，连接数最大为 CPU 型号所允许的最大连接数。在 Modbus TCP 通信中，提供服务的站称为服务器 MB_SERVER，请求服务的站称为客户端 MB_CLIENT，每个 MB_SERVER 连接必须使用一个唯一的背景数据块和 IP 端口号。目前只有 CPU 固件版本高于 V1.02 的 S7-1200 才支持这种通信协议。

Modbus TCP 通信由客户端发起。首先客户端通过 DISCONNECT 参数连接到特定服务器（从站）的 IP 地址和 IP 端口号，然后启动 Modbus 消息客户端传输并接收服务器响应，最后根据需要断开连接，以便与其他服务器连接。

S7-1200 中为 Modbus TCP 通信提供了两个控制指令，分别对应通信主站和通信从站，其中主站 MB_CLIENT 指令负责进行客户端—服务器 TCP 连接、发送命令消息、接收响应，以及控制服务器断开，从站 MB_SERVER 指令则根据要求连接至 Modbus TCP 客户端、接收 Modbus 消息及发送响应。两个指令的使用方法参考技术手册。

四、串行通信技术

1. 通信方式概述

通信是人们传递信息的方式。计算机通信将计算机技术和通信技术相结合，完成计算机与外部设备或计算机与计算机之间的信息交换。这种信息交换可分为两种方式：并行通信与串行通信。

并行通信是将数据字节的各位用多条数据线同时进行传送，如图 8.30（a）所示。并行通信的特点：控制简单，传送速度快。但由于传输线较多，长距离传送时成本较高，因此仅适用于短距离传送。

串行通信是将数据字节分成一位一位的形式在一条传输线上逐位地传送，如图 8.30（b）所示。并行通信的特点是传送速度慢。由于传输线少，长距离传送时成本较低，因此串行通信适用于长距离传送。

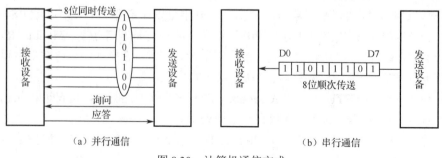

图 8.30 计算机通信方式

(1) 串行通信制式。

串行通信中数据是在两个站之间进行传送的，按照数据传送方向，串行通信可分为单工（simplex）、半双工（half duplex）和全双工（full duplex）三种制式。

在单工制式下，通信线的一端是发送器，另一端是接收器，数据只能按照一个固定的方向传送。

在半双工制式下，系统的每个通信设备都由一个发送器和一个接收器组成，但同一时刻只能有一个站发送，一个站接收；两个方向上的数据传送不能同时进行，即只能一端发送，另一端接收，其收发开关一般是由软件控制的电子开关。

全双工通信系统的每端都有发送器和接收器，可以同时发送和接收，即数据可以在两个方向上同时传送。

(2) 串行通信分类。

按照串行数据的时钟控制方式，串行通信分为异步通信和同步通信。

① 异步通信。

在异步通信中，数据通常是以字符为单位组成字符帧传送的。字符帧由发送端一帧一帧地发送，每一帧数据是低位在前，高位在后，通过传输线被接收端一帧一帧地接收。发送端和接收端可以由各自独立的时钟来控制数据的发送和接收，这两个时钟彼此独立，互不同步。

在异步通信中，接收端是依靠字符帧格式来判断发送端是何时开始发送、何时结束发送的。

字符帧也叫数据帧，由起始位、数据位、奇偶校验位和停止位四部分组成。

异步通信的重要指标为波特率。波特率为每秒钟传送二进制数码的位数，也叫比特数，单位为 bit/s，即位/秒。波特率用于表征数据传输的速度，波特率越高，数据传输速度越快。通常异步通信的波特率为 50～9600bit/s。波特率和字符的实际传输速率不同，字符的实际传输速率是每秒内所传字符帧的帧数，而波特率和字符帧格式有关。例如，波特率为 1200bit/s 的通信系统，若采用图 8.31（a）的字符帧（每一字符帧包含数据位 11 位），则字符的实际传输速率为 1200÷11≈109.09 帧/s；若改用图 8.31（b）的字符帧（每一字符帧包含数据位 14 位），则字符的实际传输速率为 1200÷14≈85.71 帧/s。

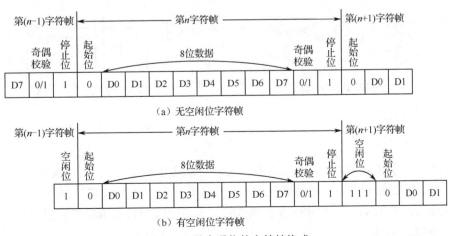

图 8.31 异步通信的字符帧格式

② 同步通信。

同步通信是一种连续串行传送数据的通信方式，一次通信只传输一帧信息。这里的信息帧和异步通信的字符帧不同，通常有若干个数据字符，如图 8.32 所示。图 8.32（a）所示为单同步字符帧格式，图 8.32（b）所示为双同步字符帧格式，它们均由同步字符、数据字符和校验字符（CRC）三部分组成。在同步通信中，同步字符可以采用统一的标准格式，也可以由用户约定。

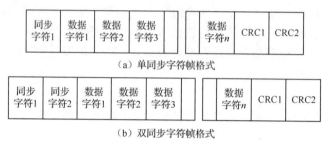

图 8.32 同步通信字符帧格式

同步传输方式比异步传输方式速度快，这是它的优势。但同步传输方式也有其缺点，即它必须要用一个时钟来协调收发器的工作，所以它的设备也较复杂，如 IIC 通信、SPI 通信等。

（3）串行通信的接口标准。

① RS232C 的最大通信距离为 15m，最高传输速率为 20kbit/s，只能进行一对一的通信。

② RS422 采用平衡驱动、差分接收电路，因为接收器是差分输入，所以两根线上的共模干扰信号互相抵消。当最大传输速率为 10Mbit/s 时，最大通信距离为 12m。当最大传输速率为 100kbit/s 时，最大通信距离为 1200m，最多支持 32 个节点。RS422 是全双工，用 4 根导线传送数据，可以同时发送和接收，其接线图如图 8.33 所示。

③ RS485 是 RS422 的变形，RS485 为半双工，对外只有一对平衡差分信号线，通信的双方在同一时刻只能发送数据或只能接收数据，其接线图如图 8.34 所示。使用 RS485 通信接口和双绞线可以组成串行通信网络。

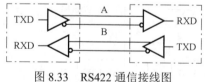

图 8.33 RS422 通信接线图

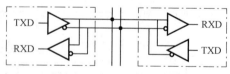

图 8.34 RS485 通信接线图

2. 点对点通信

1）点对点通信概述

S7-1200 为了拓展通信方式，采用串行通信的数据方式实现了点对点通信（PtP 通信）。在硬件上，S7-1200 为点对点通信提供了两个 CM 和一个 CB；CM 包括同时提供 RS232 和 RS485 通信的 CM1241 RS422/485 和提供 RS232 通信的 CM1241 RS232，以及提供 RS485 通信的 CB1241 RS485。

在实际的硬件连接中，一个 PLC 的 CPU 最多可以连接三个 CM（类型不限）外加一个 CB 共四个通信接口。这些串行通信接口具有以下特征。

① 具有隔离的端口。
② 支持点对点协议。
③ 通过扩展指令和库功能进行组态和编程。
④ 通过 LED 显示传送和接收活动。
⑤ 显示诊断 LED（仅限 CM）。
⑥ 由 CP 供电，不必外接电源。

此外，西门子还提供一个 RS485 网络连接器，以便多台设备之间的 RS485 通信。该连接器带有两组端子，分别用于连接输入和输出网络电缆。连接器还包括用于选择性地偏置和端接网络的开关，其连接方式如图 8.35 所示，偏置设置如图 8.36 所示。

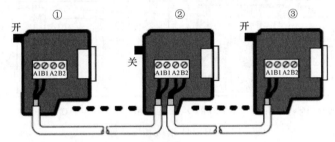

①—开关位置=开（ON），端接且偏置；
②—开关位置=关（OFF），无端接或偏置；
③—开关位置=开（ON），端接且偏置。

图 8.35　RS485 连接器的连接方式

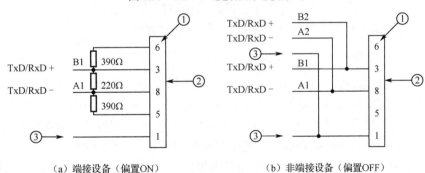

（a）端接设备（偏置ON）　　　　（b）非端接设备（偏置OFF）

①—引脚编号；②—网络连接器；③—电缆屏蔽

图 8.36　RS485 连接器的偏置设置

与 RS485 接口不同，CB1241 接口采用的不是传统的 9 针式连接方式，而是使用了接线端子的方式（X20 接口），如表 8.4 所示。CB1241 接口提供了用于端接和偏置网络的内部电阻。要终止或偏置连接，应将 TRA 连接到 TA，将 TRB 连接到 TB，以便将内部电阻接到电路中。其连接方式如图 8.37 所示。

表 8.4　RS485 9 针接口与 CB1241 接口的比较

序　号	RS485　9 针接口	X20 接口	序　号	RS485　9 针接口	X20 接口
1	LogicGND	—	7	Noused	—
2	Noused	—	8	TxD-	4-TRA
3	TxD+	3-TRB	9	Noused	—
4	RTS	1-RTS	shell		7-M
5	LogicGND	—			TA
6	5Vpower	—			TB

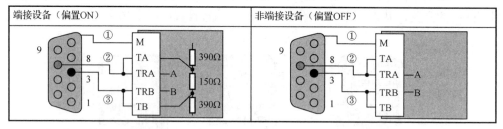

①—将 M 连接到屏蔽电缆；②—A=TxD/RxD-（绿色线/针 8）；③—B=TxD/RxD+（红色线/针 3）。

图 8.37　CB1241 端接和偏置连接方式

S7-1200 使用点对点通信方式，可以将信息直接发送到外部设备（如打印机），也可以从其他外部设备（如条码阅读器、RFID 阅读器、第三方的照相机或视觉系统，以及其他类型的设备）接收信息，同时可以与一些设备（如 GPS 设备、第三方的照相机或视觉系统、无线调制解调器及其他设备）进行数据交换，实现数据的发送和接收。点对点通信属于串行通信，采用 UART 标准来实现多种波特率通信和奇偶校验。

2）点对点通信指令

为了实现点对点通信，S7-1200 提供了一套操作指令。指令包括端口组态的 PORT-CFG、发送方组态的 SEND-CFG、接收方组态的 RCV-CFG 三个组态指令，数据发送启动指令 SEND-PTP、数据接收启动指令 RCV-PTP 等数据交互指令，接收清零的 RCV-RST 指令、读取通信信号的 SEN-GET 指令和设置通信信号状态的 SEN-SET 指令。

指令通常使用 REQ 输入参数，在由低电平向高电平切换时启动操作，因此需要确保 REQ 在指令执行一次的时间内为高电平（TRUE）。

① PORT-CFG、SEND-CFG 和 RCV-CFG 指令，分别完成端口组态、发送方组态和接收方组态。这三个组态指令完成的组态不会永久存储在 CPU 中。

② SEND-PTP、RCV-PTP 和 RCV-RST 指令。SEND_PTP 指令用于启动数据传输，并将分配的缓冲区传送到通信接口；RCV_PTP 指令用于检查 CM 或 CB 中已接收的消息，并将接收到的信息传送给 CPU；RCV-RST 指令用于清除 CM 或 CB 的消息。

③ SEN-GET 和 SEN-SET 指令，分别用于实现传输状态的读取和设置，仅限于 RS232 通信模式。

【案例 8-2】点对点通信

两台 S7-1200 CPU 各自组态一个 CM1241（RS485）模块进行点对点之间的通信，案例中 PLC_1 作为主站，PLC_2 作为从站。通信任务：在启动信号 M2.0 为 1 状态时，主站发送 100 个字的数据，从站接收到后返回 100 个字的数据，然后不断重复上述过程。

在点对点通信中，使用 Send_P2P 指令发送报文，用 Receive_P2P 指令接收报文。它们的操作是异步的，用户程序使用轮询方式确定发送和接收状态，这两条指令可以同时执行。CM 发送和接收报文的缓冲区最大为 1024B。

（1）CM 组态。

新建项目"点对点通信"。添加 PLC_1：CPU1214C　DC/DC/Rly，再添加一个 CM1241 模块。通过 STEP7 中的设备组态方式完成 CM1241 的组态。在设备组态中单击 CM 模块的通信端口确认相应参数，设置"常规"→"RS-485 接口"→"IO-Link"参数，采用默认值即可，如图 8.38 所示。组态传送消息和组态所接收的信息（消息开始、消息介绍）均采用默认的值。再使用相同的方法完成 PLC_2 及 CM 的组态（注意两个 CM 的参数必须完全一致）。

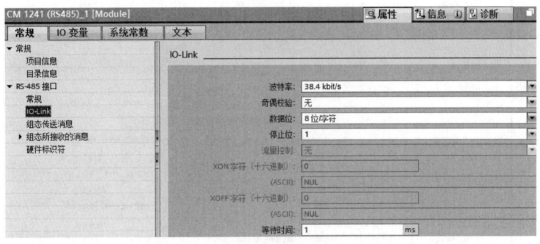

图 8.38　端口组态

（2）RS422 或 RS485 组态。

通信中需要对所使用的 RS422 或 RS485 的工作方式进行组态。组态时需要对带电缆断线检测反向偏置的 RS422 连接、不带电缆断线检测正向偏置的 RS422 连接、不带电缆断线检测无偏置的 RS422 连接、正向偏置的 RS485 连接和无偏置的 RS485 连接等情况进行参数确认。这五种情况所对应的电路连接方式各不相同，RS422 连接包含全双工点对点四线制模式、全双工多主站四线制模式和全双工多从站四线制模式等情况，RS485 连接则只有半双工两线制一种工作模式。选用哪种方式，由用户组态的需要决定。

（3）软件编程。

网络组态完成之后，可以使用 STEP7 进行软件编程。本案例程序中以全局数据块作为通信缓冲区，使用 RCV_PTP 指令从终端仿真器接收数据，使用 SEND_PTP 指令向终端仿真器发送缓冲数据。编程中，需要添加数据块组态和程序 OB1，创建一个全局数据块并将其命名为"Comm_Buffer"，在数据块中创建一个名为"buffer"，数据类型为"字节数组[0..99]"的值。双机点对点通信程序如图 8.39 所示。

① 主站 OB100 程序。

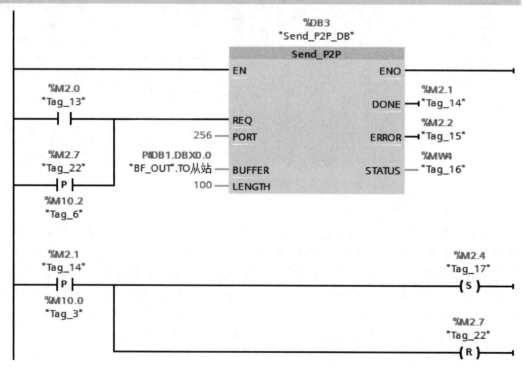

图 8.39 双机点对点通信程序

程序段 3：……

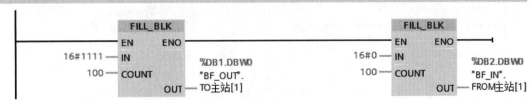

② 从站 OB100 程序。

程序段 1：……

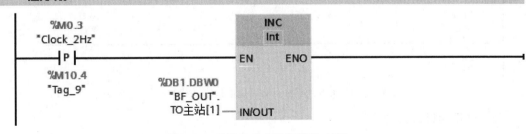

从站 OB1 程序如下方程序段 1～3 所示。

程序段 1：……

图 8.39　双机点对点通信程序（续）

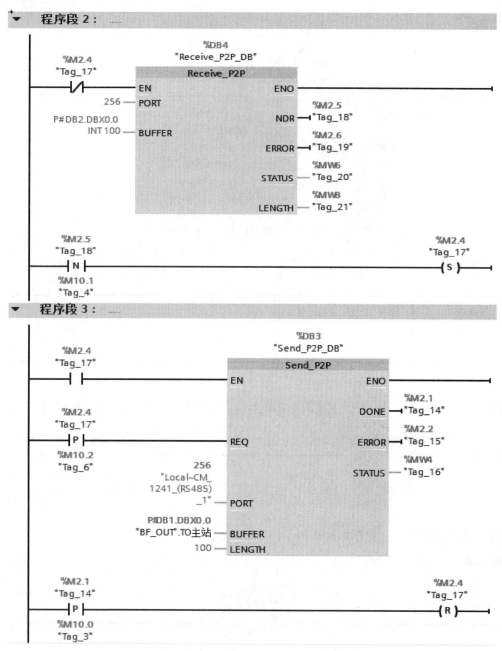

图 8.39 双机点对点通信程序（续）

3. 通用串行接口通信

通用串行接口（Universal Serial Interface，USS）通信是西门子为驱动装置开发的一种基于串行总线传输数据的通信协议。用户可以通过 USS 实现多个驱动器之间的通信，并直观地对驱动器进行监控。

USS 是一种主从结构协议，每个从站拥有唯一的站地址。其工作机制是由主站使用地址参数向所选从站发送消息，只有接收到该消息的从站才会执行传送操作，其他从站处于未激活状态,并且各从站之间也无法进行直接消息传送。

USS 通信以半双工模式执行,波特率最高可达 115.2kbit/s,通信字符格式为 1 个起始位、8 个数据位、1 个偶校验位和 1 个停止位。USS 刷新周期与 PLC 的扫描周期不同步。

S7-1200 中,用户可以使用 USS 指令控制支持 USS 的电动机驱动器的运行。用户也可以使用 CM 1241 RS485 通信模块或 CB 1241 RS485 通信板上的 RS485 连接实现多个驱动器的通信连接。1 个 S7-1200 CPU 中最多可安装 3 个 CM 1241 RS422/ RS485 通信模块和 1 个 CB 1241 RS485 通信板,且每个 RS485 端口最多操作 16 个驱动器。USS 通信的网络连接图如图 8.40 所示。

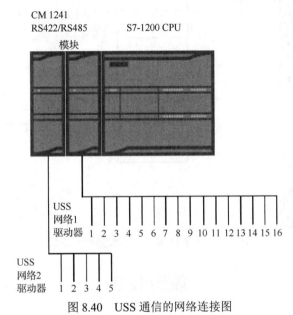

图 8.40　USS 通信的网络连接图

连接到一个 RS485 端口的所有驱动器(最多 16 个)共同构成一个单独的 USS 网络,每个驱动器作为该网络的一部分。每个 USS 网络使用单独的一个 USS_PORT 背景数据块。数据块包含供该网络中所有驱动器使用的临时存储区和缓冲区,被所有 USS 指令共享。

S7-1200 中提供了 4 条 USS 指令:1 条 FB 指令(USS_DRV)和 3 条 FC 指令(USS_PORT、USS_RPM 和 USS_WPM)。4 条 USS 指令与数据块的关系如图 8.41 所示。

USS_DRV 指令通过"调用选项"实现网络数据块的分配。若该指令是程序的第一条指令,则自动分配默认数据块,否则需要程序进行指定。

USS_PORT 指令通过点对点 RS485 通信端口处理 CPU 和驱动器之间的实际通信,每次调用可处理与一个驱动器的一次通信,该 FC 可以在主程序循环 OB 或任何中断 OB 中进行调用。

USS_RPM 和 USS_WPM 指令可分别读取和写入远程驱动器的工作参数,只能在主程序循环 OB 中调用这两个 FC。

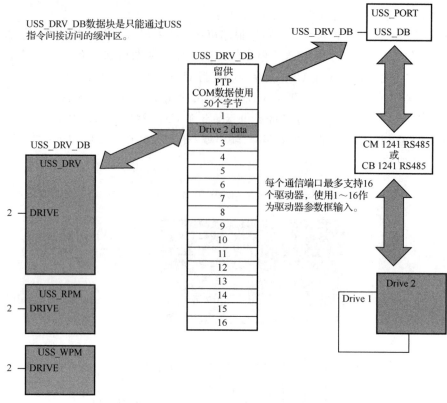

图 8.41 4 条 USS 指令与数据块的关系

练习卡 8

一、填空题

1. PROFINET 主要用户通过（　　）与其他通信伙伴交换数据。
2. 开放系统互联模型简称（　　）。
3. OSI 模型分为（　　）层。
4. IP 协议称为 Internet 协议或（　　）协议。
5. 手动设置 S7-1200 的 IP 地址需要配置 IP 地址、网关和（　　）。
6. 按照串行数据的时钟控制方式，串行通信分为（　　）通信和同步通信。

二、多选题

1. PROFINET 支持（　　）通信协议。
   A．RS232　　　　B．UDP　　　　C．ISOonTCP　　　　D．TCP
2. 目前现场总线标准主要有（　　）。
   A．基金会现场总线　　B．PROFIBUS　　C．PROFINET　　D．LonWorks
3. 按照数据传送方向，串行通信可分为（　　）制式。
   A．单工（simplex）　　　　　　B．半双工（half duplex）
   C．全双工（full duplex）　　　　D．以下都不对

4. 通用串行通信的接口标准有（　　）。
A．RS232C　　　　B．RS422A　　　　C．RS485　　　　D．PROFIBUS

三、判断题

1．与 Internet 完全连接必须安装 TCP/IP。（　　）
2．IPv4 的 IP 地址由 4 字节 32 位二进制数构成，每字节用"·"分开。（　　）
3．波特率表征数据传输的速度，为每秒钟传送二进制数码的位数，也叫比特数，单位为 B/s。（　　）

项目 9　西门子 S7-1200 高级应用

本项目主要介绍西门子 S7-1200 的典型高级应用，包含变频器控制、高速计数器、高速脉冲、运动控制和触摸屏组态与应用。

【知识目标】熟知 PLC 控制变频器的几种方法，了解 HSC 和脉冲输出功能及指令，了解运动控制的基本知识，了解触摸屏控制的基本知识。

【能力目标】能使用端子控制方式和通信方式控制变频器运行，会使用 HSC 编写编码器脉冲处理程序，能进行 V90 伺服驱动控制，会建立简单的触摸屏控制程序。

【素质目标】初步理解高速计数与运动控制，耐心细致，自主学习。

知识卡 18　变频器控制

一、PLC 控制变频器端子方式

项目 2 介绍的变频器直接端子控制方式（面板操作方式），优点是成本低廉，操作简单，缺点是不能频繁调整频率，无法实现远程控制，因此需要采用 PLC 编程实现对变频器的控制，主要包括对变频器的启/停控制、频率给定和运行状态反馈等。

（1）启/停控制方法：通过 PLC 数字量输出控制电动机的启动和停止。若 PLC 的数字量输出点是继电器型的，则可以直接连接电动机的启动信号端子；若 PLC 的数字量输出点是晶体管型的，则可以通过继电器转换为无源触点后再连接电动机的启动信号端子。

（2）频率给定方法：通过 PLC 模拟量输出控制电动机的运行频率。

（3）运行状态反馈：变频器的运行状态输出端子连接到 PLC 的输入端子上，便于 PLC 监控变频器的运行状态。

【案例 9-1】S7-1200 PLC 通过端子控制 V20 变频器。S7-1200 PLC 通过 PLC 数字量输出控制变频器的启动和停止，通过模拟量输出调节变频器运行频率，通过变频器的输出端子反馈运行状态给 PLC。

1. 搭建开发环境

（1）CPU1214C DC/DC/DC，一台，订货号：6ES7 214-1AG40-0XB0。
（2）模拟量 I/O 模块，一台，订货号：6ES7 234-4HE32-0XB0。
（3）V20 变频器，一台，订货号：6SL3210-5BB11-2UV0。
（4）编程计算机，一台，已安装博途 V14 软件。

2. 硬件电路

西门子 S7-1200 端子控制 V20 变频器如图 9.1 所示，S7-1200 的 Q0.5 接 V20 变频器的 DI1，用于启动变频器，I0.2 接 V20 变频器的 DO2（NO），接收 V20 变频器的运行状态，

第 2 部分 西门子 S7-1200 应用知识

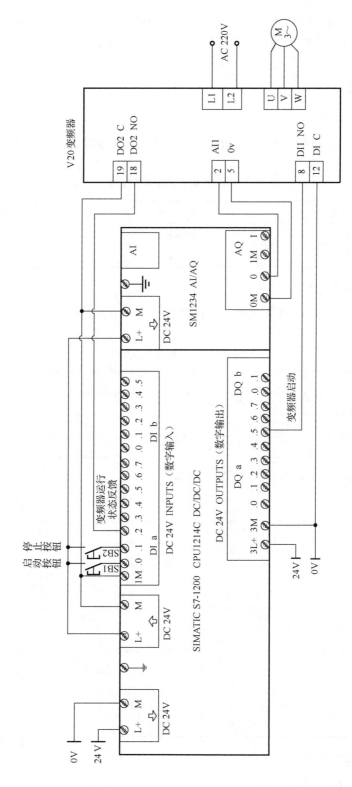

图 9.1 西门子 S7-1200 端子控制 V20 变频器

I0.0 启动，I0.1 停止；模拟量模块的 0M（-）接 V20 变频器的 0V，该模块的 0（+）接 V20 变频器的 AI1，用于频率调节控制。V20 变频器的 L1 和 L2 接 AC 220V，U、V、W 端子接三相变频调速电动机。

3．参数设置

1）变频器参数复位

可以通过设置如表 9.1 所示的参数，将 V20 变频器的参数设置复位。

表 9.1　V20 变频器参数复位

参 数 地 址	内　　容	参 数 值
P0010	调试参数	30
P0970	工厂复位	1

2）变频器参数设置

可以通过设置如表 9.2 所示的参数，设置 V20 变频器的参数。

表 9.2　V20 变频器参数设置

参 数 地 址	内　　容	参 数 值
P0003	用户访问级别	3（专家访问级别）
P0304	电动机额定电压	220V
P0305	电动机额定电流	1.40A
P0307	电动机额定功率	0.55kW
P0308	功率因数 cosφ	0.800
P0310	电动机额定频率	50Hz
P0311	电动机额定转速	1425r/min
P0700	选择命令源	2（端子）
P0701	数字量输入 1 的功能	1(ON/OFF1 命令)
P0732	数字量输出 2 的功能	52.2（变频器运行状态）
P0756	模拟量输入类型	0（单极性电压输入 0~10V）
P1000	频率设定值选择	2（模拟量设定值）
P1080	最小频率	0Hz
P1082	最大频率	50Hz
P1120	斜坡上升时间	3s
P1121	斜坡下降时间	3s

3）设备组态与编程

（1）新建项目组态 PLC。

打开博途软件，在 Portal 视图中，单击"创建新项目"按钮，并输入项目名称"S7-1200 PLC

通过端子控制 V20 变频器"、路径和作者等信息，然后单击"创建"按钮即可生成新项目。

选择"组态设备"选项，在左侧的"项目树"窗格中，双击"添加新设备"按钮，随即弹出"添加新设备"对话框，如图 9.2 所示。在此对话框中选择 CPU 型号和版本（必须与实际设备相匹配），然后单击"确定"按钮。

图 9.2　S7-1200 CPU 组态

（2）设置 CPU 属性。

在"项目树"窗格中，选择"PLC_1[CPU 1214C DC/DC/DC]"选项，双击"设备组态"按钮，在"设备视图"的工作区中，选中 PLC_1，在其巡视窗口中的"属性"→"常规"的选项卡中，选择"PROFINET 接口[X1]"→"以太网地址"选项，设置 CPU 以太网 IP 地址，如图 9.3 所示。

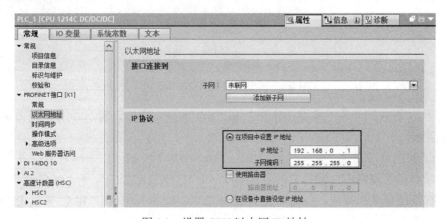

图 9.3　设置 CPU 以太网 IP 地址

(3) 组态模拟量模块。

在"项目树"窗格中,选择"PLC_1[CPU 1214C DC/DC/DC]"选项,双击"设备组态"按钮,在硬件目录中找到"AI/AQ"→"AI 4x13BIT/AQ 2x14BIT"→"6ES7 234-4HE32-0XB0",拖动此模块至 CPU 插槽 2 即可,如图 9.4 所示。

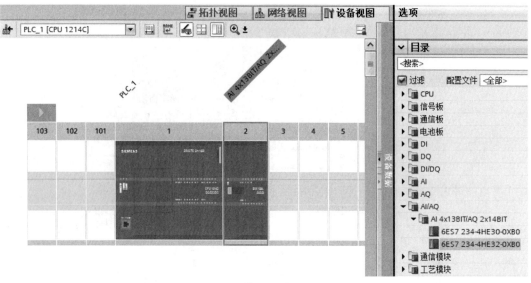

图 9.4　模拟量模块组态

在"设备视图"工作区中,选中模拟量模块,在其巡视窗口的"属性"→"常规"选项卡中,选择"AI 4/AQ 2"→"模拟量输出"→"通道 0"选项,配置通道 0 参数,如图 9.5 所示。

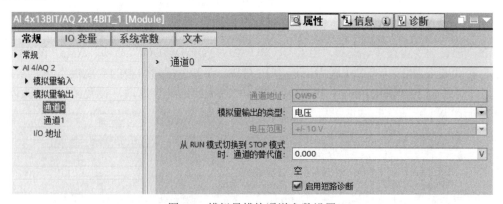

图 9.5　模拟量模块通道参数设置

选择"AI 4/AQ 2"→"模拟量输出"→"I/O 地址"选项,通道 0 的起始地址为 96,如图 9.6 所示。

(4) 创建 PLC 变量表。

在"项目树"窗格中,选择"PLC_1[CPU 1214C DC/DC/DC]"→"PLC 变量"选项,双击"添加新变量表"按钮,并命名变量表为"PLC 变量表",在"PLC 变量表"中新建变量,如图 9.7 所示。

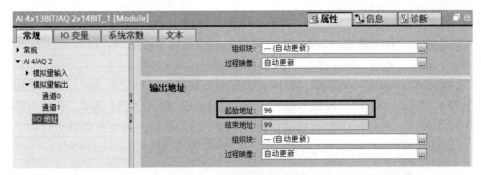

图 9.6　模拟量模块通道地址

PLC变量表

		名称	数据类型	地址 ▲	保持
1		启动按钮	Bool	%I0.0	
2		停止按钮	Bool	%I0.1	
3		电机运行状态反馈	Bool	%I0.2	
4		变频器启动控制	Bool	%Q0.5	
5		模拟量输出	Word	%QW96	
6		频率给定存储器	Int	%MW20	
7		辅助存储器	Real	%MD30	

图 9.7　V20 变频器端子控制变量表

（5）编写控制程序。

① 变频器启/停控制程序如图 9.8 所示。

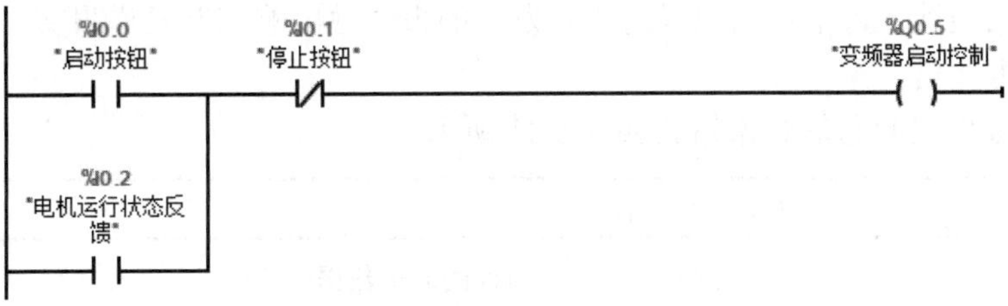

图 9.8　变频器启/停控制程序

② 变频器频率给定程序如图 9.9 所示。

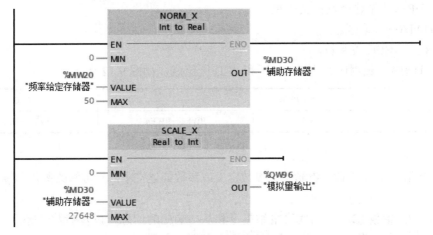

图 9.9　变频器频率给定程序

（6）调试。

程序编译后，下载到 S7-1200 CPU，按以下步骤进行程序测试，PLC 监控表如图 9.10 所示。

① 启动操作：按下启动按钮（I0.0），变频器启动控制（Q0.5）为 1，变频器启动。

② 停止操作：按下停止按钮（I0.1），变频器启动控制（Q0.5）为 0，变频器停止。

③ 频率设定：通过修改频率给定存储器（MW20）数值，改变变频器运行频率。

	i	名称	地址	显示格式	监视值	修改值		注释
1		"启动按钮"	%I0.0	布尔型	FALSE			
2		"停止按钮"	%I0.1	布尔型	FALSE			
3		"电机运行状态反馈"	%I0.2	布尔型	TRUE			
4		"变频器启动控制"	%Q0.5	布尔型	TRUE			
5		"频率给定存储器"	%MW20	带符号十进制	30			
6		"模拟量输出"	%QW96	无符号十进制	16589			

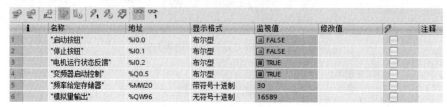

图 9.10　PLC 监控表

二、PLC 以通信方式控制变频器

1．USS 通信方式

USS 协议（Universal Serial Interface Protocol，通用串行接口协议）是西门子公司专为驱动装置开发的通信协议，它是一种基于串行总线进行数据通信的协议。USS 协议是主从结构的协议，规定了在 USS 总线上可以有一个主站和最多 31 个从站。总线上的每个从站都有唯一的站地址，每个从站也只对主站发来的报文做出响应并发送报文，从站之间不能直接进行数据通信。

（1）USS 协议的通信数据格式如图 9.11 所示。

STX	LGE	ADR	DATA	BCC

图 9.11　USS 协议的通信数据格式

① STX：起始字符，一字节，总是 02Hex。

② LGE：报文长度。

③ ADR：从站地址及报文类型。

④ DATA：数据区。

⑤ BCC：BCC 校验符。

（2）DATA（数据区）由 PKW 区和 PZD 区组成，如图 9.12 所示。

PKW			PZD
PKE	IND	PWE1～PWE*n*	PZD1～PZD*n*

图 9.12　DATA（数据区）格式

① PKW 区：用于读写参数值、参数定义或参数描述文本，并可修改参数和报告参数的改变。

- PKE：参数 ID，包括代表主站指令和从站响应的信息，以及参数号等。
- IND：参数索引，主要用于与 PKE 配合定位参数。

② PZD 区：过程控制数据区，包括控制字/状态字和设定值/实际值，最多有 16 个字。
- PZD1 为控制字/状态字，用来设置和监测变频器的工作状态，如运行/停止、方向控制和故障复位/故障指示等。
- PZD2 为设定频率，按有符号数设置，正数表示正转，负数表示反转。当 PZD2 为 0000Hex～7FFFHex 时，变频器正向转动，速度按变频器参数 P013 值的 0%～200%变化；当 PZD2 为 8000Hex～FFFFHex 时，变频器反向转动，速度按变频器参数 P013 值的 0%～200%变化。

S7-1200 PLC 支持 USS 协议，通过 CM1241 通信模块或者 CB1241 通信板提供 USS 通信的电气接口，每个接口最多控制 16 个变频器。

（3）USS 通信指令。

在"指令"选项卡中选择"通信"→"通信处理器"→"USS 通信"选项，USS 通信指令如图 9.13 所示。USS 通信指令主要包括四个指令：USS_Port_Scan（通信控制指令）、USS_Drive_Control（驱动装置控制指令）、USS_Read_Param（驱动装置参数读指令）和 USS_Write_Param（驱动装置参数写指令）。指令的具体功能参考相关手册。

图 9.13　USS 通信指令

2．西门子 S7-1200 使用 USS 控制变频器

【案例 9-2】S7-1200 PLC 使用 USS 通信控制 V20 变频器的启/停和频率给定。

1）搭建开发环境

（1）CPU 1214C DC/DC/DC，一台，订货号：6ES7 214-1AG40-0XB0。
（2）CM 1241 RS422/485，一台，订货号：6ES7 241-1CH32-0XB0。
（3）V20 变频器，一台，订货号：6SL3210-5BB11-2UV0。
（4）编程计算机，一台，已安装博途 V14 软件。

2）硬件电路

西门子 S7-1200 使用 USS 控制 V20 变频器如图 9.14 所示，S7-1200 通过扩展的 CM1241 通信模块 3 脚接 V20 变频器 6 脚，8 脚接 V20 变频器 7 脚。V20 变频器的 L1 和 L2 接 AC 220V，U、V、W 端子接三相变频调速电动机。

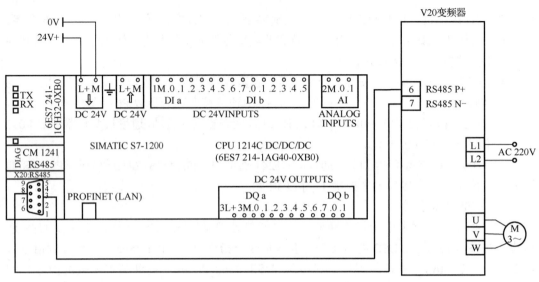

图9.14 西门子S7-1200 USS控制V20变频器

3）参数设置

（1）变频器参数复位。

可以通过设置如表9.3所示的参数，将V20变频器的参数设置复位。

表9.3 V20变频器参数复位

参数地址	内容	参数值
P0010	调试参数	30
P0970	工厂复位	1

（2）变频器参数设置。

可以通过设置如表9.4所示的参数，设置V20变频器的参数。

表9.4 V20变频器参数设置

参数地址	内容	参数值
P0003	用户访问级别	3（专家访问级别）
P0304	电动机额定电压	220V
P0305	电动机额定电流	0.9A
P0307	电动机额定功率	0.12kW
P0308	功率因数 $\cos\varphi$	0.800
P0700	选择命令源	5（RS485上的USS/MODBUS）
P1000	频率设定值选择	5（RS485上的USS/MODBUS）
P1080	最小频率	0Hz
P1082	最大频率	50Hz
P1120	斜坡上升时间	2s

续表

参 数 地 址	内　　容	参 数 值
P1121	斜坡下降时间	2s
P2010	USS/MODBUS 波特率	6（9600bit/s）
P2011	USS 地址	1
P2012	USS PZD（过程数据）长度	2
P2013	USS PKW（参数 ID 值）长度	4
P2014	USS/MODBUS 报文间断时间	1
P2023	RS485 协议选择	1（USS）

4）设备组态与编程

（1）新建项目组态 PLC。

打开博途软件，在 Portal 视图中，单击"创建新项目"按钮，并输入项目名称（S7-1200 PLC 通过 USS 控制 V20 变频器）、路径和作者等信息，然后单击"创建"按钮即可生成新项目。

选择"组态设备"选项，在左侧的"项目树"窗格中，双击"添加新设备"按钮，随即弹出"添加新设备"对话框。在此对话框中选择 CPU 型号和版本（与前面的端子控制 V20 变频器案例相同），然后单击"确定"按钮。

（2）设置 CPU 属性。

在"项目树"窗格中，选择"PLC_1[CPU 1214C DC/DC/DC]"选项，双击"设备组态"按钮，在"设备视图"的工作区中，选中 PLC_1，在其巡视窗口中的"属性"→"常规"的选项卡中，选择"PROFINET 接口[X1]"→"以太网地址"选项，修改 CPU 以太网 IP 地址（和前面端子控制案例相同）。

（3）组态 CM。

在"项目树"窗格中，选择"PLC_1[CPU 1214C DC/DC/DC]"选项，双击"设备组态"按钮，在硬件目录中找到"通信模块"→"点到点"→"CM 1241(RS422/485)"，双击或拖动此模块至 CPU 左侧的 101 插槽即可，如图 9.15 所示。

图 9.15　CM 组态

在"设备视图"的工作区中,选中 CM 1241(RS422/485)模块,在"属性"→"常规"选项卡中,选择"RS422/485 接口"→"端口组态"选项,配置模块硬件接口参数,如图 9.16 所示。通信参数设置波特率为 9.6kbit/s,奇偶校验为无,数据位为 8 位/字符,停止位为 1,其他保持默认设置。

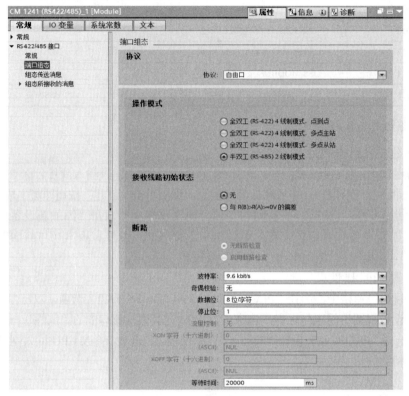

图 9.16 通信参数设置

(4)创建 PLC 变量表。

在"项目树"窗格中,选择"PLC_1[CPU 1214C DC/DC/DC]"→"PLC 变量"选项,双击"添加新变量表"按钮,并命名变量表为"PLC 变量表",在"PLC 变量表"中新建变量,如图 9.17 所示。

	名称	数据类型	地址	保持
1	通信错误	Bool	%M10.3	
2	变频器运行反馈	Bool	%M10.4	
3	设定速度百分比	Real	%MD20	
4	通信状态	Word	%MW30	
5	变频器启动/停止开关	Bool	%M10.1	
6	新数据接收完成	Bool	%M10.2	
7	实际速度百分比	Real	%MD34	

图 9.17 USS 控制变量表

(5)编写控制程序。

① 在"项目树"窗格中,选择"PLC_1[CPU 1214C DC/DC/DC]"→"程序块"选项,

双击"添加新块"按钮,在弹出的对话框中单击"组织块(OB)"按钮,在右侧列表中选择"Cyclic interrupt"选项,将"循环时间(ms)"设定为 100,单击"确定"按钮,如图 9.18 所示。

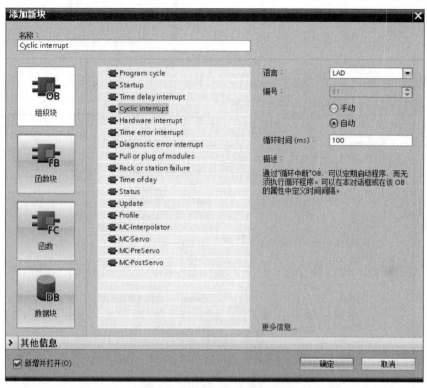

图 9.18 添加循环中断程序块

在"指令"选项卡的"通信"→"通信处理器"→"USS"中,找到 USS_Port_Scan 指令,将其拖动到循环中断程序中,编写相应的程序,如图 9.19 所示。

注意:USS_DB 引脚需要调用 USS_Drive_Control 指令后,才可以配置。

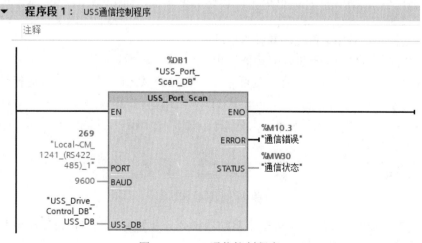

图 9.19 USS 通信控制程序

② 编写 OB1 主程序。

在"指令"选项卡的"通信"→"通信处理器"→"USS"中，找到 USS_Drive_Control 指令，将其拖动到 OB1 程序中，编写程序，如图 9.20 所示。

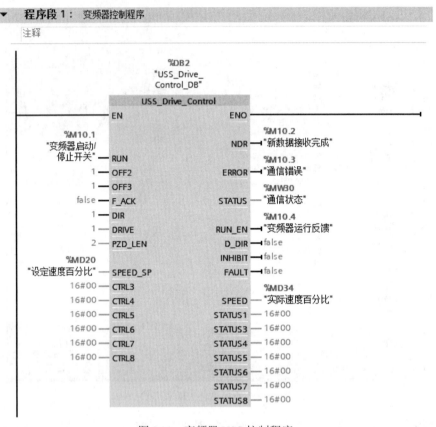

图 9.20 变频器 USS 控制程序

（6）调试。

程序编译后，下载到 S7-1200 CPU，按以下步骤进行程序测试，PLC 监控表如图 9.21 所示。

① 启动操作：M10.1 置位，变频器启动。
② 停止操作：M10.1 复位，变频器停止。
③ 频率设定：通过修改设定速度百分比（MD20）数值，改变变频器运行频率。

	名称	地址	显示格式	监视值	修改值		注释
1	"变频器启动/停止开关"	%M10.1	布尔型	TRUE			
2	"变频器运行反馈"	%M10.4	布尔型	TRUE			
3	"设定速度百分比"	%MD20	浮点数	50.0			
4	"实际速度百分比"	%MD34	浮点数	49.99			

图 9.21 PLC 监控表

注意：如果在同一个网络中有多个驱动器指令分别调用 USS_Drive_Control 指令，那么必须使用同一个背景数据块。

知识卡 19　高速计数器、高速脉冲与运动控制

一、高速计数器

PLC 普通计数器的计数过程与扫描工作方式有关，CPU 通过每一个扫描周期读取一次被测信号的方法来捕捉被测信号的上升沿，当被测信号的频率较高时会丢失计数脉冲，因此普通计数器的最高工作频率一般仅有几十赫兹。高速计数器（HSC）可以对发生速率快于程序循环 OB 执行速率的事件进行计数。

1）编码器知识

编码器按照工作原理可分为增量式编码器和绝对式编码器两种类型。HSC 一般与增量式编码器一起使用，增量式编码器每圈发出一定数量的计数脉冲和一个复位脉冲，作为 HSC 的输入。

（1）增量式编码器。

增量式编码器的码盘上有均匀刻制的光栅，码盘旋转时输出与角度增量成正比的脉冲，需要用计数器来对脉冲进行计数。增量式编码器有以下两种。

① 单通道增量式编码器，内部只有一对光电耦合器，只能产生一个脉冲列。

② 双通道增量式编码器，又称为 A/B 相编码器或正交相位编码器，内部有两对光电耦合器输出相位差为 90°的两组独立脉冲序列。正转和反转时两路脉冲的超前、滞后关系相反，如图 9.22 所示。若使用 A/B 相编码器，PLC 则可以识别出转轴旋转的方向。

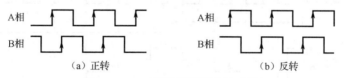

图 9.22　A/B 相编码器输出波形图

A/B 相编码器计数可以选择 1 倍频模式和 4 倍频模式，如图 9.23 所示。1 倍频模式在时钟脉冲的每一个周期计 1 次数，波形如图 9.23（a）所示；4 倍频模式在时钟脉冲的每一个周期计 4 次数，波形如图 9.23（b）所示。

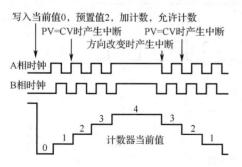

图 9.23　A/B 相编码器计数模式

(2) 绝对式编码器。

N 位绝对式编码器，有 N 个码道，最外层的码道对应于编码的最低位，每一个码道有一个光电耦合器，用来读取该码道的 0、1 数据。绝对式编码器输出的 N 位二进制数反映了运动物体所处的绝对位置，根据位置的变化情况，可以判断出旋转的方向。

2) HSC 使用的输入点

S7-1200 的系统手册给出了各种型号的 CPU 的 HSC1～HSC6 分别在单向、双向和 A/B 相输入时默认的数字量输入点，以及各输入点在不同计数模式下的最高技术频率。HSC1～HSC6 实际计数值的数据类型为 DInt，默认的地址为 ID1000～ID1020，可以再组态修改地址。

3) HSC 的功能

(1) HSC 的工作模式。

HSC 有 5 种：内部方向控制的单相计数器、外部方向控制的单相计数器、双相加/减计数器、A/B 相正交计数器和监控 PTO 输出。每种 HSC 模式都可以使用或不使用复位输入。复位输入为 1 状态时，HSC 的实际计数值被清除。

① 内部方向控制的单相计数器，当方向信号为内部程序信号时，若此信号为高电平，当前计数值加 1，为低电平，当前计数值减 1，如图 9.24 所示。

② 外部方向控制的单相计数器，当方向信号为外部方向信号（如按钮信号）时，若此信号为高电平，当前计数值加 1，为低电平，当前计数值减 1，如图 9.24 所示。

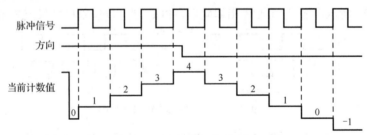

图 9.24 单相计数器工作原理

③ 双相加/减计数器，双脉冲输入，如图 9.25 所示。

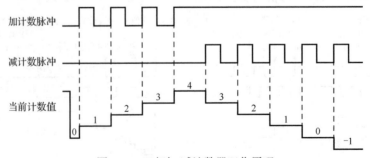

图 9.25 双相加/减计数器工作原理

④ A/B 相正交计数器，A/B 相正交脉冲输入，图 9.26 所示为 A/B 相正交 1 倍频模式计数工作原理图，还有 4 倍频模式。A 相超前 B 相加计数，B 相超前 A 相减计数。1 倍频模

式在时钟脉冲的每一个周期计 1 次数,4 倍频模式在时钟脉冲的每一个周期计 4 次数,使用 4 倍频模式计数更为准确。

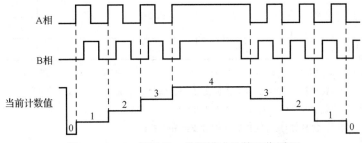

图 9.26　A/B 相正交 1 倍频模式计数工作原理

⑤ 监控 PTO 输出,仅 HSC1 和 HSC2 支持此工作模式。此模式不需要外部接线,用于检测 PTO 功能发出的脉冲,可以使用此模式监控步进电机或伺服电机的位置和速度。

注意: 每种 HSC 都有外部复位和内部复位两种工作方式。所有的计数器不需要外接启动条件设置,在硬件设备中设置完成后下载到 CPU 中即可启动 HSC。HSC 能支持的输入电压为 DC 24V,目前不支持 DC 5V 的脉冲输入。表 9.5 所示为 HSC 的工作模式和硬件输入定义。

表 9.5　HSC 的工作模式和硬件输入定义

	说　明		默认输入分配			功　能	
HSC	HSC1	使用 CPU 集成 I/O 或信号板 或监控 PTO 0[①]	I0.0	I0.1	I0.3		
			I4.0	I4.1	I4.3		
			PTO 0 脉冲	PTO 0 方向	—		
	HSC2	使用 CPU 集成 I/O 或信号板 或监控 PTO 1[①]	I0.2	I0.3	I0.1		
			I4.2	I4.3	I4.1		
			PTO 1 脉冲	PTO 1 方向	—		
	HSC3[②]	使用 CPU 集成 I/O	I0.4	I0.5	I0.7		
	HSC4[③]	使用 CPU 集成 I/O	I0.6	I0.7	I0.5		
	HSC5[④]	使用 CPU 集成 I/O 或信号板	I1.0	I1.0	I1.0		
			I4.0	I4.1	I4.3		
	HSC6[④]	使用 CPU 集成 I/O 或信号板	I1.3	I1.4	I1.5		
			I4.2	I4.3	I4.1		
模式	具有内部方向控制的单相计数器		时钟	—	—	—	计数/频率
						复位	计数
	具有外部方向控制的单相计数器		时钟	方向	—	—	计数/频率
						复位	计数
	具有 2 个时钟输入的双相计数器		加时钟	减时钟	—	—	计数/频率
						复位	计数

续表

说　明			默认输入分配		功　能
模式	A/B 相正交计数器	A 相	B 相	—	计数/频率
				Z 相	计数
	监控 PTO 输出①	时钟	方向	—	计数

注：① PTO 监控输出功能始终使用时钟和方向。若仅为脉冲组态了相应的 PTO 输出，则通常应将方向输出设置为正计数。
② 对于仅支持 6 个内置输入的 CPU 1211C，不能使用带复位输入的 HSC3。
③ 对于仅支持 6 个内置输入的 CPU 1211C，不能使用 HSC4。
④ 仅当安装信号板时，CPU 1211C 和 CPU 1212C 才支持 HSC5 和 HSC6。

（2）频率测量功能。

某些 HSC 模式可以选择三种频率测量周期（0.01s、0.1s 和 1.0s）来测量频率值。频率测量周期决定了多长时间计算和报告一次新的频率值，得到的是根据信号脉冲的计数值和测量周期计算出的频率平均值，频率单位为 Hz，表示每秒的脉冲数。

（3）周期测量功能。

使用扩展计数器 CTRL_HSC_EXT 指令可以按指定的时间周期，用硬件中断的方式测量出被测信号的周期数和精确到微秒的时间间隔，从而计算出被测信号的周期。

4）HSC 组态

在用户程序使用 HSC 之前，需要为 HSC 组态，设置 HSC 的工作模式。

（1）打开 PLC 的设备视图，选中其中的 CPU。在巡视窗口的"属性"选项卡左边的"常规"窗格中，选择"高速计数器（HSC）"→"HSC1"选项，勾选"启用该高速计数器"复选框，如图 9.27 所示。

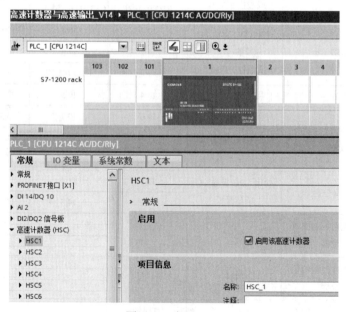

图 9.27　启用 HSC

（2）选中左边窗格的"功能"选项，设置计数类型为频率（频率测量），工作模式为单相，计数方向取决于用户程序（内部方向控制），初始计数方向为加计数，频率测量周期为 1.0s，如图 9.28 所示。

在图 9.28 中，可以设置计数类型（频率、计数、周期和运动控制）、工作模式（单相、两相位、A/B 计数器和 A/B 计数器 4 倍频）、计数方向［用户程序（内部方向控制）和输入（外部方向控制）］、初始计数方向（加计数和减计数）、频率测量周期（0.01s、0.1s 和 1.0s）。

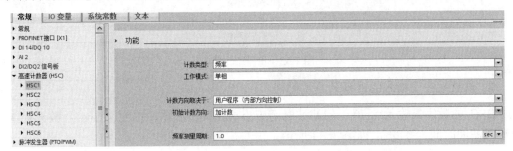

图 9.28　HSC 功能设置

（3）选中左边窗格的"恢复为初始值"选项，可以设置"初始计数器值"和"初始参考值"。如果勾选了"使用外部同步输入"复选框，那么可以在下拉列表中选择同步输入的信号电平（高电平有效、低电平有效），如图 9.29 所示。

图 9.29　初始值处理

（4）选中左边窗格的"事件组态"选项，设置是否中断，如图 9.30 所示。

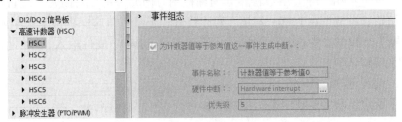

图 9.30　事件组态

（5）选中左边窗格的"硬件输入"选项，设置时钟发生器输入地址为 I0.0，如图 9.31 所示。

图 9.31　时钟发生器输入

(6) 选中左边窗格的"I/O 地址"选项，HSC1 默认的地址为 ID1000，如图 9.32 所示。

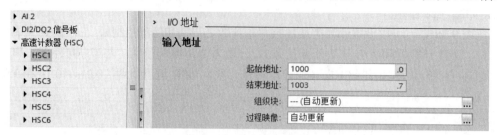

图 9.32 设置 I/O 地址

5) 设置数字量输入滤波器的滤波时间

HSC 的数字量输入点 I0.0 的滤波时间应小于计数输入脉冲宽度（1ms），故设置 I0.0 的输入滤波时间为 0.8ms，如图 9.33 所示。

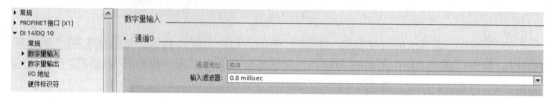

图 9.33 设置数字量输入滤波器的滤波时间

【案例 9-3】假设某旋转机械设备上安装有一个单相增量式编码器作为反馈，连接到 S7-1200 PLC。要求在计数 1000 个脉冲时，计数器复位，置位 Q0.0，并设定新预置值为 1500 个脉冲。当计满 1500 个脉冲后复位 Q0.0，并将预置值重新设置为 1000，周而复始，循环执行此功能。

第一步：硬件组态。

新建项目，打开"设备组态"对话框，参考上述 HSC 硬件组态步骤，选择启用 HSC1；设置"计数"→"单相"→"用户程序（内部控制方向）"→"增计数"；设置"初始计数值"为 0，"初始参考值"为 1000；勾选"为计数值等于参考值这一事件生成中断"复选框，在"硬件中断"下拉列表中选择新增硬件中断组织块 OB40。硬件输入、I/O 地址及硬件标识符均使用系统默认值。

第二步：编写程序。

在硬件中断组织块 OB40 中编写如图 9.34 所示的控制程序。

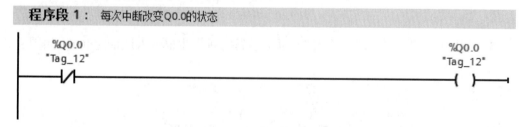

图 9.34 OB40 控制程序

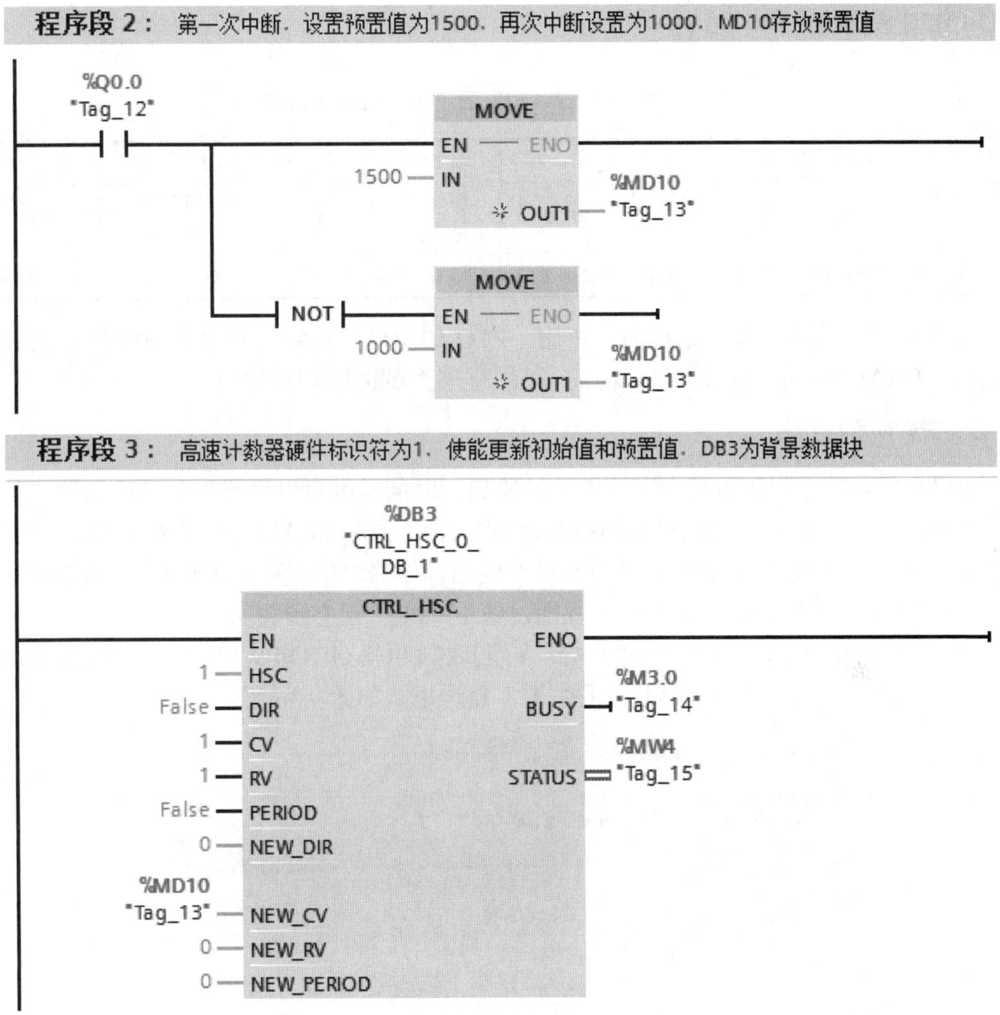

程序段 2： 第一次中断，设置预置值为1500，再次中断设置为1000，MD10存放预置值

程序段 3： 高速计数器硬件标识符为1，使能更新初始值和预置值，DB3为背景数据块

图 9.34 OB40 控制程序（续）

OB1 初始化程序如图 9.35 所示。在第一个扫描周期输入预置值 1000，并复位 Q0.0。

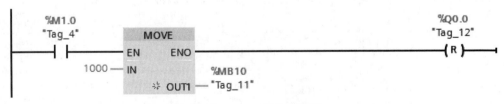

图 9.35 OB1 初始化程序

二、高速脉冲

1. 高速脉冲输出

西门子 S7-1200 的 CPU 有 4 个 PTO/PWM 发生器，分别通过 DC 输出型 CPU 的 Q0.0～Q0.7 或信号板上的 Q4.0～Q4.3 输出脉冲，如表 9.6 所示。CPU 1211C 没有 Q0.4～Q0.7，

CPU 1212C 没有 Q0.6 和 Q0.7。

表 9.6　西门子 S7-1200 的 PTO/PWM 输出点

脉　冲	方　向	脉　冲	方　向	脉　冲	方　向	脉　冲	方　向
PTO1 或 PWM1	PTO1	PTO2 或 PWM2	PTO2	PTO3 或 PWM3	PTO3	PTO4 或 PWM4	PTO4
Q0.0 或 Q4.0	Q0.1 或 Q4.1	Q0.2 或 Q4.2	Q0.3 或 Q4.3	Q0.4 或 Q4.0	Q0.5 或 Q4.1	Q0.6 或 Q4.2	Q0.7 或 Q4.3

脉冲宽度与脉冲周期之比称为占空比，PTO 的功能是提供占空比为 50%的方波脉冲列输出。PWM 的功能是提供脉冲宽度可以用程序控制的脉冲列输出。

2．PWM 的组态

PWM 的功能是提供可变占空比的脉冲输出，时间基准可以设置为微秒或毫秒。脉冲宽度为 0 时占空比为 0，若没有脉冲输出，则输出值一直为 FLASE（0 状态）；脉冲宽度等于脉冲周期时，占空比为 100%，若没有脉冲输出，则输出值一直为 TRUE（1 状态）。

新建项目"频率测量"，打开设备视图，选中 CPU。组态步骤如下：

（1）选中巡视窗格的"属性"→"常规"→"脉冲发生器（PTO/PWM）"→"PTO1/PWM1"→"常规"选项，勾选"启用该脉冲发生器"复选框，如图 9.36 所示。

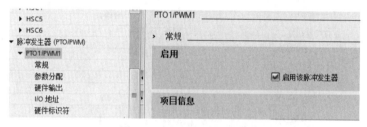

图 9.36　启用脉冲发生器

（2）选中左边窗格的"参数分配"选项，如图 9.37 所示。在右边的窗格设置"信号类型"为 PWM，"时基"为毫秒，"脉宽格式"为百分之一。"循环时间"（周期值）为 2ms，用"初始脉冲宽度"输入域设置脉冲的占空比为 50%，即脉冲宽度为 1ms。

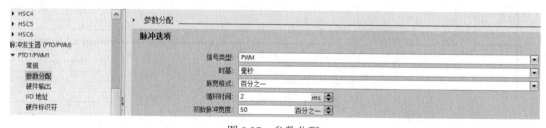

图 9.37　参数分配

（3）选中左边窗格的"硬件输出"选项，设置信号板上的 Q4.0 输出脉冲，如图 9.38 所示。

（4）选中左边窗格的"I/O 地址"选项，PWM1 默认的地址为 ID1000，如图 9.39 所示。

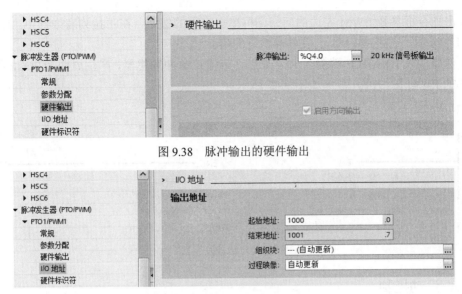

图 9.38　脉冲输出的硬件输出

图 9.39　脉冲输出的 I/O 地址

3. PWM 的编程

打开 OB1，将右边“指令”列表的“扩展指令”窗格的文件夹“脉冲”中的脉宽调制（CTRL_PWM）指令拖动到程序区，自动生成该指令的背景数据块 DB1，项目变量表如图 9.40 所示。单击项目变量表中“系统常量”按钮，可以弹出系统常量表，如图 9.41 所示，从图中可以看到“Local～Pulse_1”到“Local～Pulse_4”对应的数据类型和值，其中“Local～Pulse_1”的值为 9。

变量　用户常量　系统常量

默认变量表

	名称	数据类型	地址	保持	可从 ...	从 H...	在 H...	注释
1	Tag_1	Bool	%I0.4	☐	☑	☑	☑	
2	Tag_2	Bool	%M10.0	☐	☑	☑	☑	
3	Tag_3	Word	%MW12	☐	☑	☑	☑	
4	Tag_4	Bool	%M1.0	☐	☑	☑	☑	
5	Tag_5	Bool	%Q0.4	☐	☑	☑	☑	
6	Tag_6	Byte	%MB11	☐	☑	☑	☑	
7	Tag_7	Bool	%Q0.5	☐	☑	☑	☑	
8	Tag_8	Bool	%Q0.6	☐	☑	☑	☑	
9	Tag_9	Bool	%M10.4	☐	☑	☑	☑	
10	Tag_10	Bool	%I10.4	☐	☑	☑	☑	
11	<添加>			☐	☑	☑	☑	

图 9.40　项目变量表

PLC 变量

	名称	数据类型	值
11	Local~Pulse_1	Hw_Pwm	9
12	Local~Pulse_2	Hw_Pwm	10
13	Local~DI2_DO2_x_24VDC_1	Hw_SubModule	11
14	Local~Pulse_3	Hw_Pwm	256
15	Local~Pulse_4	Hw_Pwm	257

图 9.41　系统常量表（部分）

单击指令框参数 PWM 左边的问号，再单击出现的按钮，在下拉列表中选中"Local～Pulse_1"选项，它是 PWM1 的硬件标识符的值。

在使能输入 ENABLE 端输入 I0.4 来启动或停止脉冲发生器，产生周期为 2ms，占空比为 50% 的 PWM 脉冲波，程序如图 9.42 所示。

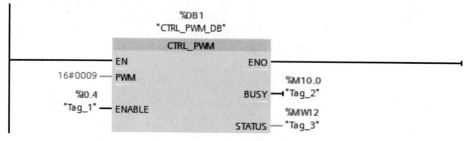

图 9.42　脉冲发生器

三、运动控制

运动控制是指通过对电动机的电压、电流和频率等输入电量的控制，来改变机械的转矩、速度和位移等机械量，使机械按照人们发出的指令运行，以满足生产工艺及其他应用的要求。

1．运动控制概述

1）运动控制系统的组成

运动控制系统一般由控制器、驱动器、电动机及反馈装置等组成，其构成示意图如图 9.43 所示。

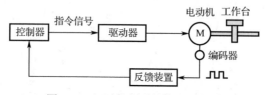

图 9.43　运动控制系统构成示意图

控制器：用于发出控制指令，指定运动控制的位置及速度等，如 PLC 和运动控制卡。

驱动器：用于将控制器发出的控制信号转换为更高功率的电压或电流信号，实现信号放大，如伺服驱动器或步进电动机驱动器。

电动机：用于带动机械装置以指定速度运动到指定的位置。例如，伺服电动机和步进电动机等。

反馈装置：用于将控制对象的位置、速度等信息反馈到控制器中，实现速度监控和位置控制。例如，编码器和光栅尺等。

2）S7-1200 的运动控制方式

根据 S7-1200 PLC 的驱动连接方式，S7-1200 运动控制可以分为 PTO 控制方式、PROFINET 控制方式和 AQ（模拟量）控制方式三种，如图 9.44 所示。

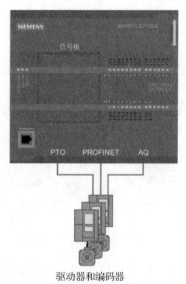

图 9.44　S7-1200 的运动控制方式

（1）PTO 控制方式。

PTO 控制方式是目前 S7-1200 PLC 各版本的 CPU 都支持的一种控制方式，这种方式通过 CPU 向驱动器发送高速脉冲信号，来实现对伺服驱动器的控制，一个 S7-1200 PLC 最多可以控制 4 台驱动器。

S7-1200 不提供定位模块，若需要控制的驱动器数量超过 4 台，在每台驱动器动作配合要求不高的情况下，则可以考虑使用多个 S7-1200 CPU，这些控制器之间可以通过以太网通信。

（2）PROFINET 控制方式。

S7-1200 PLC 可以通过 PROFINET 控制方式连接驱动器，PLC 和驱动器之间通过 PROFIdrive 报文进行通信。硬件版本 4.1 以上的 CPU 均支持这种控制方式。

（3）AQ 控制方式。

S7-1200 PLC AQ 控制方式以输出信号作为驱动器的速度给定，实现驱动器的速度控制。

3）西门子 V90 伺服驱动器

伺服驱动器是用于伺服电动机控制的一种驱动器，其功能类似于变频器作用于普通交流电动机。伺服驱动器一般通过位置、速度和力矩三种方式对伺服电动机进行控制，实现高精度的定位控制和速度控制。

（1）V90 伺服系统的组成。

V90 伺服系统是西门子推出的一款小型、高效、便捷的伺服系统，可以实现位置、速度和扭矩控制。V90 伺服系统由 V90 伺服驱动器、S-1FL6 伺服电动机和 MC300 连接电缆三部分组成。

V90 伺服驱动器的功率为 0.05～7.0kW，具有单相和三相的供电系统，被广泛应用。

（2）V90 伺服驱动器的类型及设备选型。

① V90 伺服驱动器类型。

V90 伺服驱动器有两个版本，如图 9.45 所示。

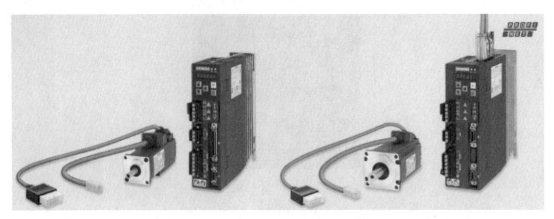

(a) 脉冲序列版本（PTI）　　　　　　（b) PROFINET 通信版本（PN）

图 9.45　V90 伺服驱动器类型

- 脉冲序列版本（集成了外部脉冲位置控制、内部设定值位置控制、速度控制和扭矩控制等模式，满足不同的控制要求。通过内置数字量输入/输出和脉冲输出接口，可连接 V90 伺服驱动器和 S7-1200 PLC，完成不同的控制模式）。
- PROFINET 通信版本。

SINAMICS V90 PN 版本集成了 PROFINET 接口，可以同 PROFIdrive 协议与上位控制器进行通信，完成不同的控制模式。

② V90 伺服设备选型。

V90 伺服驱动器型号及规格如图 9.46 所示，该型号驱动器支持的电动机主电源为 3 相 AC 380～480V、功率为 0.4kW。

图 9.46　V90 伺服驱动器型号及规格

伺服电动机型号及规格如图 9.47 所示，图中伺服电动机的型号为轴高为高惯量 65mm；额定扭矩为高惯量 9.55N·m，SH65；惯量类型为高惯量；额定转速为 2000r/min；电源为 400V；接线方式为固定插口方向的直型连接器；编码器类型为增量编码器，2500ppr；机械结构为光轴端，带抱闸；防护等级为 IP65，带轴油封。

2. 运动控制配置

西门子 S7-1200 PLC 在运动控制中使用了轴的概念，通过对轴的组态，包含硬件接口、位置定义、动态特性、机械特性等相关指令的组合使用，可以实现绝对位置、相对位置、点动、速度控制、转速控制和自动寻找参考点等功能。

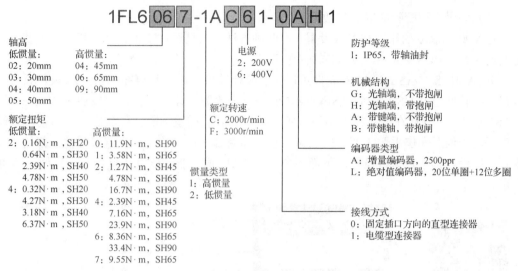

图 9.47 伺服电动机型号及规格

1）运动控制的基本配置

（1）运动控制的硬件构成。

CPU 输出脉冲和方向信号给步进或伺服电动机驱动设备，驱动设备再将 CPU 的输出信号处理后传输给步进或伺服电动机，从而控制电动机运动到指定位置。电动机轴上的编码器输入信号，再反馈到驱动器，形成闭环控制，计算速度与位置。

运动控制的基本硬件配置如图 9.48 所示，S7-1200 PLC 的 DC/DC/DC 型提供了直接控制驱动器的板载输出，继电器型输出需要信号板来控制驱动器。两个控制信号中，一个输出脉冲信号，为驱动器提供脉冲数；一个输出控制方向信号，用来控制驱动器行进方向。脉冲信号输出和方向信号输出具有特定的分配关系。板载输出信号板输出可用作脉冲信号输出和方向信号输出，在设备组态的"属性"选项卡中可以选择板载输出或信号板输出。

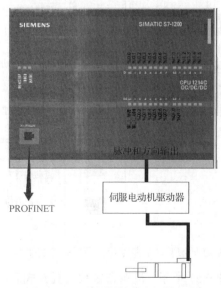

图 9.48 运动控制的基本硬件配置

（2）伺服电动机驱动器的参数配置。

对 V90 伺服驱动器进行参数设置，有两种方法：一是通过基本操作面板进行设置，二是通过 SINAMICS V-ASSISTANT 软件进行设置。

SINAMICS V-ASSISTANT 软件可以安装在计算机上，并且可在 Windows 操作系统中运行。该软件通过 USB 电缆与 SINAMICS V90 伺服驱动建立通信，可以通过 SINAMICS V-ASSISTANT 软件在在线模式下更改驱动参数并且监控驱动的工作状态。具体使用方法参考西门子伺服操作手册 5 部分—调试。不管使用哪一种方法，在设置参数前，都需要先恢复出厂设置再进行参数设置。下面简单介绍 V90 伺服驱动器基本操作面板，如图 9.49 所示。

图 9.49　V90 伺服驱动器基本操作面板

V90 伺服驱动器基本操作面板的控制按键及参数结构如图 9.50 所示。

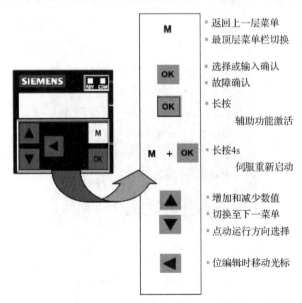

图 9.50　V90 伺服驱动器基本操作面板的控制按键及参数结构

保存参数操作过程如图 9.51 所示。注意在参数设置完成后，正常情况下都需要先按以下方法对参数进行保存，然后断电重启驱动器（保存前去除 S_ON 使能信号）。

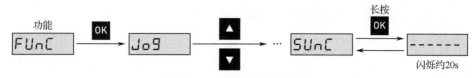

图 9.51 保存参数操作过程

V90 伺服驱动器恢复出厂参数操作过程如图 9.52 所示。注意恢复参数的出厂设置后，必须保存参数集；否则，默认值不会激活。

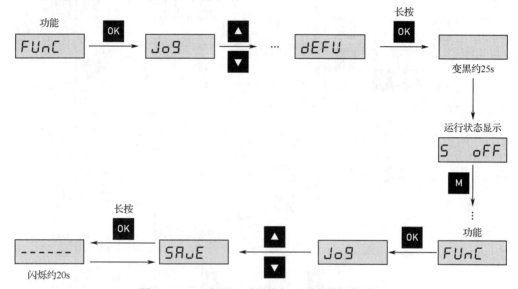

图 9.52 V90 伺服驱动器恢复出厂参数操作过程

可以通过以下两种方法编辑参数值。

方法 1：直接通过向上键或向下键更改参数值。

方法 2：先通过移位键移动光标至相应的位数，然后通过向上键或向下键更改参数值。

若使用方法 1 编辑参数，则按图 9.53 进行操作。

详细的参数设置过程可以参考 V90 伺服操作说明书的 6 部分—BOP 操作面板。

2）PTO 输出配置

在"项目树"窗格中，选择"PLC_1[CPU 1214C DC/DC/DC]"选项，双击"设备组态"按钮，在"设备视图"的工作区中选择 PLC_1，选择"属性"→"常规"选项卡中，选择"脉冲发生器（PTO/PWM1）"选项，并勾选"启用该脉冲发生器"复选框使能脉冲输出，如图 9.54 所示。

选择信号类型为 PTO（脉冲 A 和方向 B），如果没有扩展信号板，那么只能选择集成 CPU 输出；如果扩展了信号板，那么可以选择信号板输出或集成 CPU 输出。一旦选择，默认的硬件输出点就确定了。参数配置与硬件输出如图 9.55 所示。

3）工艺对象轴参数配置

第一步：插入轴对象。

在"项目树"窗格中，选择"PLC_1[CPU 1214C DC/DC/DC]"→"工艺对象"→"新

增对象"选项,并定义轴名称和编号,如图9.56所示。

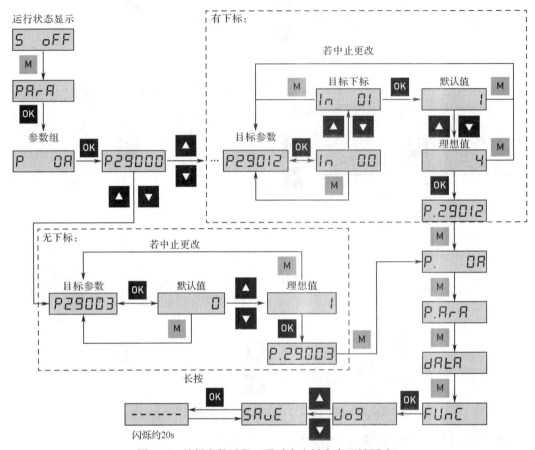

图 9.53 编辑参数过程(通过向上键和向下键更改)

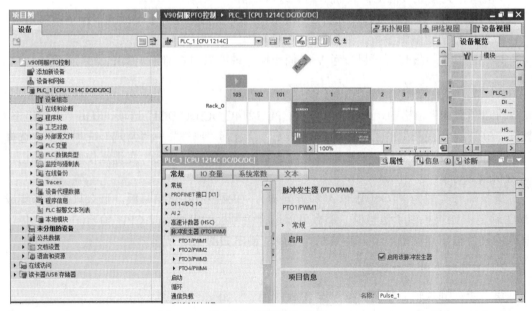

图 9.54 使能脉冲输出

图 9.55 参数配置与硬件输出

（a）新增工艺对象

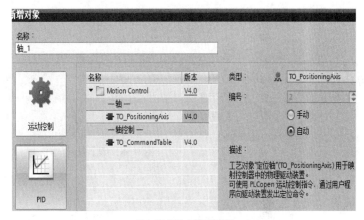

（b）定义轴名称和编号

图 9.56 插入轴对象

第二步：基本参数组态。

在完成轴添加后，如图9.57（a）所示，可以在"项目树"窗格中看到工艺对象"轴_1"。双击"组态"按钮，进行参数组态，如图9.57（b）所示。轴对象选择"轴_1"，在硬件接口区设置脉冲发生器的输出位置，可选"集成CPU输出"或"信号板输出"。当选择"集成CPU输出"时，对应的"脉冲输出"端子为Q0.0，"方向输出"端子为Q0.1；测量单位可以是 mm（毫米）、m（米）、in（英寸）、ft（英尺）、pulse（脉冲数）。

第三步：扩展参数设置。

① 扩展参数中的驱动器信号：在"驱动器信号"栏的"使能输出："处，设置使能驱动器的输出点。在"就绪输入："处，当驱动设备正常时会给出一个开关量输出，此信号可以接入CPU中，告知运动控制驱动器正常，若驱动器不提供这种接口，则此项设置为"TRUE"，如图9.58所示。

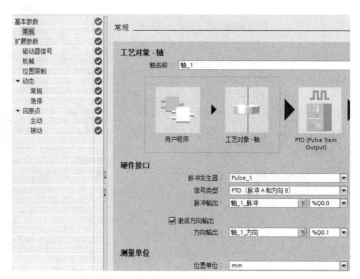

（a）轴的组态　　　　　　　　　　　　（b）设置轴的基本参数

图 9.57　基本参数组态

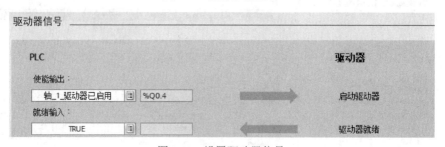

图 9.58　设置驱动器信号

② 扩展参数中的机械参数：在"机械"栏设置电动机每旋转一周的脉冲数及电动机每旋转一周产生的负载位移，如图 9.59 所示。

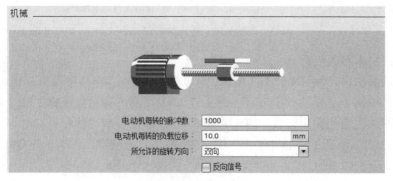

图 9.59　设置机械参数

③ 扩展参数中的位置监视参数：如图 9.60 所示，一旦在"位置限制"栏勾选"启用硬限位开关"复选框，就可以设置"硬件下限位开关输入"和"硬件上限位开关输入"，及其 I/O 地址，还可以设置其触发电平，图中两处均设置为低电平；勾选"启用软限位开关"复选框，就可以设置"软限位开关下限位置"和"软限位开关上限位置"的值。

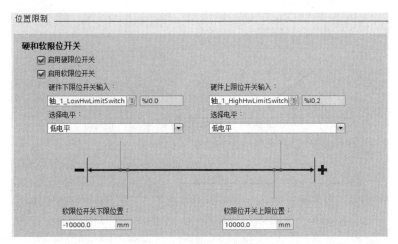

图 9.60 设置位置监视参数

第四步：动态参数设置。

① 在"常规"栏设置轴的常规参数。如图 9.61 所示，"速度限值的单位"可以选择脉冲/s、r/min 和 mm/s 三种；"最大转速"为系统运行的最大速度值；"启动/停止速度"为系统运行的启/停速度；参数还有加速度和减速度（或加速时间、减速时间）。

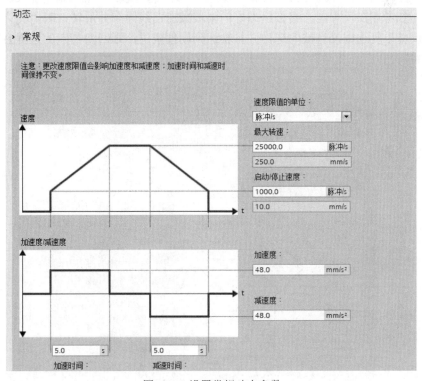

图 9.61 设置常规动态参数

② 在"急停"栏设置轴的急停参数。如图 9.62 所示，设置"最大转速"和"启动/停止速度"的值。

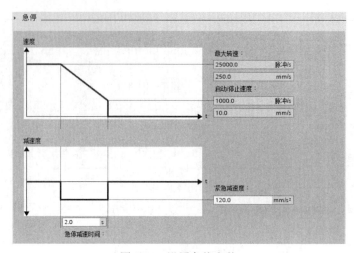

图 9.62 设置急停参数

第五步：回原点参数设置。

设置回原点参数如图 9.63 所示，设置"原点开关数字量输入"的地址为 I0.0 和"选择电平"为高电平；设置"逼近/回原点方向"为负方向；设置"参考点开关一侧"为"下侧"。若勾选了"允许硬限位开关处自动反转"复选框，轴在碰到参考点前碰到了限位点，则此时系统认为参考点在反方向，会按组态好的斜坡减速曲线停车并反转；若"允许硬限位开关处自动反转"复选框没有被勾选，并且轴达到硬件限位，则回参考点的过程会因为错误被取消，并紧急停止。

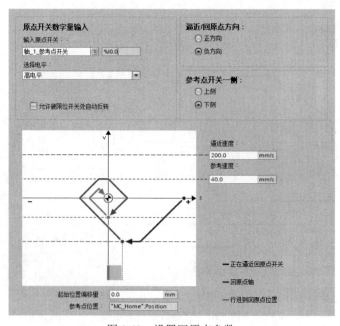

图 9.63 设置回原点参数

3. 相关指令

运动控制指令属于扩展指令的工艺指令，包含如图 9.64 所示的 12 条指令，具体指令的用法参考编程手册。

▸ 扩展指令		
▾ 工艺		
▸ ▢ 计数		V1.1
▸ ▢ PID 控制		
▾ ▢ Motion Control		V4.0
■ MC_Power	启动/禁用轴	V4.0
■ MC_Reset	确认错误，重新启动…	V4.0
■ MC_Home	归位轴，设置起始位置	V4.0
■ MC_Halt	暂停轴	V4.0
■ MC_MoveAbsolute	以绝对方式定位轴	V4.0
■ MC_MoveRelative	以相对方式定位轴	V4.0
■ MC_MoveVelocity	以预定义速度移动轴	V4.0
■ MC_MoveJog	以"点动"模式移动轴	V4.0
■ MC_CommandTable	按移动顺序运行轴作业	V4.0
■ MC_ChangeDynamic	更改轴的动态设置	V4.0
■ MC_WriteParam	写入工艺对象的参数	V4.0
■ MC_ReadParam	读取工艺对象的参数	V4.0

图 9.64　相关指令

4．伺服电动机运动控制

【**案例 9-4**】S7-1200 通过 PTO 模式控制 V90 伺服驱动器，其示意图如图 9.65 所示。以下为控制要求。

按下回原点按钮后，工作台回到原点。按下启动按钮后，工作台以 10.0mm/s 的速度从原点移动到距离原点 100mm 处停止。若在运行中按下停止按钮，则停止轴的运行；当再次按下启动按钮时，工作台继续运行到 100mm 处停止。

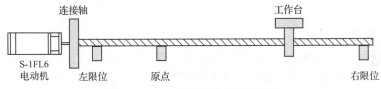

图 9.65　V90 伺服运动控制示意图

1）硬件设计

（1）硬件配置。

S7-1200 PLC 1 台（CPU 1214C DC/DC/DC），订货号为 6ES7 214-1AG40-0XB0；SINAMICS V90 伺服驱动器 1 台，订货号为 6SL3210-5FB10-4UA1；S-1FL6 伺服电动机 1 台，订货号为 1FL6024-2AF21-1AA1；安装博途 V14 及以上版本的计算机 1 台。

（2）硬件电路图。

西门子 S7-1200 控制 V90 伺服驱动器硬件电路图如图 9.66 所示。S7-1200 的 I0.0 连接启动按钮；I0.1 连接停止按钮；I0.2 连接复位按钮；I0.7 连接左限位；I1.0 连接原点；I1.1 连接右限位；Q0.3 作为输出方向控制，接入 V90 伺服驱动器的 38 脚；Q0.4 作为脉冲信号，接 V90 伺服驱动器的 36 脚；V90 伺服驱动器的 L1 和 L3 接 AC 220V，U、V、W 端子接伺服电动机。

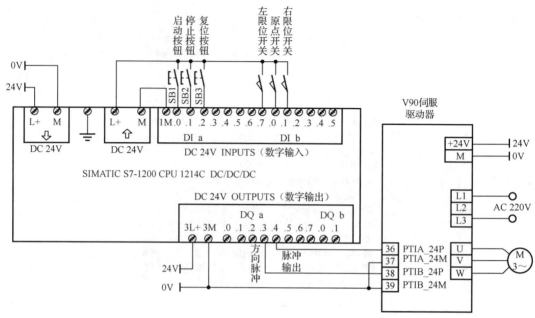

图 9.66 西门子 S7-1200 控制 V90 伺服驱动器硬件电路图

(3) V90 伺服驱动器参数设置。

可以通过 BOP 模板或 SINAMICS V-ASSISTANT 软件设置 V90 伺服驱动器的参数。选择驱动模式为"外部位置控制（PTI）"；"设置电子齿轮比"为设置转动一圈所需给定脉冲数（2500）；设置脉冲输入形式为"脉冲+方向，正逻辑"，电平为"24V 单端"；配置所需 I/O 端子。

2）组态编程

(1) 新建项目及组态。

① 新建项目"S7-1200 控制 V90 伺服"，选择 CPU 1214C DC/DC/DC，订货号为 6ES7 214-1AG40-0XB0。设置"CPU 属性"→"常规"选项卡中的 PROFINET 接口的 IP 地址为 192.168.0.1，子网掩码为 255.25.255.0）。

② 启用脉冲发生器（PTO1/PWM1）。参考图 9.54 和图 9.55，将脉冲输出地址修改为 Q0.4，方向输出地址修改为 Q0.3（勾选"启用方向输出"复选框）。

③ 新建 PLC 变量表。在"项目树"窗格中，选择"PLC_1[CPU 1214C DC/DC/DC]"→"PLC 变量"选项，双击"添加新变量表"按钮，在表中新建如图 9.67 所示的变量表。

④ 组态工艺对象。

第一步：在"项目树"窗格中新增一个轴工艺对象。

接下来进行参数设置，如图 9.68 左侧参数树所示，参数分为基本参数（包含常规和驱动器）和扩展参数（包含机械、位置限制、动态、回原点）。参数设置正确后，每一项后面都有绿色背景的"√"，蓝色背景的"√"表示参数未设置。

第二步：进行基本参数设置，常规参数设置如图 9.68 右侧所示，需要设置工艺对象-轴、驱动器和测量单位 3 个参数。工艺对象的驱动器参数设置如图 9.69 所示，需要设置硬件接口、驱动装置的使能和反馈参数。工艺对象的硬件接口参数设置如图 9.70 所示，需要设置"脉冲发生器"对象、"信号类型"、"脉冲输出"的对象和地址,勾选"激活方向输出"复选框,并设置"方向输出"的对象和地址。

	名称	数据类型	地址	保持	可从	从 H...	在 H...
1	左限位开关	Bool	%I0.7		☑	☑	☑
2	原点开关	Bool	%I1.0		☑	☑	☑
3	右限位开关	Bool	%I1.1		☑	☑	☑
4	轴1方向	Bool	%Q0.3		☑	☑	☑
5	轴1脉冲	Bool	%Q0.4		☑	☑	☑
6	轴使能	Bool	%M10.0		☑	☑	☑
7	轴使能完成	Bool	%M10.1		☑	☑	☑
8	轴使能错误	Bool	%M10.2		☑	☑	☑
9	轴回原点按钮	Bool	%M20.0		☑	☑	☑
10	轴回原点完成	Bool	%M20.1		☑	☑	☑
11	轴回原点错误	Bool	%M20.2		☑	☑	☑
12	轴绝对位移按钮	Bool	%MB0.0		☑	☑	☑
13	轴绝对位移完成	Bool	%MB0.1		☑	☑	☑
14	轴绝对位移错误	Bool	%MB0.2		☑	☑	☑
15	轴绝对位移位置设定	Real	%MD32		☑	☑	☑
16	轴绝对位移速度设定	Real	%MD36		☑	☑	☑
17	轴暂停按钮	Bool	%M40.0		☑	☑	☑
18	轴暂停完成	Bool	%M40.1		☑	☑	☑
19	轴暂停错误	Bool	%M40.2		☑	☑	☑
20	<添加>				☑	☑	☑

图 9.67　V90 伺服控制变量表

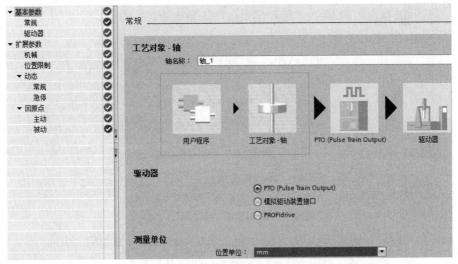

图 9.68　工艺对象的常规参数及其设置

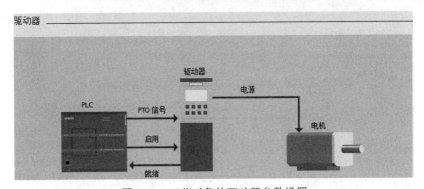

图 9.69　工艺对象的驱动器参数设置

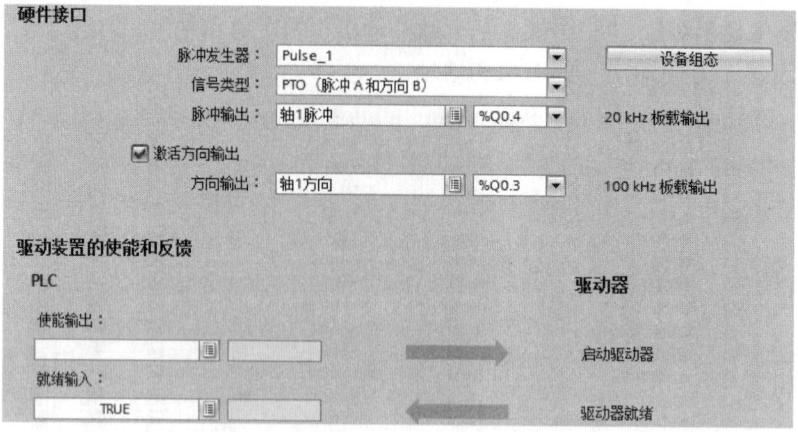

图 9.70 工艺对象的硬件接口参数设置

第三步：扩展参数设置。

扩展参数-机械参数设置如图 9.71 所示，设置"电动机每转的脉冲数"为 2500，"电动机每转的负载位移"为 10.0mm，"所允许的旋转方向"为双向。扩展参数-位置限制参数设置如图 9.72 所示，勾选"启用硬限位开关"复选框，设置"硬件下限位开关输入"为 I1.1，"硬件上限位开关输入"为 I0.7，"选择电平"均为高电平。

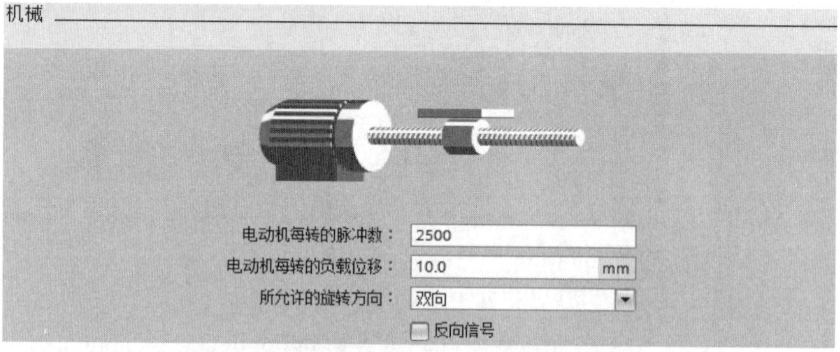

图 9.71 扩展参数-机械参数设置

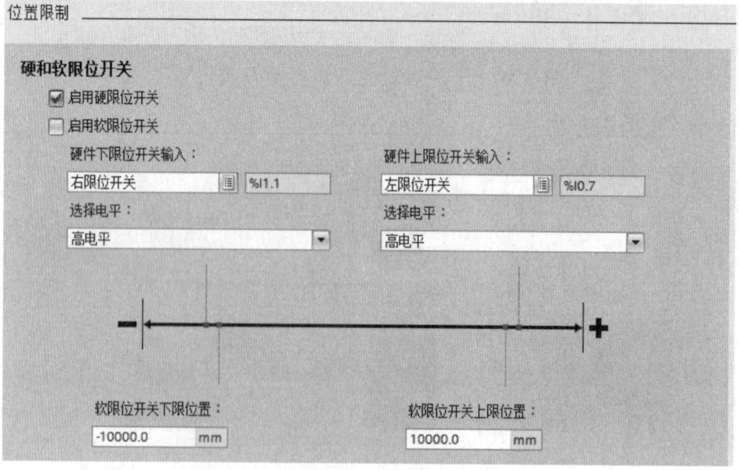

图 9.72 扩展参数-位置限制参数设置

扩展参数-动态参数设置如图 9.73 所示，包含常规和急停两种参数类型。

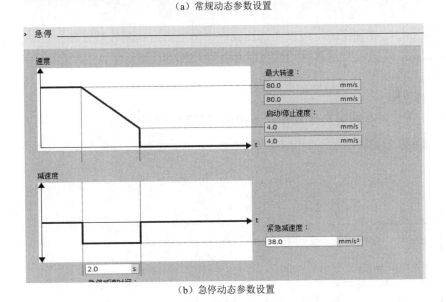

(a) 常规动态参数设置

(b) 急停动态参数设置

图 9.73　扩展参数-动态参数设置

扩展参数-回原点参数分为主动和被动两种参数类型，主动回原点参数设置如图 9.74 所示，设置"输入原点开关"为 I1.0，"选择电平"为高电平。勾选"允许硬限位开关处自动反转"复选框。本案例采用的是主动回原点，故未对被动回原点参数进行设置。

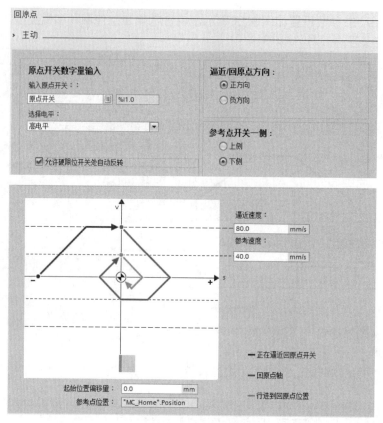

图 9.74 扩展参数-回原点参数设置（主动）

第四步：参数设置完成，可以在博途软件中使用轴控制面板测试轴参数和实际设备的连接是否正确。测试正常后再调用轴控制指令编写控制程序。

（2）编写控制程序。

① 编写程序。

在 OB1 中，编写如图 9.75 所示的 V90 运动控制程序。

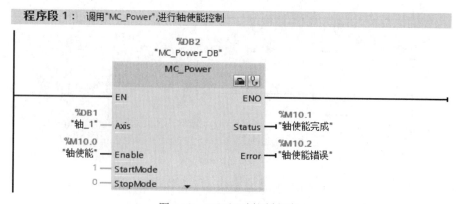

图 9.75 V90 运动控制程序

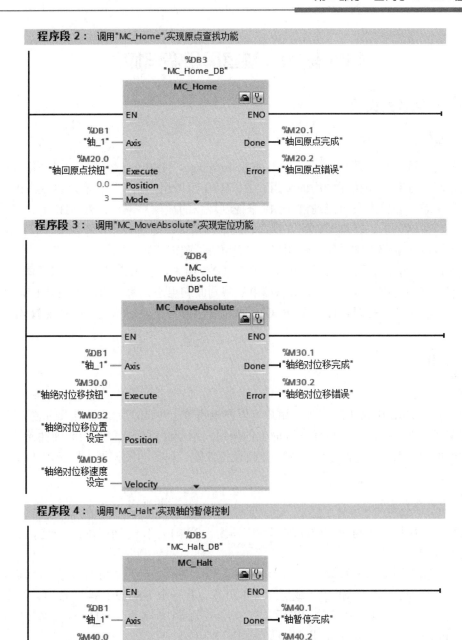

图 9.75　V90 运动控制程序（续）

② 程序测试。

编译后，下载程序到 S7-1200 CPU 中，进行程序测试。

- 轴使能：轴使能置位（M10.0）。
- 轴回原点：轴回原点（M20.0，上升沿）。
- 轴绝对位移：首先将轴绝对位移位置设定（MD32）为 100，轴绝对位移速度设定（MD36）为 10，然后置位轴绝对位移按钮（M30.0，上升沿），最后轴将以设定速度移动到设置的绝对位置。

知识卡 20 触摸屏组态与应用

一、精简系列面板

1. 概述

在控制领域,人机界面(Human Machine Interface,HMI)一般特指用于操作人员与控制系统之间进行对话和相互作用的专用设备。HMI可以用字符、图形和动画动态地显示现场数据和状态,操作人员可以通过HMI来控制现场的被控对象。此外,HMI还有报警、用户管理、数据记录、趋势图、配方管理、通信等功能。随着技术的不断进步,HMI的成本大幅下降,在工业控制系统中应用广泛。HMI的操作过程如下:

首先,需要用计算机上运行的组态软件对HMI组态,生成满足用户要求的画面,并进行相应的设置和简单编程。然后,组态结束后将画面和组态信息编译和下载到HMI的存储器中。在控制系统运行时,HMI和PLC之间通过通信来交换信息,从而实现HMI的各种功能。

2. HMI 类型

1)触摸屏

触摸屏是HMI中常用的一种,用户可以在触摸屏上生成满足自己要求的触摸式按键。触摸屏使用直观方便,易于操作。画面上的按钮和指示灯可以代替相应的硬件元件,减少PLC需要的I/O点数,降低系统成本,提高设备性能。现在的触摸屏一般使用TFT液晶显示器。

2)精简系列面板

精简系列面板主要与S7-1200配套,它适用于简单应用,有很高的性价比,有触摸屏和功能可以定义的按键。

第二代精简面板的参数如表9.7所示,有4.3in、7in、9in和12in的高分辨率宽屏显示器,支持垂直安装,用博途V13或更高版本组态。有一个RS422/RS485接口、一个RJ45以太网接口和一个USB2.0接口。采用TFT真彩液晶屏,64K色。RJ45以太网接口的通信速率为10Mbit/s或100Mbit/s,用于与计算机或S7-1200通信。

表9.7 第二代精简面板的参数

	KTP400 Basic PN	KTP700 Basic PN/DP	KTP900 Basic PN	KTP1200 Basic PN/DP
显示器尺寸/in	4.3	7	9	12
分辨率(宽×高,像素)	480×272	800×480	800×480	1200×800
功能键个数	4	8	8	10
电流消耗典型值/mA	125	230	230	510/550
最大电流持续消耗/mA	310	440/500	440	650/800

3）西门子的其他 HMI 简介

高性能的精简系列面板有显示器为 4in、7in、9in、12in 和 15in 的按键型和触摸型面板，还有 22in 的触摸型面板。支持多种通信协议，有 PROFINET 接口和 USB 接口。

精简系列面板 Smart Line IE 是与 S7-1200 和 S7-1200 SMART 配套的触摸屏，有 7in 和 10in 两种显示器，有以太网接口和 RS422/RS485 接口。Smart 700 IE 具有很高的性价比。

移动面板可以在不同的地点灵活应用。Mobile Panel 177 的显示器为 5.7in，Mobile Panel 277 的显示器有 8in 和 10in 两种规格。此外，还有 8in 的无线移动面板。

3．博途中的 WinCC 简介

STEP 7 内含的 WinCC Basic 可以用于精简系列面板的组态。博途中的 WinCC Professional 可以对精简系列面板之外的西门子 HMI 组态，精简系列面板用 WinCC lexible 组态。

二、精简系列面板的画面组态

1．画面组态的准备工作

1）添加 HMI 设备

在项目视图中生成一个名为"PLC_HMI"的新项目，CPU 为 CPU 1214C。单击"添加新设备"对话框中的"HMI"按钮，在对话框左下角取消勾选"启动设备向导"复选框，添加一块 4in 的第二代精简系列面板 KTP400 Basic PN，如图 9.76 所示。

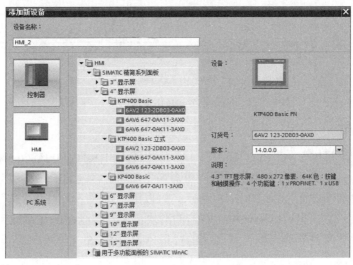

图 9.76　添加 KTP400 Basic PN 面板

2）组态连接

CPU 和 HMI 的默认 IP 地址分别为 192.168.0.1 和 192.168.0.2，子网掩码均为 255.255.255.0。添加 CPU 和 HMI 后，在"项目树"窗格中选择"PLC_HMI_V14"，单击"设备和网络"按钮，打开网络视图，设置连接类型为"HMI 连接"，单击工具栏上的"连接"按钮。用拖拽的方法生成"HMI_连接_1",如图 9.77(a)所示,HMI 连接参数如图 9.77(b)所示。

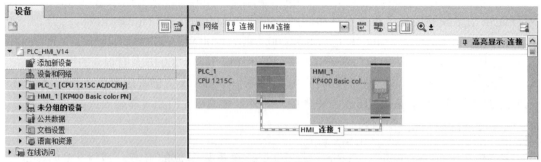

(a)生成 HMI 连接

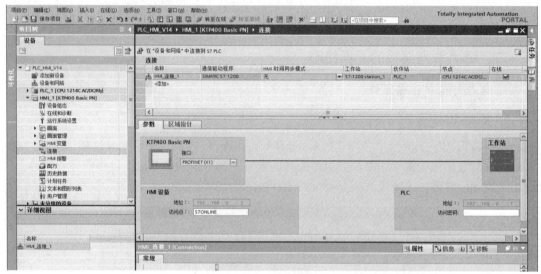

(b)HMI 连接参数

图 9.77 HMI 连接

3)打开画面

依次选择"项目树"→"PLC_HMI_V14"→"HMI_1[KTP400 Basic PN]"→"画面",右键单击"画面_1",在弹出菜单中选择"重命名"按钮,将画面的名称改为"启动画面"。然后双击打开"启动画面",如图 9.78 所示,可以用工作区下面的有"%"的下拉列表来改变画面的放大倍数,也可以用该按钮右边的滑块快速设置画面的显示比例。单击画面,用巡视窗口中"背景色"选择框设置画面的背景色为白色。

4)对象移动与缩放

在画面上生成一个按钮,单击该按钮,按钮四周出现 8 个小正方形。将光标放到按钮上,光标变为十字箭头图形。按住鼠标左键并移动鼠标,可将按钮移动到希望的位置。

单击该按钮,选中某个角的小正方形,光标变为 45°的双向箭头,按住左键并移动鼠标,可以同时改变按钮的长度和宽度。

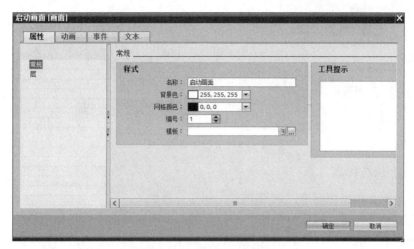

图9.78　更名为启动画面

单击按钮4条边中点的某个小正方形，光标变为水平或垂直的双向箭头，按住左键并移动鼠标，可将选中的对象沿水平方向或垂直方向放大或缩小。

2．生成和组态指示灯与按钮

1）生成和组态指示灯

指示灯用于显示布尔变量"电动机"（Q0.0）的状态，制作过程如下：

（1）生成指示灯。将工具箱窗格"基本对象"中的"圆"拖动到画面上希望的位置。用鼠标调节圆的位置和大小。

（2）设置外观。选中圆后，选中巡视窗口的"属性"→"属性"→"外观"选项，如图9.79所示，设置圆的边框为默认的黑色，样式为实心，宽度为3个像素点，填充色为深绿色（RGB值为0,146,8），填充图案为实心。

图9.79　外观设置

（3）设置布局。选中巡视窗口的"属性"→"属性"→"布局"选项，可以微调圆的位置和大小。

（4）设置动画。选中巡视窗格的"属性"→"动画"→"显示"选项，双击"添加新动画"按钮，再双击"外观"按钮，如图9.80所示。设置指示灯在PLC的位变量"电动机"的"范围"值为0和1，背景色分别为深绿色（RGB值为0,146,8）和浅绿色（RGB值为0,255,24），对应于指示灯熄灭和点亮。通过这一步将显示与PLC的Q0.0的状态关联起来，让Q0.0的状态控制灯的显示状态。

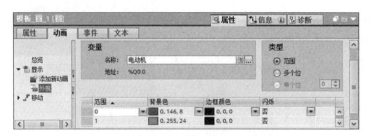

图 9.80 指示灯动画制作

2）生成和组态按钮

按钮用于将各种操作命令发送给 PLC，制作过程如下：

（1）生成设置按钮。将工具箱的"按钮"图标拖动到画面上，用鼠标调节按钮的位置和大小。单击放置的按钮，选择巡视窗格的"属性"→"属性"→"常规"选项，用单选框选中"模式"域和"标签"域的"文本"，输入按钮未按下时显示的文本为"启动"。若勾选"按钮'按下'时显示的文本"复选框，则可以分别设置未按下时和按下时显示的文本；若未选中它，则按下和未按下时按钮上显示的文本相同。按钮标签设置如图 9.81 所示。

图 9.81 按钮标签设置

（2）设置外观。选中巡视窗格的"属性"→"属性"→"外观"选项，设置按钮的背景色为浅灰色，文本色为黑色。

（3）设置布局。选中巡视窗格的"属性"→"属性"→"布局"选项，若勾选"使对象适合内容"复选框，则将根据按钮上的文本的字数和字体大小自动调整按钮的大小。选中巡视窗口的"属性"→"属性"→"文本格式"选项，可以定义以像素点（px）为单位的文字的大小。字体为宋体，不能更改。可以设置字形和附加效果。

（4）设置按钮的事件功能。选中巡视窗格的"属性"→"事件"→"按下"选项，单击视图右边窗格的表格最上面一行，选择"系统函数"列表中的函数"复位位"，如图 9.82 所示。

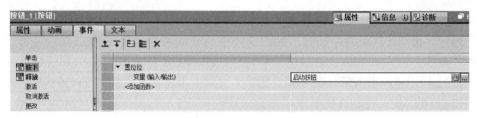

图 9.82 设置按下事件

单击表中第 2 行，选中 PLC 的"默认变量表"中的变量"启动按钮"（M2.0）。在 HMI 运行时按下该按钮，将变量"启动按钮"复位为 0 状态，如图 9.83 所示。

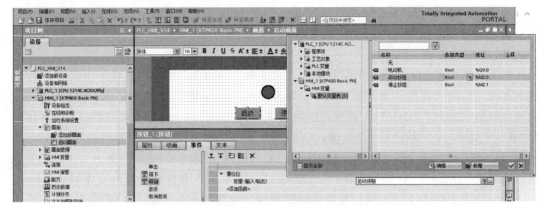

图 9.83　关联变量名

选中巡视窗口的"属性"→"事件"→"释放"选项，如图 9.84 所示。用同样的方法设置在 HMI 运行时释放该按钮，执行系统函数"置位位"，该按钮为启动按钮。

图 9.84　设置按下事件

选中组态好的按钮，执行复制和粘贴操作。放置好新生成的按钮后选中它，设置其文本为"停止"，按下该按钮时将变量"停止按钮"置位，释放该按钮时将它复位。

3．生成与组态文本域、I/O 域

1）生成与组态文本域

文本域用于显示一些固定的信息，如图 9.86 所示的"当前值"和"预设值"。

将工具箱中的文本域图标拖动到画面上，单击选中它，并选中巡视窗口的"属性"→"属性"→"常规"选项，键入文本"当前值"。

在"外观"属性中设置其背景色为浅蓝色，填充图案为实心，文本颜色为黑色，边框的宽度为 0（没有边框）。在"布局"属性中设置四周的边距均为 3，勾选"使对象适合内容"复选框。

在"文本格式"属性中设置字体的大小为 16 个像素点。

选中画面上的"当前值"文本域，执行复制和粘贴操作。放置好新生成的文本域后选中它，设置其文本为"预设值"，背景色为白色，其他属性不变。

2）生成与组态 I/O 域

（1）I/O 域。

I/O 域用于显示 PLC 变量的值或获取用户输入的值并保存到 PLC 变量，有以下 3 种模

式的 I/O 域。

① 输出域用于显示 PLC 变量的数值。
② 输入域用于操作员键入数字或字母,并用 PLC 的变量保存它们的值。
③ I/O 域同时具有输入域和输出域的功能。

(2) 组态 I/O 域。

将工具箱中的 I/O 域图标拖动到画面上文本域"当前值"的右边,选中生成的 I/O 域。选中巡视窗口的"属性"→"属性"→"常规"选项,设置其模式为输出,连接的过程变量为当前值,"地址"为%MD4。该变量的数据类型为 Time(以 ms 为单位的双整数时间值)。在"格式"域中,采用默认的"显示格式"十进制,设置"格式样式"为有符号数"s9999999",小数点后的位数为 3,在"外观"视图设置 I/O 域的单位为 s(秒),画面上 I/O 域的显示格式为"+000.000s",背景色为灰色。"布局""文本格式"属性的设置与文本域的相同。

选中画面上的 I/O 域,执行复制和粘贴操作。放置好新生成的 I/O 域后选中它,选中巡视窗口的"属性"→"属性"→"常规"选项,设置其模式为输入/输出,连接的过程变量为"预设值",变量的数据类型为 Time,属性与前一个 I/O 域基本上相同,背景色为白色,如图 9.85 所示。

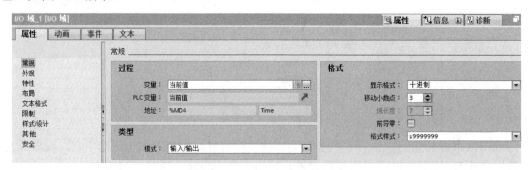

图 9.85　I/O 域的常规设置

制作完成的画面如图 9.86 所示。

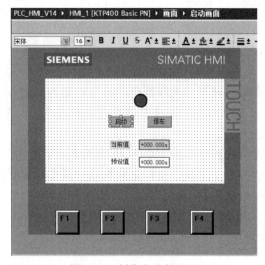

图 9.86　制作完成的画面

三、精简系列面板的仿真与运行

1. PLC 与 HMI 的集成仿真

1）HMI 仿真调试的方法

WinCC 的运行系统（Runtime）用来在计算机上运行用 WinCC 的工程系统组态的项目。在没有 HMI 设备的情况下，可以用运行系统来对 HMI 设备仿真。

有下列 3 种仿真调试的方法，本节主要介绍集成仿真。

（1）使用变量仿真器仿真。

若手中既没有 HMI 设备，也没有 PLC，则可以用变量仿真器来检查 HMI 的部分功能。因为没有运行 PLC 的用户程序，所以这种仿真方法只能模拟实际系统的部分功能。

（2）使用 S7-PLCSIM 和运行系统的集成仿真。

用 WinCC 的运行系统对 HMI 设备仿真，用 S7-PLCSIM 对 S7-300/400/1200/1500 仿真。不需要 HMI 设备和 PLC 的硬件，接近真实控制系统的运行情况。

（3）连接硬件 PLC 的仿真。

若有硬件 PLC，则在建立起计算机和 S7-PLC 通信连接的情况下，用计算机模拟 HMI 设备的功能。这种仿真的效果与实际系统基本上相同。

2）PLC 与 HMI 的变量表

HMI 的变量分为外部变量和内部变量。外部变量是 PLC 中定义的存储单元的映像，其值随 PLC 程序的执行而改变。内部变量存储在 HMI 设备的存储器中，与 PLC 没有连接关系，只有 HMI 设备能访问内部变量。内部变量只有名称，没有地址。

PLC 的默认变量表如图 9.87 所示，其中的"触摸启动按钮"和"触摸停止按钮"信号来自 HMI 画面上的按钮，用画面上的指示灯显示变量"电动机"的状态。

		名称	变量表	数据类型	地址	保持	可从 ...	从 H...	在 H...
1		触摸启动按钮	默认变量表	Bool	%M2.0		☑	☑	☑
2		触摸停止按钮	默认变量表	Bool	%M2.1		☑	☑	☑
3		电动机	默认变量表	Bool	%Q0.0		☑	☑	☑
4		预设值	默认变量表	Time	%MD8		☑	☑	☑
5		当前值	默认变量表	Time	%MD4		☑	☑	☑
6		System_Byte	默认变量表	Byte	%MB1		☑	☑	☑
7		FirstScan	默认变量表	Bool	%M1.0		☑	☑	☑
8		DiagStatusUpdate	默认变量表	Bool	%M1.1		☑	☑	☑
9		AlwaysTRUE	默认变量表	Bool	%M1.2		☑	☑	☑
10		AlwaysFALSE	默认变量表	Bool	%M1.3		☑	☑	☑
11		灯的颜色	默认变量表	Byte	%MB0		☑	☑	☑

图 9.87 PLC 的默认变量表

在 HMI 的默认变量表中，将变量"电动机"和"当前值"的采集周期由 1s 改为 100ms。单击空白行的"PLC 变量"列，可以用弹出的对话框将 PLC 的默认变量表中的变量传送到 HMI 变量表。

在组态画面按钮时，若使用了 PLC 变量表中的变量，则该变量将会自动地添加到 HMI 的默认变量表中，如图 9.88 所示。

HMI 变量									
名称 ▲	变量表	数据...	连接	PLC 名称	PLC 变量	地址	访问模式	采集周期	
当前值	默认变...	Time	HMI_连接_1	PLC_1	当前值	%MD4	<绝对访问>	100 ms	
电动机	默认变...	Bool	HMI_连接_1	PLC_1	电动机	%Q0.0	<绝对访问>	100 ms	
启动按钮	默认变...	Bool	HMI_连接_1	PLC_1	触摸启动按钮	%M2.0	<绝对访问>	1 s	
停止按钮	默认变...	Bool	HMI_连接_1	PLC_1	触摸停止按钮	%M2.1	<绝对访问>	1 s	
预设值	默认变...	Time	HMI_连接_1	PLC_1	预设值	%MD8	<绝对访问>	1 s	

图 9.88　HMI 的默认变量表

2. PLC 的程序设计

当组态 CPU 属性时，设置 MB1 为系统存储器字节，首次扫描时 FirstScan（M1.0）的常开触点接通，MOVE 指令将变量"预设值"设置为 10s。变量"预设值"和"当前值"的数据类型为 Time。

PLC 控制 HMI 的程序如图 9.89 所示。T1 是 TON 的背景数据块的符号地址。"T1".Q 是 TON 的 Q 输出，定时器和""T1"".Q 的常闭触点组成了一个锯齿波发生器，其当前值在 0 到其预设值 PT 之间反复变化。

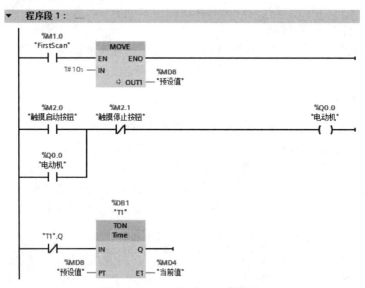

图 9.89　PLC 控制 HMI 的程序

3. PLC 与 HMI 的集成仿真操作

1）设置 Windows 的 PG/PC 接口

双击 Windows 7 的控制面板中的"设置 PG/PC 接口"，弹出"设置 PG/PC 接口"窗口，如图 9.90 所示。选择"为使用的接口分配参数"列表框中的"PLCSIM S7-1200/S7-1500.TCPIP.1"选项，设置"应用程序访问点"为"S7ONLINE（STEP 7）-->PLCSIM S7-1200/S7-1500.TCPIP.1"。

2）仿真操作

在博途软件中选中"项目树"窗格中的 PLC_1，单击工具栏上的"开始仿真"按钮，打开 S7-PLCSIM。将程序下载到仿真 CPU，仿真 PLC 自动切换到 RUN 模式。

第 2 部分　西门子 S7-1200 应用知识

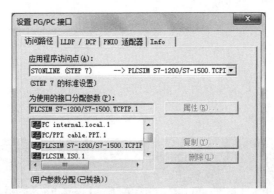

图 9.90　设置 Windows 的 PG/PC 接口

选中博途软件中的 HMI_1 站点，单击工具栏上的"开始仿真"按钮，启动 HMI 运行系统仿真器，出现仿真面板的启动画面。

检查画面中的按钮是否能控制指示灯。

画面上定时器的当前值应从 0s 开始不断增大，等于预设值时又从 0s 开始增大。单击画面上"预设值"右侧的 I/O 域，用出现的数字键盘修改预设值，修改后当前值按新的预设值变化。

练习卡 9

一、填空题

1．西门子 S7-1200 有（　　）个 HSC。
2．西门子 S7-1200 的 CPU 有（　　）个 PTO/PWM 发生器。
3．脉冲宽度调制简称（　　）。
4．伺服驱动控制系统能实现高精度的（　　）控制和速度控制。
5．伺服驱动器需要提供脉冲信号和（　　）信号。
6．人机界面简称（　　）。
7．HMI 程序运行出现的画面叫（　　）画面。

二、多选题

1．西门子 S7-1200 的 HSC 的工作模式有（　　）。
A．单相计数（内部/外部方向控制）　　B．双相计数
C．A/B 正交计数　　D．监控 PTO 输出
2．运动控制一般由（　　）部分组成。
A．控制器　　B．驱动器　　C．电动机　　D．反馈装置
3．根据 S7-1200 PLC 的驱动连接方式，S7-1200 运动控制可以分为（　　）。
A．PTO 控制方式　　B．PROFINET 控制方式
C．模拟量控制方式　　D．以上都不对
4．伺服电动机驱动器一般通过（　　）方式对伺服电动机进行控制。
A．位置　　B．速度　　C．力矩　　D．以上都不对

第3部分

电气控制实训指导

说明：本部分进行的低压电器控制实训均使用三相异步交流电动机（简称三相电动机）；由于在实训室进行操作，故电动机外壳接地线均未绘制。

实训卡 1　三相电动机手动控制电路的安装与调试

一、实训目标

识读三相电动机手动控制电路，会分析其组成及工作原理，能完成其电路的安装与调试。

二、工作任务

根据三相电动机手动控制原理图，备齐工具、耗材，按工艺要求完成电气电路连接，并能进行电路的检查和故障排除。

三、实训指导

1. 分析电路

手动控制原理图如图 10.1 所示。只使用 1 个刀开关（或低压断路器）和 3 个螺旋式熔断器，是最简单的三相电动机启/停控制电路。

2. 准备材料

（1）工具：螺钉旋具（十字、一字）、测电笔（实训中均简称电笔）、剥线钳、尖嘴钳、斜口钳等。

（2）仪表：兆欧表、万用表。

（3）器材：按照图 10.1 配齐所需电气元件，核对清单表（见表 10.1）。

（4）元器件检测：在不通电的情况下，用万用表或目视检查各元器件触点的通断情况是否良好；检查熔断器的熔体是否完好；检查接线端子的螺钉是否完好，螺纹是否失效；检查电动机能否正常工作。

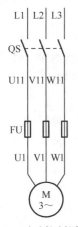

图 10.1　手动控制原理图

表 10.1　手动控制材料清单表

序号	材　料	数量	核对
1	刀开关或低压断路器（实训中均简称空开）	1	
2	螺旋式熔断器	3	
3	接线端子排	2	
4	安装网孔板或实验台	1	
5	三相电动机	1	
6	导线	若干	

注意：清单表核对，齐备打√，无打×，后续实训处理方法相同。

3. 安装

（1）元器件安装。在网孔板上进行元器件的布置与安装时，各元器件的安装位置应整齐、匀称、间距合理，便于元器件的更换。紧固各元器件时要用力均匀。在紧固熔断器、接触器等易碎元器件时，应用手按住元器件，一边轻轻摇动，一边用螺钉旋具轮流旋紧对角线上的螺钉，直至手感觉摇不动后再适度地旋紧一些即可。

（2）布线连接。布线的工艺要求如下：

① 布线通道尽可能少，同路并行导线按主电路、控制电路分类集中，单层密排，紧贴安装面布线。

② 同一平面的导线应高低一致或前后一致，走线合理，不能交叉或架空。

③ 对螺栓式接线端子，导线连接时应该打钩圈，并按顺时针旋转；对瓦片式接线端子，导线连接时直线插入接线端子固定即可。导线连接不能压绝缘层，也不能露铜过长。

④ 布线应横平竖直，分布均匀，变换走向时应垂直。

⑤ 布线时严禁损伤线芯和导线绝缘层。

⑥ 所有从一个接线端子（或接线端）到另一个接线端子的导线必须完整，中间无接头。

⑦ 一个元器件接线端子上的连接导线不得多于两根。

⑧ 进出线合理汇集在端子板上。

（3）安装注意事项。

① 注意安全用电，必须在断电的情况下进行元器件的安装操作。

② 接线时，用力不可过猛，以防螺钉打滑。

4. 电路调试

（1）不通电测试。

① 检查接线和接线端子。按电气原理图或装接图从电源端开始，逐段核对接线及接线端子处是否正确，有无漏接、错接之处。检查导线接线端子是否符合要求，压接是否牢固。

② 用万用表检查电路的通断情况。检查时应选用倍率适当的电阻挡，并进行校零，以防短路故障发生。检查电路时，测量从电源端（L1、L2、L3）到电动机进线端子（U1、V1、W1）上的每一相电路的电阻值，检查是否存在开路现象。

（2）通电测试。

通电测试需要实训教师同意。合上刀开关 QS（或空开），引入三相电源（注意电动机采用星形接法），电动机接通电源后直接启动运转。断开开关，电动机停止。

（3）故障排除。

在故障排除操作过程中，若出现不正常现象，则应立即断开电源，分析故障原因，用万用表仔细检查电路，在实训教师认可的情况下才能再通电调试。

四、成绩评定

实训考核评分标准如表 10.2 所示。

表10.2 实训考核评分标准

考核内容及依据		考 核 等 级				备注
接线与工艺（接错2条线以上不能考核） 等级考核依据：电路接线工艺及学生熟练程度		优（ ）	良（ ）	中（ ）	差（ ）	50%
电路检查（检查方法、步骤和工具使用） 等级考核依据：学生熟练程度		优（ ）	良（ ）	中（ ）	差（ ）	20%
通电调试（调试步骤） 等级考核依据：学生操作过程的规范性及学习状态		优（ ）	良（ ）	中（ ）	差（ ）	30%
教师（签字）： 学生（签字）：	总评	优（ ）	良（ ）	中（ ）	差（ ）	

实训卡2　三相电动机长动控制电路的安装与调试

一、实训目标

识读三相电动机长动控制电路，会分析其组成及工作原理，能完成其电路的安装与调试。

二、工作任务

根据三相电动机长动控制原理图，备齐工具、耗材，按工艺要求完成电气电路连接，并能进行电路的检查和故障排除。

三、实训指导

1. 分析电路

长动控制原理图如图11.1所示，该电路由左侧的主回路（包含刀开关QS、螺旋式熔断器FU1、交流接触器KM的三对主触点和电动机M的定子绕组构成）和右侧的控制回路（首先将螺旋式熔断器FU2、按钮SB1常闭触点、SB2常开触点和接触器线圈KM串联，然后将交流接触器KM的常开触点和启动按钮SB3并联）组成。该电路的工作原理如下：

合上刀开关QS。

启动过程：$SB2^\pm - KM_{自}^+ - M^+$（启动）。

停止过程：$SB1^\pm - KM^- - M^-$（停止）。

其中，$SB^\pm$表示先按下，后松开；$KM_{自}$表示"自锁"。"自锁"是指依靠接触器自身的辅助常开触点来保证线圈继续通电的电路结构。图11.1所示虚线框内，按钮SB2和交流接触器KM的常开触点构成自锁电路结构。该电路带有自锁功能，因而具有失压（零压）保护和欠压保护功能。

2. 准备材料

（1）工具：螺钉旋具（十字、一字）、电笔、剥线钳、尖嘴钳、斜口钳等。
（2）仪表：兆欧表、万用表。
（3）器材：按照图11.1配齐所需电气元件，核对清单表（见表11.1）。
（4）元器件检测：要求同实训卡1。

3. 安装

（1）、（2）要求同实训卡1。
（3）安装电动机（星形接法）。
（4）安装注意事项。
① 注意安全用电，必须在断电的情况下进行元器件的安装操作。
② 接线时，用力不可过猛，以防螺钉打滑。
③ 由于一些触点需要压接多条导线，所以需要先看清触点连线数目，避免出现压紧螺

钉后发现还有线需要压接在同一点的情况。

④ 按钮内部接线，启动按钮接常开（NO），触点，停止按钮常闭（NC）触点。

⑤ 接触器的自锁触点（辅助常开触点）并联在启动按钮两端，停止按钮串联在线圈供电回路中。

⑥ 接触器在电路图中有线圈、主触点和辅助常开触点，实物只有一个，要把电路图符号和实物触点对应起来。

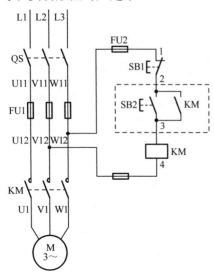

图 11.1　长动控制原理图

表 11.1　长动控制材料清单表

序号	材　料	数量	核对
1	刀开关或空开	1	
2	螺旋式熔断器	5	
3	交流接触器	1	
4	按钮开关	2	
5	接线端子排	若干	
6	安装网孔板或实验台	1	
7	三相电动机	1	
8	导线	若干	

注：清单表核对，齐备打√，无打×，后续实训处理方法相同。

4．电路调试

（1）不通电测试。

① 检查接线和接线端子要求同实训卡 1。

② 用万用表检查电路的通断情况。检查时应选用倍率适当的电阻挡，并进行校零，以防短路故障发生。

检查主电路时（断开控制电路），接通 QS，先手动压下接触器 KM 的衔铁，依次测量从电源端（L1、L2、L3）到电动机进线端子（U1、V1、W1）上的每一相电路的电阻值，检查是否存在开路现象。再拨到二极管蜂鸣器挡，测试三条相线间是否短路。

检查控制电路时（断开主电路），将万用表表笔分别搭接在 W12 和 V12 上，此时读数为"∞"。按下启动按钮 SB2 或手动压下接触器 KM 的衔铁，读数为接触器线圈的电阻值。

（2）通电测试。通电测试需要实训教师同意。合上刀开关 QS，引入三相电源，按下启动按钮 SB2，电动机启动运转。按下停止按钮 SB1，电动机停止。

（3）故障排除。要求同实训卡 1。

四、成绩评定

实训考核评分标准如表 11.2 所示。

表 11.2　实训考核评分标准

考核内容及依据		考　核　等　级				备注
接线与工艺（接错 2 条线以上不能考核） 等级考核依据：电路接线工艺及学生熟练程度		优（　）	良（　）	中（　）	差（　）	50%
电路检查（检查方法、步骤和工具使用） 等级考核依据：学生熟练程度		优（　）	良（　）	中（　）	差（　）	20%
通电调试（调试步骤） 等级考核依据：学生操作过程的规范性及学习状态		优（　）	良（　）	中（　）	差（　）	30%
教师（签字）： 学生（签字）：	总评	优（　）	良（　）	中（　）	差（　）	

实训卡3 带过载保护长动控制电路的安装与调试

一、实训目标

识读三相电动机带过载保护长动控制电路，会分析其组成及工作原理，能完成其电路的安装与调试。

二、工作任务

根据三相电动机带过载保护长动控制原理图，备齐工具、耗材，按工艺要求完成电气电路连接，并能进行电路的检查和故障排除。

三、实训指导

1．分析电路

带过载保护长动控制原理图如图 12.1 所示。与长动控制电路相比，三相电动机带过载保护长动控制主电路多了热继电器 FR 的主触点，控制电路中将热继电器的常闭触点和停止按钮串联。其工作原理与长动控制电路基本相同，只是因为加入了热继电器，所以在电动机发生过载时，其常闭触点自动断开交流接触器 KM 的线圈，使得主电路中的交流接触器主触点自动断开，从而保护电动机。该电路的工作原理如下：

合上刀开关 QS。

启动过程：$SB2^{\pm}-KM_{自}^{+}-M^{+}$（启动）。

停止过程：$SB1^{\pm}-KM^{-}-M^{-}$（停止）。

过载保护停止过程：$FR^{-}-KM^{-}-M^{-}$（停止）

2．准备材料

（1）工具：螺钉旋具（十字、一字）、电笔、剥线钳、尖嘴钳、斜口钳等。
（2）仪表：兆欧表、万用表。
（3）器材：按照图 12.1 配齐所需电气元件，核对清单表（见表 12.1）。
（4）元器件检测：要求同实训卡 1。

3．安装

（1）、（2）要求同实训卡 1。
（3）安装电动机（星形接法）。
（4）安装注意事项。

① 热继电器在电路图中有主触点和辅助常闭触点，实物只有一个，要把电路图符号和实物触点对应起来。

② 热继电器主触点在主电路中，辅助常闭触点和停止按钮串联。当电动机发生过载时，热继电器辅助常闭触点断开接触器线圈供电电路，接触器线圈失电，故接触器主触点断开。

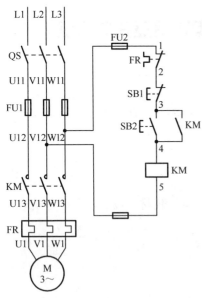

图 12.1 带过载保护长动控制原理图

表 12.1 带过载保护长动控制材料清单表

序号	材料	数量	核对
1	刀开关或空开	1	
2	螺旋式熔断器	5	
3	交流接触器	1	
4	按钮开关	2	
5	热继电器	1	
6	接线端子排	若干	
7	安装网孔板或实验台	1	
8	三相电动机	1	
9	导线	若干	

注意:清单表核对,齐备打√,无打×,后续实训处理方法相同。

4.电路调试

(1)不通电测试。

① 检查接线和接线端子要求同实训卡 1。

② 用万用表检查电路的通断情况要求同实训卡 2。

(2)通电测试。

通电测试需要实训教师同意。合上刀开关 QS,引入三相电源,按下启动按钮 SB2,电动机启动运行,按下停止按钮 SB1,电动机停止。若手动按下热继电器按键,则电动机停止运行。

(3)故障排除。要求同实训卡 1。

四、成绩评定

实训考核评分标准如表 12.2 所示。

表 12.2 实训考核评分标准

考核内容及依据		考核等级				备注
接线与工艺(接错 2 条线以上不能考核)		优( )	良( )	中( )	差( )	50%
等级考核依据:电路接线工艺及学生熟练程度						
电路检查(检查方法、步骤和工具使用)		优( )	良( )	中( )	差( )	20%
等级考核依据:学生熟练程度						
通电调试(调试步骤)		优( )	良( )	中( )	差( )	30%
等级考核依据:学生操作过程的规范性及学习状态						
教师(签字):	总评	优( )	良( )	中( )	差( )	
学生(签字):						

实训卡 4 三相电动机两地启/停长动控制电路的安装与调试

一、实训目标

识读三相电动机两地启/停长动控制电路，会分析其组成及工作原理，能完成其电路的安装与调试。

二、工作任务

根据三相电动机两地启/停长动控制原理图，备齐工具、耗材，按工艺要求完成电气电路连接，并能进行电路的检查和故障排除。

三、实训指导

1. 分析电路

两地启/停长动控制原理图如图 13.1 所示。主电路与带过载保护长动电路接法相同，在控制电路中，两地启动按钮（常开触点）并联，两地停止按钮（常闭触点）串联，以此类推，将多地控制的启动按钮（常开触点）并联，多地停止按钮（常闭触点）串联。该电路的工作原理如下：

合上刀开关 QS。

启动过程：SB3$^\pm$ 或 SB4$^\pm$ — KM$_自^+$ — M$^+$（启动）。

停止过程：SB1$^\pm$ 或 SB2$^\pm$ — KM$^-$ — M$^-$（停止）。

2. 准备材料

（1）工具：螺钉旋具（十字、一字）、电笔、剥线钳、尖嘴钳、斜口钳等。
（2）仪表：兆欧表、万用表。
（3）器材：按照图 13.1 配齐所需电气元件，核对清单表（见表 13.1）。
（4）元器件检测：要求同实训卡 1。

3. 安装

（1）、（2）要求同实训卡 1。
（3）安装电动机（星形接法）。
（4）安装注意事项。
① 若使用复合按钮，则要注意先区别一下常开触点、常闭触点，可以按下按钮观察，也可以使用万用表蜂鸣挡测试。
② 按钮内部接线，启动按钮接常开触点，停止按钮接常闭触点。

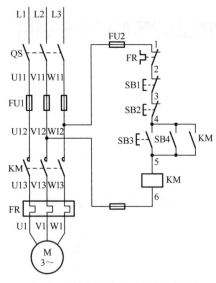

图 13.1 两地启/停长动控制原理图

表 13.1 两地启/停长动控制材料清单表

序号	材料	数量	核对
1	刀开关或空开	1	
2	螺旋式熔断器	5	
3	交流接触器	1	
4	按钮开关	4	
5	热继电器	1	
6	接线端子排	若干	
7	安装网孔板或实验台	1	
8	三相电动机	1	
9	导线	若干	

注意：清单表核对，齐备打√，无打×，后续实训处理方法相同。

4．电路调试

（1）不通电测试。

① 检查接线和接线端子要求同实训卡 1。

② 用万用表检查电路的通断情况。检查时应选用倍率适当的电阻挡，并进行校零，以防短路故障发生。

检查主电路时（断开控制电路），过程与实训卡 2 相同。

检查控制电路时（断开主电路），将万用表表笔分别搭接在 W12 和 V12 上，此时读数为"∞"。按下启动按钮 SB3/SB4 或手动压下接触器 KM 的衔铁，读数为接触器线圈的电阻值。

（2）通电测试。

通电测试需要实训教师同意。合上刀开关 QS，引入三相电源，按下启动按钮 SB3 或 SB4，电动机直接启动运转。按下停止按钮 SB1 或 SB2，电动机停止。

（3）故障排除。要求同实训卡 1。

四、成绩评定

实训考核评分标准如表 13.2 所示。

表 13.2 实训考核评分标准

考核内容及依据	考核等级				备注
接线与工艺（接错 2 条线以上不能考核）	优（　）	良（　）	中（　）	差（　）	50%
等级考核依据：电路接线工艺及学生熟练程度					
电路检查（检查方法、步骤和工具使用）	优（　）	良（　）	中（　）	差（　）	20%
等级考核依据：学生熟练程度					

续表

考核内容及依据		考 核 等 级				备注
通电调试（调试步骤） 等级考核依据：学生操作过程的规范性及学习状态		优（　）	良（　）	中（　）	差（　）	30%
教师（签字）： 学生（签字）：	总评	优（　）	良（　）	中（　）	差（　）	

实训卡 5　三相电动机点动与长动控制电路的安装与调试

一、实训目标

识读三相电动机点动与长动控制电路，会分析其组成及工作原理，能完成其电路的安装与调试。

二、工作任务

根据三相电动机点动与长动控制原理图，备齐工具、耗材，按工艺要求完成电气电路连接，并能进行电路的检查和故障排除。

三、实训指导

1．分析电路

点动与长动控制原理图如图 14.1 所示。该电路的工作原理如下：

合上刀开关 QS。

点动：SB3$^\pm$—KM$^\pm$—M$^\pm$（运转、停止）。

长动：SB2$^\pm$—KM$^+_{自}$—M$^+$（启动）。

在点动过程中，按下 SB3 按钮，它的常闭触点先断开接触器的自锁电路，常开触点再闭合，接触器线圈接通有电，电动机转动；松开 SB3，它的常开触点先恢复断开，切断接触器线圈电源，使其断电，电动机停止，它的常闭触点再闭合。

2．准备材料

（1）工具：螺钉旋具（十字、一字）、电笔、剥线钳、尖嘴钳、斜口钳等。

（2）仪表：兆欧表、万用表。

（3）器材：按照图 14.1 配齐所需电气元件，核对清单表（见表 14.1）。

（4）元器件检测：要求同实训卡 1。

3．安装

要求同实训卡 4。

4．电路调试

（1）不通电测试。

① 检查接线和接线端子要求同实训卡 1。

② 用万用表检查电路的通断情况。检查时应选用倍率适当的电阻挡，并进行校零，以防短路故障发生。

检查主电路时（断开控制电路），过程与实训卡 2 相同。

检查控制电路时（断开主电路），将万用表表笔分别搭接在 W12 和 V12 上，此时读数为"∞"。按下按钮 SB2/SB3 或手动压下接触器 KM 的衔铁，读数为接触器线圈的电阻值。

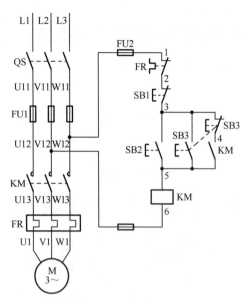

图 14.1　点动与长动控制原理图

表 14.1　点动与长动控制材料清单表

序号	材　料	数量	核对
1	刀开关或空开	1	
2	螺旋式熔断器	5	
3	交流接触器	1	
4	按钮开关	3	
5	热继电器	1	
6	接线端子排	若干	
7	安装网孔板或实验台	1	
8	三相电动机	1	
9	导线	若干	

注意：清单表核对，齐备打√，无打×，后续实训处理方法相同。

（2）通电测试。

通电测试需要实训教师同意。合上刀开关 QS，引入三相电源，按下点动按钮 SB3，电动机点动运转；按下长动按钮 SB2，电动机长动运转，此时按下停止按钮 SB1，电动机停止运转。

（3）故障排除。要求同实训卡 1。

四、成绩评定

实训考核评分标准如表 14.2 所示。

表 14.2　实训考核评分标准

考核内容及依据		考　核　等　级				备注
接线与工艺（接错 2 条线以上不能考核） 等级考核依据：电路接线工艺及学生熟练程度		优（　）	良（　）	中（　）	差（　）	50%
电路检查（检查方法、步骤和工具使用） 等级考核依据：学生熟练程度		优（　）	良（　）	中（　）	差（　）	20%
通电调试（调试步骤） 等级考核依据：学生操作过程的规范性及学习状态		优（　）	良（　）	中（　）	差（　）	30%
教师（签字）： 学生（签字）：	总评	优（　）	良（　）	中（　）	差（　）	

实训卡 6　三相电动机电气互锁正、反转控制电路的安装与调试

一、实训目标

识读三相电动机电气互锁正、反转控制电路，会分析其组成及工作原理，能完成其电路的安装与调试。

二、工作任务

根据三相电动机电气互锁正、反转控制原理图，备齐工具、耗材，按工艺要求完成电气电路连接，并能进行电路的检查和故障排除。

三、实训指导

1. 分析电路

电气互锁正、反转控制原理图如图 15.1 所示。电路中采用 KM1 和 KM2 两个接触器，当 KM1 主触点接通时，三相电源按 L1—L2—L3 相序接入电动机。而当 KM2 主触点接通时，三相电源按 L3—L2—L1 相序接入电动机。两个接触器分别工作时，电动机转向相反。

电路要求接触器 KM1 和 KM2 线圈不能同时通电，否则它们的主触点同时闭合，将造成 L1、L3 两相电源短路，为此在 KM1 和 KM2 线圈各自支路中相互串联了对方接触器的一对常闭辅助触点，以保证 KM1 和 KM2 线圈不会同时通电。KM1 和 KM2 这两对常闭辅助触点在电路中所起的作用称为电气互锁。该电路的工作原理如下：

合上刀开关 QS。

正转：SB2$^{\pm}$—KM1$_{自}^{+}$—M^{+}（正转）；KM2^{-}（互锁）。

反转：SB3$^{\pm}$—KM2$_{自}^{+}$—M^{+}（反转）；KM1^{-}（互锁）。

停止：SB1$^{\pm}$—KM1/2^{-}—M^{-}（停止）。

注意：电气互锁正、反转控制电路的主要问题是在切换转向时，必须先按停止按钮 SB1，不能直接过渡，否则会给操作带来不便。

2. 准备材料

（1）工具：螺钉旋具（十字、一字）、电笔、剥线钳、尖嘴钳、斜口钳等。
（2）仪表：兆欧表、万用表。
（3）器材：按照图 15.1 配齐所需电气元件，核对清单表（见表 15.1）。
（4）元器件检测：要求同实训卡 1。

3. 安装

（1）、（2）要求同实训卡 1。
（3）安装电动机（星形接法）。
（4）安装注意事项。

① 图 15.1 中的连接点 3 需要分出 4 条线，连接点 4、6、8 都是 2 条线的汇聚点。

② 电路中 KM1 和 KM2 的主触点必须能实现换相（三相电动机交换任意两条相线，就能改变电动机的转向），将图 15.1 中 KM2 的出线端 2 条相线交换，否则电动机不能反转。

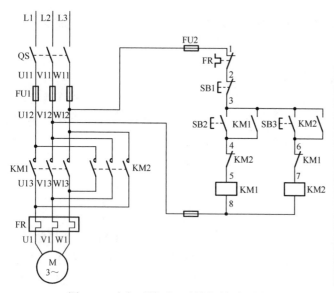

图 15.1 电气互锁正、反转控制原理图

表 15.1 电气互锁正、反转控制材料清单表

序号	材 料	数量	核对
1	刀开关或空开	1	
2	螺旋式熔断器	5	
3	交流接触器	2	
4	按钮开关	3	
5	热继电器	1	
6	接线端子排	若干	
7	安装网孔板或实验台	1	
8	三相电动机	1	
9	导线	若干	

注意：清单表核对，齐备打√，无打×，后续实训处理方法相同。

4．电路调试

（1）不通电测试。

① 检查接线及接线端子要求同实训卡 1。

② 用万用表检查电路的通断情况。检查时应选用倍率适当的电阻挡，并进行校零，以防短路故障发生。

检查主电路时（断开控制电路），过程与实训卡 2 相同。

检查控制电路时（断开主电路），将万用表表笔分别搭接在 W12 和 V12 上，此时读数为 "∞"。按下正转启动按钮 SB2，按下反转启动按钮 SB3，或手动压下接触器 KM 的衔铁，读数为接触器线圈的电阻值。

（2）通电测试。

通电测试需要实训教师同意。合上刀开关 QS，引入三相电源，按下正转按钮 SB2，KM1 线圈得电吸合并通过辅助常开触点实现自锁，电动机正向启动连续运行；按下停止按钮 SB1，KM1 线圈失电，松开停止按钮 SB1，再按下反转按钮 SB3，KM2 线圈得电吸合并通过辅助常开触点实现自锁，电动机反向启动连续运行。同时按下 SB2 和 SB3，KM1 线圈、KM2 线圈都不吸合，电动机不转。按下停止按钮 SB1，电动机停止。本电路的缺点是电动机要换向，必须先按下停止按钮。

（3）故障排除。要求同实训卡 1。

四、成绩评定

实训考核评分标准如表 15.2 所示。

表 15.2　实训考核评分标准

考核内容及依据		考　核　等　级				备注
接线与工艺（接错 2 条线以上不能考核） 等级考核依据：电路接线工艺及学生熟练程度		优 （　）	良 （　）	中 （　）	差（　）	50%
电路检查（检查方法、步骤和工具使用） 等级考核依据：学生熟练程度		优 （　）	良 （　）	中 （　）	差（　）	20%
通电调试（调试步骤） 等级考核依据：学生操作过程的规范性及学习状态		优 （　）	良 （　）	中 （　）	差（　）	30%
教师（签字）：	总评	优 （　）	良 （　）	中 （　）	差（　）	
学生（签字）：						

实训卡 7　三相电动机双重互锁正、反转控制电路的安装与调试

一、实训目标

识读三相电动机双重互锁正、反转控制电路，会分析其组成及工作原理，能完成其电路的安装与调试。

二、工作任务

根据三相电动机双重互锁正、反转控制原理图，备齐工具、耗材，按工艺要求完成电气电路连接，并能进行电路的检查和故障排除。

三、实训指导

1．分析电路

双重互锁正、反转控制原理图如图 16.1 所示。因为电路中采用 KM1 和 KM2 两个接触器，当 KM1 主触点接通时，三相电源按 L1—L2—L3 相序接入电动机。而当 KM2 主触点接通时，三相电源按 L3—L2—L1 相序接入电动机。所以当两个接触器分别工作时，电动机的旋转方向相反。电路既有电气互锁又有按钮互锁，即双重互锁。该电路的工作原理如下：

合上刀开关 QS。

正转：$SB2^{\pm}$—$KM2^{-}$（互锁）；$SB2^{\pm}$—$KM1^{-}_{自}$—M^{+}（正转）。

反转：$SB3^{\pm}$—$KM1^{-}$（互锁）；$SB3^{\pm}$—$KM2^{-}_{自}$—M^{+}（反转）。

停止：$SB1^{\pm}$—$KM1/2^{-}$—M^{-}（停止）。

双重互锁结合了电气互锁和按钮互锁的优点，是一种比较完善的正、反转控制电路，既能实现正、反转，又具有较高的安全性。

2．准备材料

（1）工具：螺钉旋具（十字、一字）、电笔、剥线钳、尖嘴钳、斜口钳等。
（2）仪表：兆欧表、万用表。
（3）器材：按照图 16.1 配齐所需电气元件，核对清单表（见表 16.1）。
（4）元器件检测：要求同实训卡 1。

3．安装

（1）、（2）要求同实训卡 1。
（3）安装电动机（星形接法）。
（4）安装注意事项。

① 图 16.1 中的连接点 3、4、7 需要分出 2 条线，连接点 5、8、10 都是 2 条线的汇聚点。

② 电路中 KM1 和 KM2 的主触点必须能实现换相（三相电动机交换任意两条相线，就能改变电动机的转向），将图 16.1 中 KM2 的出线端交换 2 条相线，否则电动机不能反转。

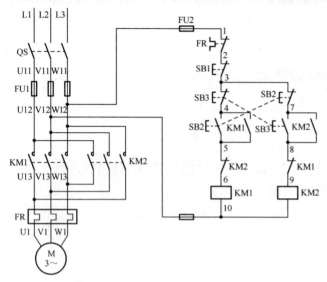

图 16.1 双重互锁正、反转控制原理图

表 16.1 双重互锁正、反转控制材料清单表

序号	材料	数量	核对
1	刀开关或空开	1	
2	螺旋式熔断器	5	
3	交流接触器	2	
4	按钮开关	3	
5	热继电器	1	
6	接线端子排	若干	
7	安装网孔板或实验台	1	
8	三相电动机	1	
9	导线	若干	

注意：清单表核对，齐备打√，无打×，后续实训处理方法相同。

4．电路调试

（1）不通电测试。

① 检查接线及接线端子要求同实训卡 1。

② 用万用表检查电路的通断情况。检查时应选用倍率适当的电阻挡，并进行校零，以防短路故障发生。

检查主电路时（断开控制电路），过程与实训卡 2 相同。

检查控制电路时（断开主电路），将万用表表笔分别搭接在 W12 和 V12 上，此时万用表读数为"∞"。按下正转启动按钮 SB2 或手动压下接触器 KM1 的衔铁，按下反转启动按钮 SB3 或手动压下接触器 KM2 的衔铁，万用表读数为接触器线圈的电阻值；同时按下 SB2 和 SB3，或同时压下 KM1 和 KM2 的衔铁，万用表读数为"∞"。

（2）通电测试。

通电测试需要实训教师同意。合上刀开关 QS，引入三相电源，按下正转按钮 SB2，KM1 线圈得电吸合并通过辅助常开触点自锁，电动机正向启动连续运行；按下反转按钮 SB3，KM2 线圈得电吸合并通过辅助常开触点自锁，电动机反向启动连续运行。同时按下 SB2 和 SB3，KM1 线圈、KM2 线圈都不吸合，电动机不转。按下停止按钮 SB1，电动机停止。

（3）故障排除。要求同实训卡 1。

四、成绩评定

实训考核评分标准如表 16.2 所示。

表 16.2　实训考核评分标准

考核内容及依据		考　核　等　级				备注
接线与工艺（接错 2 条线以上不能考核）		优（　）	良（　）	中（　）	差（　）	50%
等级考核依据：电路接线工艺及学生熟练程度						
电路检查（检查方法、步骤和工具使用）		优（　）	良（　）	中（　）	差（　）	20%
等级考核依据：学生熟练程度						
通电调试（调试步骤）		优（　）	良（　）	中（　）	差（　）	30%
等级考核依据：学生操作过程的规范性及学习状态						
教师（签字）：	总评	优（　）	良（　）	中（　）	差（　）	
学生（签字）：						

实训卡 8　三相电动机自动往返运动控制电路的安装与调试

一、实训目标

在企业生产过程中，生产机械做自动往返运动，如图 17.1 所示。因为有行程限制，所以常使用行程开关控制电动机的正、反转。SQ1 为反向转正向行程开关，SQ2 为正向转反向行程开关，SQ3 为正向极限保护限位开关，SQ4 为反向极限保护限位开关。

图 17.1　工作台自动往返运动控制示意图

识读三相电动机自动往返运动控制电路，会分析其组成及工作原理，能完成其电路的安装与调试。

二、工作任务

根据三相电动机自动往返运动控制原理图，备齐工具、耗材，按工艺要求完成电气电路连接，并能进行电路的检查和故障排除。

三、实训指导

1. 分析电路

自动往返运动控制原理图如图 17.2 所示。行程开关 SQ1 常开触点用于自动接通正转，常闭触点用于断开反转；行程开关 SQ2 常开触点用于自动接通反转，常闭触点用于断开正转；SQ3 常闭触点用于右极限位置断开正转；SQ4 常闭触点用于左极限位置断开反转。

2. 准备材料

（1）工具：螺钉旋具（十字、一字）、电笔、剥线钳、尖嘴钳、斜口钳等。
（2）仪表：兆欧表、万用表。
（3）器材：按照图 17.2 配齐所需电气元件，核对清单表（见表 17.1）。
（4）元器件检测：要求同实训卡 1。

3. 安装

（1）、（2）同实训卡 1。
（3）安装注意事项。
① 图 17.2 中的连接点 3 需要分出 2 条线，连接点 4、9 需要分出 3 条线，连接点 5、10 是 3 条线的汇聚点，连接点 14 是 2 条线的汇聚点。
② 电路中 KM1 和 KM2 的主触点必须能实现换相（三相电动机交换任意两条相线，就能改变电动机的转向），将图 17.2 中 KM2 的出线端 2 条相线交换，否则电动机不能反转。

③ 图 17.2 中有三种互锁：接触器常闭触点互锁、按钮常闭触点互锁和行程开关常闭触点互锁。

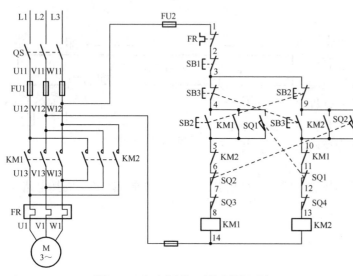

图 17.2　自动往返运动控制原理图

表 17.1　自动往返运动控制材料清单表

序号	材　　料	数量	核对
1	刀开关或空开	1	
2	螺旋式熔断器	5	
3	交流接触器	2	
4	按钮开关	3	
5	行程开关	4	
6	热继电器	1	
7	接线端子排	若干	
8	安装网孔板或实验台	1	
9	三相电动机	1	
10	导线	若干	

注意：清单表核对，齐备打√，无打×，后续实训处理方法相同。

4．电路调试

（1）不通电测试。

① 检查接线及接线端子要求同实训卡 1。

② 用万用表检查电路的通断情况。检查时应选用倍率适当的电阻挡，并进行校零，以防短路故障发生。

检查主电路时（断开控制电路），过程与实训卡 2 相同。

检查控制电路时（断开主电路），将万用表表笔分别搭接在 W12 和 V12 上，此时万用表读数为"∞"。按下正转启动按钮 SB2，手动压下接触器 KM1 的衔铁，或手动压下行程开关 SQ1；按下反转启动按钮 SB3，手动压下接触器 KM2 的衔铁，或手动压下行程开关 SQ2，万用表读数为接触器线圈的电阻值。同时按下 SB2 和 SB3，同时压下 KM1 和 KM2 的衔铁，或同时压下 SQ1 和 SQ2 的衔铁，万用表读数为"∞"。

（2）通电测试。

通电测试需要实训教师同意。合上刀开关 QS，引入三相电源，单独按下正转按钮 SB2 或反转按钮 SB3，电动机均能启动连续运行。若工作台向右碰到 SQ2，则断开正转线圈 KM1，接通反转线圈 KM2，电动机自动变为反转，工作台向左运动；若工作台向左碰到 SQ1，则断开反转线圈 KM2，接通正转线圈 KM1，电动机自动变为正转，工作台向右运动。同时按下 SB2 和 SB3，KM1 线圈、KM2 线圈都不吸合，电动机不转。按下停止按钮 SB1，电动机停止。若工作台碰到 SQ2 未能停下，则在碰到 SQ3 时停下；若工作台碰到 SQ1 未能停下，则在碰到 SQ4 时停下。注意 SQ3 和 SQ4 的物理极限位置，在安装时确保安全。

（3）故障排除。要求同实训卡 1。

四、成绩评定

实训考核评分标准如表 17.2 所示。

表 17.2 实训考核评分标准

考核内容及依据		考 核 等 级			备注
接线与工艺（接错 2 条线以上不能考核）		优（　）	良（　）	中（　）	50%
等级考核依据：电路接线工艺及学生熟练程度				差（　）	
电路检查（检查方法、步骤和工具使用）		优（　）	良（　）	中（　）	20%
等级考核依据：学生熟练程度				差（　）	
通电调试（调试步骤）		优（　）	良（　）	中（　）	30%
等级考核依据：学生操作过程的规范性及学习状态				差（　）	
教师（签字）：	总评	优（　）	良（　）	中（　）	差（　）
学生（签字）：					

实训卡 9　三相电动机顺序启动、同时停止控制电路的安装与调试

一、实训目标

识读三相电动机顺序启动、同时停止控制电路，会分析其组成及工作原理，能完成其电路的安装与调试。

二、工作任务

根据三相电动机顺序启动、同时停止控制原理图，备齐工具、耗材，按工艺要求完成电气电路连接，并能进行电路的检查和故障排除。

三、实训指导

1．分析电路

顺序启动、同时停止控制原理图如图 18.1 所示。该电路的工作原理如下：

合上刀开关 QS。

启动：$SB2^{\pm}-KM1_{自}^{+}-M1^{+}$。

在 M1 启动的情况下：$SB3^{\pm}-KM2_{自}^{+}-M2^{+}$。

停止：$SB1^{\pm}-KM1^{-}-M1^{-}$（和 $M2^{-}$）。

2．准备材料

（1）工具：螺钉旋具（十字、一字）、电笔、剥线钳、尖嘴钳、斜口钳等。

（2）仪表：兆欧表、万用表。

（3）器材：按照图 18.1 配齐所需电气元件，核对清单表（见表 18.1）。

（4）元器件检测：要求同实训卡 1。

3．安装

（1）、（2）同实训卡 1。

（3）安装注意事项。

① 图 18.1 中的连接点 4 需要分出 2 条线，连接点 5 需要接 5 条线，连接点 6 是 2 条线的汇聚点，连接点 7 是 2 条线的汇聚点。

② 顺序启动控制通过接触器 KM1 的自锁触点来制约接触器 KM2 的线圈供电。只有在 KM1 动作后，KM2 才允许动作。

4．电路调试

（1）不通电测试。

① 检查接线及接线端子要求同实训卡 1。

② 用万用表检查电路的通断情况。检查时应选用倍率适当的电阻挡，并进行校零，以防短路故障发生。

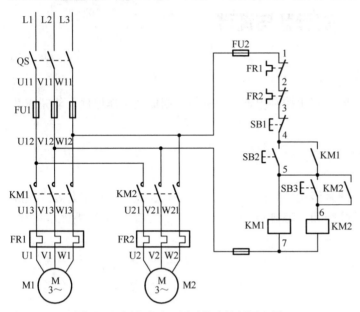

图 18.1　顺序启动、同时停止控制原理图

表 18.1　顺序启动、同时停止控制材料清单表

序号	材　　料	数量	核对
1	刀开关或空开	1	
2	螺旋式熔断器	5	
3	交流接触器	2	
4	按钮开关	3	
5	热继电器	2	
6	接线端子排	若干	
7	安装网孔板或实验台	1	
8	三相电动机	1	
9	导线	若干	

注意：清单表核对，齐备打√，无打×，后续实训处理方法相同。

检查主电路时（断开控制电路），接通 QS，先手动压下接触器的衔铁，依次测量从电源端（L1、L2、L3）到电动机 M1 进线端子（U1、V1、W1）和到电动机 M2 进线端子（U2、V2、W2）上的每一相电路的电阻值，检查是否存在开路现象。再拨到二极管蜂鸣器挡，测试三条相线间是否短路。

检查控制电路时（断开主电路），将万用表表笔分别搭接在 W12 和 V12 上，此时万用表读数为"∞"。先按下启动按钮 SB2 或手动压下接触器 KM1 的衔铁，再按下启动按钮 SB3 或手动压下接触器 KM2 的衔铁，万用表读数为接触器线圈的电阻值；先按下 SB3，万用表读数为"∞"。

（2）通电测试。

通电测试需要实训教师同意。合上刀开关 QS，引入三相电源，单独按下启动按钮 SB2，电动机 M1 启动连续运行，M2 为停止状态。此时按下 SB3，电动机 M2 启动连续运行。若 M1 尚未转动，按下 SB3，则 M2 无法启动。按下停止按钮 SB1，两个电动机均停止。

（3）故障排除。要求同实训卡 1。

四、成绩评定

实训考核评分标准如表 18.2 所示。

表 18.2　实训考核评分标准

考核内容及依据	考　核　等　级				备注
接线与工艺（接错 2 条线以上不能考核）等级考核依据：电路接线工艺及学生熟练程度	优（　）	良（　）	中（　）	差（　）	50%

续表

考核内容及依据		考 核 等 级				备注
电路检查（检查方法、步骤和工具使用） 等级考核依据：学生熟练程度		优（ ）	良（ ）	中（ ）	差（ ）	20%
通电调试（调试步骤） 等级考核依据：学生操作过程的规范性及学习状态		优（ ）	良（ ）	中（ ）	差（ ）	30%
教师（签字）： 学生（签字）：	总评	优（ ）	良（ ）	中（ ）	差（ ）	

实训卡 10　三相电动机星-三角降压启动控制电路的安装与调试

一、实训目标

识读三相电动机星-三角降压启动控制电路，会分析其组成及工作原理，能完成其安装与调试。

二、工作任务

根据三相电动机星-三角降压启动控制原理图，备齐工具、耗材，按工艺要求完成电气电路连接，并能进行电路的检查和故障排除。

三、实训指导

1．分析电路

星-三角降压启动是指在电动机启动时，先将定子绕组接成星形，以降低启动电压（220V），减小启动电流；待电动机启动后，再把定子绕组改接成三角形，使电动机全压（380V）运行。星-三角降压启动控制原理图如图 19.1 所示。该电路的工作原理如下：

合上刀开关 QS。

启动：SB2$^±$—KM1$^+_{自}$，KM3$^+_{自}$—M1$^+$，M3$^+$；电动机工作于星形接法。

同时，KT 线圈得电，延时 Δt，KT$^-$—KM3$^-$；KT$^+$—KM2$^+_{自}$—M2$^+$；电动机工作于三角形接法。

停止：SB1$^±$—KM1$^-$—M1$^-$（和 M2$^-$）。

2．准备材料

（1）工具：螺钉旋具（十字、一字）、电笔、剥线钳、尖嘴钳、斜口钳等。
（2）仪表：兆欧表、万用表。
（3）器材：按照图 19.1 配齐所需电气元件，核对清单表（见表 19.1）。
（4）元器件检测：要求同实训卡 1。

3．安装

（1）、（2）同实训卡 1。
（3）安装电动机（星形接法和三角形接法）。
（4）安装注意事项。

① 图 19.1 中的连接点 3 需要分出 2 条线，连接点 4 需要分出 4 条线，连接点 6 是 4 条线的汇聚点，连接点 9 需要分出 2 条线。

② KM2 和 KM3 的常闭触点用于互锁，保证 KM2 和 KM3 线圈不能同时得电。

③ 通电延时时间继电器的常开触点用于延时接通 KM2 的线圈，常闭触点用于延时断开 KM3 的线圈。

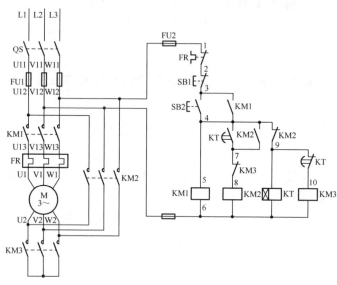

图 19.1 星-三角降压启动控制原理图

表 19.1 星-三角降压启动控制材料清单表

序号	材 料	数量	核对
1	刀开关或空开	1	
2	螺旋式熔断器	5	
3	交流接触器	3	
4	按钮开关	2	
5	热继电器	1	
6	通电延时时间继电器	1	
7	接线端子排	若干	
8	安装网孔板或实验台	1	
9	三相电动机	1	
10	导线	若干	

注意：清单表核对，齐备打√，无打×，后续实训处理方法相同。

4．电路调试

（1）不通电测试。

① 检查接线及接线端子要求同实训卡 1。

② 用万用表检查电路的通断情况。检查时应选用倍率适当的电阻挡，并进行校零，以防短路故障发生。

检查主电路时（断开控制电路），接通 QS，先手动压下接触器 KM1 的衔铁，依次测量从电源端（L1、L2、L3）到电动机 M 进线端子（U1、V1、W1）上的每一相电路的电阻值，检查是否存在开路现象。再拨到二极管蜂鸣器挡，测试三条相线间是否短路。KM2 电路也进行相同测试。

检查控制电路时（断开主电路），将万用表表笔分别搭接在 W12 和 V12 上，此时万用表读数为"∞"。手动压下接触器 KM1 的衔铁，万用表读数为接触器 KM1 与 KM3 线圈的并联电阻值。

（2）通电测试。

通电测试需要实训教师同意。合上刀开关 QS，引入三相电源，按下启动按钮 SB2，KM1 和 KM3 线圈得电吸合，电动机 M 以星形连接方式运行，转速较慢，同时 KT 开始延时。通电延时时间继电器定时时间到，KM3 线圈失电，KM1 和 KM2 线圈得电吸合，电动机 M 以三角形连接方式运行，转速较快。按下停止按钮 SB1，两个电动机均停止。

（3）故障排除。要求同实训卡 1。

四、成绩评定

实训考核评分标准如表 19.2 所示。

表 19.2　实训考核评分标准

考核内容及依据		考 核 等 级			备注
接线与工艺（接错 2 条线以上不能考核） 等级考核依据：电路接线工艺及学生熟练程度		优（ ）	良（ ）	中（ ）	差（ ）	50%
电路检查（检查方法、步骤和工具使用） 等级考核依据：学生熟练程度		优（ ）	良（ ）	中（ ）	差（ ）	20%
通电调试（调试步骤） 等级考核依据：学生操作过程的规范性及学习状态		优（ ）	良（ ）	中（ ）	差（ ）	30%
教师（签字）： 学生（签字）：	总评	优（ ）	良（ ）	中（ ）	差（ ）	

实训卡 11 双速三相电动机手动调速控制电路的安装与调试

一、实训目标

识读双速三相电动机手动调速控制电路,会分析其组成及工作原理,能完成其安装与调试。

二、工作任务

根据双速三相电动机手动调速控制原理图,备齐工具、耗材,按工艺要求完成电气电路连接,并能进行电路的检查和故障排除。

三、实训指导

1. 分析电路

双速三相电动机手动调速控制原理图如图 20.1 所示。KM1 主触点闭合,电动机定子绕组 U1、V1、W1 分别接三相电源,将 U2、V2、W2 三个端子悬空,连接成三角形接法,磁极对数为 2,同步转速为 1 500 r/min;KM2 和 KM3 主触点闭合,电动机定子绕组 U2、V2、W2 接三相电源,U1、V1、W1 短接,连接成双星形接法,磁极对数为 1,同步转速为 3 000 r/min。该电路的工作原理如下。

合上刀开关 QS。

$$低速控制:SB3^{\pm} — KM1^{+}_{自} \begin{cases} M^{+}(三角形连接、低速) \\ KM2^{-},KM3^{-}(互锁) \end{cases}$$

$$高速制动:SB2^{\pm} \begin{cases} KM1^{-}(互锁) \begin{cases} M^{-} \\ KM2(互锁解除) \end{cases} \\ KM2^{+}_{自},KM3^{+}_{自} \begin{cases} M^{+}(双星形连接、高速) \\ KM1^{-}(互锁) \end{cases} \end{cases}$$

2. 准备材料

(1)工具:螺钉旋具(十字、一字)、电笔、剥线钳、尖嘴钳、斜口钳等。
(2)仪表:兆欧表、万用表。
(3)器材:按照图 20.1 配齐所需电气元件,核对清单表(见表 20.1)。
(4)元器件检测:要求同实训卡 1。

3. 安装

(1)、(2)要求同实训卡 1。
(3)安装双速三相电动机(三角形接法和双星形接法)。

(4) 安装注意事项。

① 图 20.1 中的连接点 3 需要分出 3 条线，连接点 4 是 2 条线，连接点 8 是 3 条线，连接点 9、11、12 需要接 3 条线。

② KM1（三角形接法）与 KM2/KM3（双星形接法）的常闭触点用于互锁，保证两种工作方式下 KM1 与 KM2/KM3 不能同时得电。

③ SB2 和 SB3 均为复合按钮。

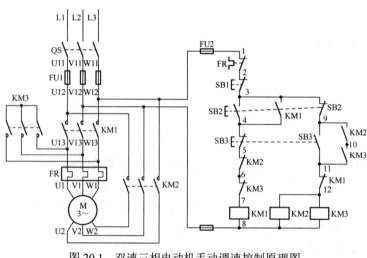

图 20.1 双速三相电动机手动调速控制原理图

表 20.1 双速三相电动机手动调速控制材料清单表

序号	材料	数量	核对
1	刀开关或空开	1	
2	螺旋式熔断器	5	
3	交流接触器	3	
4	按钮开关	3	
5	热继电器	1	
6	接线端子排	若干	
7	安装网孔板或实验台	1	
8	双速三相电动机	1	
9	导线	若干	

注意：清单表核对，齐备打√，无打×，后续实训处理方法相同。

4．电路调试

(1) 不通电测试。

① 检查接线及接线端子要求同实训卡 1。

② 用万用表检查电路的通断情况。检查时应选用倍率适当的电阻挡，并进行校零，以防短路故障发生。

检查主电路时（断开控制电路），接通 QS，手压下接触器 KM1 的衔铁，依次测量从电源端（L1、L2、L3）到电动机 M 进线端子（U1、V1、W1）上的每一相电路的电阻值，检查是否存在开路现象，再拨到二极管蜂鸣器挡，测试三条相线间是否短路。KM2 和 KM3 电路也进行相同测试。

检查控制电路时（断开主电路），将万用表表笔分别搭接在 W12 和 V12 上，此时万用表读数为"∞"。按下按钮 SB2，测接触器 KM1 线圈电阻；按下 SB3，分别测试 KM2 和 KM3 线圈的电阻。

(2) 通电测试。

通电测试需要实训教师同意。合上刀开关 QS，引入三相电源，按下按钮 SB2，KM1 线圈得电吸合，电动机 M 以三角形连接方式运行，转速较慢。按下按钮 SB3，KM2 和 KM3

线圈得电吸合，KM1 线圈失电，电动机 M 以双星形连接方式运行，转速较快。按下停止按钮 SB1，两个电动机均停止。

（3）故障排除。要求同实训卡 1。

四、成绩评定

实训考核评分标准如表 20.2 所示。

表 20.2　实训考核评分标准

考核内容及依据		考　核　等　级			备注
接线与工艺（接错 2 条线以上不能考核） 等级考核依据：电路接线工艺及学生熟练程度		优（　）	良（　）	中（　）	差（　）	50%
电路检查（检查方法、步骤和工具使用） 等级考核依据：学生熟练程度		优（　）	良（　）	中（　）	差（　）	20%
通电调试（调试步骤） 等级考核依据：学生操作过程的规范性及学习状态		优（　）	良（　）	中（　）	差（　）	30%
教师（签字）： 学生（签字）：	总评	优（　）	良（　）	中（　）	差（　）	

实训卡 12　三相电动机反接制动控制电路的安装与调试

一、实训目标

识读三相电动机反接制动控制电路，会分析其组成及工作原理，能完成其安装与调试。

二、工作任务

根据三相电动机反接制动控制原理图，备齐工具、耗材，按工艺要求完成电气电路连接，并能进行电路的检查和故障排除。

三、实训指导

1．分析电路

反接制动控制原理图如图 21.1 所示。该电路的工作原理如下：

启动：SB2$^±$—KM1$^+_{自}$，M$^+$（正转）——随着电动机转速 n 上升，KS$^+$（速度继电器常开触点闭合）。

同时，KM2$^-$（互锁）。

反接制动：SB1$^±$—KM1$^-$—M1$^-$；KM2（解除互锁）；KM2$^+_{自}$，M$^+$（串联电阻 R 制动）——随着电动机转速 n 下降，KS$^-$——KM2$^-$，M$^-$（制动完毕），KM1（解除互锁）。

反接制动的优点是制动迅速，但制动冲击大，能量消耗也大，故常用于不经常启动和制动的大容量电动机。

2．准备材料

（1）工具：螺钉旋具（十字、一字）、电笔、剥线钳、尖嘴钳、斜口钳等。
（2）仪表：兆欧表、万用表。
（3）器材：按照图 21.1 配齐所需电气元件，核对清单表（见表 21.1）。
（4）元器件检测：要求同实训卡 1。

3．安装

（1）、（2）要求同实训卡 1。
（3）安装电动机（星形接法）。
（4）安装注意事项。
① 图 21.1 中的连接点 2 需要分出 3 条线，连接点 3、4、6、9 需要接 3 条线。
② 速度继电器常开触点在电动机转速高于 n 时接通，低于 n 时断开。
③ SB1 为复合按钮。

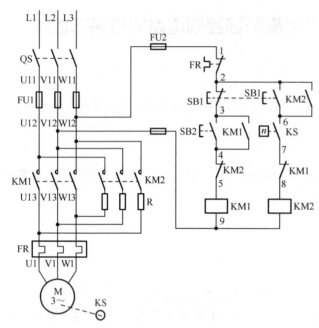

图 21.1 反接制动控制电路原理图

表 21.1 反接制动控制电路材料清单表

序号	材料	数量	核对
1	刀开关或空开	1	
2	螺旋式熔断器	5	
3	交流接触器	2	
4	按钮开关	2	
5	热继电器	1	
6	制动限流电阻	3	
7	速度继电器	1	
8	接线端子排	若干	
9	安装网孔板或实验台	1	
10	三相电动机	1	
11	导线	若干	

注意：清单表核对，齐备打√，无打×，后续实训处理方法相同。

4．电路调试

（1）不通电测试。

① 检查接线及接线端子要求同实训卡 1。

② 用万用表检查电路的通断情况。检查时应选用倍率适当的电阻挡，并进行校零，以防短路故障发生。

检查主电路时（断开控制电路），接通 QS，先手动压下接触器 KM1 的衔铁，依次测量从电源端（L1、L2、L3）到电动机 M 进线端子（U1、V1、W1）上的每一相电路的电阻值，检查是否存在开路现象，再拨到二极管蜂鸣器挡，测试三条相线间是否短路。KM2 电路也进行相同测试。

检查控制电路时（断开主电路），将万用表表笔分别搭接在 W12 和 V12 上，此时万用表读数为"∞"。按下按钮 SB2，测试接触器 KM1 线圈的电阻；按下 SB1，测试 KM2 线圈的电阻。

（2）通电测试。

通电测试需要实训教师同意。合上刀开关 QS，引入三相电源，按下按钮 SB2，KM1 线圈得电吸合，电动机 M 运行，此时电动机转速较快，速度继电器的常开触点闭合，为反接制动做好准备。按下按钮 SB1，KM2 线圈得电吸合，电动机 M 反转运行，转速迅速降低。当转速低于设定的 n 时，电动机 M 停止反转制动。

（3）故障排除。要求同实训卡 1。

四、成绩评定

实训考核评分标准如表 21.2 所示。

表 21.2　实训考核评分标准

考核内容及依据		考 核 等 级			备注
接线与工艺（接错 2 条线以上不能考核） 等级考核依据：电路接线工艺及学生熟练程度		优（　）	良（　）	中（　）	差（　）	50%
电路检查（检查方法、步骤和工具使用） 等级考核依据：学生熟练程度		优（　）	良（　）	中（　）	差（　）	20%
通电调试（调试步骤） 等级考核依据：学生操作过程的规范性及学习状态		优（　）	良（　）	中（　）	差（　）	30%
教师（签字）：	总评	优（　）	良（　）	中（　）	差（　）	
学生（签字）：						

实训卡 13　三相电动机时间原则能耗制动控制电路的安装与调试

一、实训目标

识读三相电动机时间原则能耗制动控制电路，会分析其组成及工作原理，能完成其安装与调试。

二、工作任务

根据三相电动机时间原则能耗制动控制原理图，备齐工具、耗材，按工艺要求完成电气电路连接，并能进行电路的检查和故障排除。

三、实训指导

1. 分析电路

时间原则能耗制动控制电路原理图如图 22.1 所示。

该电路的工作原理如下：

$$启动：SB2^{\pm} - KM1^{+}_{自} \begin{cases} M^{+}（启动）\\ KM2^{-}（互锁） \end{cases}$$

$$能耗制动：SB1^{\pm} \begin{cases} KM1^{-} - M^{-}（自由停车）\\ KM2^{+}_{自} - M^{+}（能耗制动）\\ KT^{+}_{自} \xrightarrow{\Delta t} KM2^{-} - M^{-}（制动结束） \end{cases}$$

2. 准备材料

（1）工具：螺钉旋具（十字、一字）、电笔、剥线钳、尖嘴钳、斜口钳等。
（2）仪表：兆欧表、万用表。
（3）器材：按照图 22.1 配齐所需电气元件，核对清单表（见表 22.1）。
（4）元器件检测：要求同实训卡 1。

3. 安装

（1）、（2）要求同实训卡 1。
（3）安装电动机（星形接法）。
（4）安装注意事项。
① 图 22.1 中的连接点 2、10 需要分出 3 条线，连接点 3、4、6、9 需要分出 2 条线。
② 时间继电器常开触点控制断开能耗制动。
③ SB1 为复合按钮。

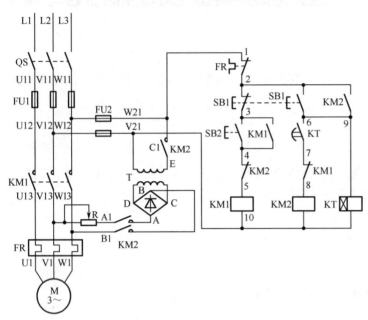

表 22.1 时间原则能耗制动控制材料清单表

序号	材　料	数量	核对
1	刀开关或空开	1	
2	螺旋式熔断器	5	
3	交流接触器	2	
4	按钮开关	2	
5	热继电器	1	
6	整流桥、变压器、变阻器	各1	
7	通电延时时间继电器	1	
8	接线端子排	若干	
9	安装网孔板或实验台		
10	三相电动机	1	
11	导线	若干	

图 22.1 时间原则能耗制动控制原理图

注意：清单表核对，齐备打√，无打×，后续实训处理方法相同。

4．电路调试

（1）不通电测试。

① 检查接线及接线端子要求同实训卡 1。

② 用万用表检查电路的通断情况要求同实训卡 12。

（2）通电测试。

通电测试需要实训教师同意。合上刀开关 QS，引入三相电源，按下按钮 SB2，KM1 线圈得电吸合，电动机 M 运行。按下按钮 SB1，KM1 线圈失电，KM2 线圈得电吸合进行能耗制动，时间继电器定时时间到，断开 KM2 线圈，能耗制动停止。

（3）故障排除。要求同实训卡 1。

四、成绩评定

实训考核评分标准如表 22.2 所示。

表 22.2 实训考核评分标准

考核内容及依据	考核等级				备注
接线与工艺（接错2条线以上不能考核） 等级考核依据：电路接线工艺及学生熟练程度	优 （　）	良 （　）	中 （　）	差（　）	50%

续表

考核内容及依据		考核等级				备注
电路检查（检查方法、步骤和工具使用） 等级考核依据：学生熟练程度		优（ ）	良（ ）	中（ ）	差（ ）	20%
通电调试（调试步骤） 等级考核依据：学生操作过程的规范性及学习状态		优（ ）	良（ ）	中（ ）	差（ ）	30%
教师（签字）： 学生（签字）：	总评	优（ ）	良（ ）	中（ ）	差（ ）	

实训卡 14 外接模拟量变频控制电路的安装与调试

一、实训目标

掌握三相电动机外接模拟量变频控制电路及参数配置，会分析其组成及工作原则，能完成其安装与调试。

二、工作任务

根据三相电动机外接模拟量变频控制电路原理图，备齐工具、耗材，按工艺要求完成电气电路连接，并能进行电路的检查和故障排除。

三、实训指导

1．分析电路

外接模拟量变频控制电路原理图如图 23.1 所示。该电路的工作原理：按下启动按钮，变频器按照设置的参数控制变频器运行，调节可变电阻，即可改变电动机运行频率。

2．准备材料

（1）工具：螺钉旋具（十字、一字）、电笔、剥线钳、尖嘴钳、斜口钳等。
（2）仪表：兆欧表、万用表。
（3）器材：按照图 23.1 配齐所需电气元件，核对清单表（见表 23.1）。
（4）元器件检测：要求同实训卡 1。

表 23.1 外接模拟量变频器控制材料清单

序号	材料	数量	核对
1	刀开关或空开	1	
2	螺旋式熔断器	3	
3	按钮开关	1	
4	变阻器 4.7kΩ	1	
5	接线端子排	若干	
6	安装网孔板或实验台	1	
7	西门子 V20 变频器	1	
8	三相电动机	1	
9	导线	若干	

注意：清单表核对，齐备打√，无打×，后续实训处理方法相同。

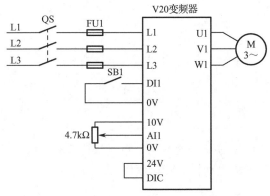

图 23.1 外接模拟量变频控制原理图

3. 安装

（1）、（2）要求同实训卡1。

（3）安装注意事项：三相交流电源最好不要直接接入变频器，而通过刀开关和熔断器引入。

4. 变频器参数设置

（1）按接线图正确将线连好后，合上电源，准备设置变频器各参数。

（2）对变频器进行工厂复位（P0010=30，P0970=1）后，需要对变频器重新上电。操作如下：

① P0010=30 的设置。先短按 ▲ 或 ▼ 直至屏幕显示 P0010，再短按 OK，进入数值修改状态，短按 ▲ 或 ▼ 将数值修改为 30，短按 OK 确认，屏幕上显示 P0010。

② P0970=1 的设置。先短按 ▲ 或 ▼ 直至屏幕显示 P0970，再短按 OK，进入数值修改状态，短按 ▲ 或 ▼ 将数值修改为 1，短按 OK 确认，屏幕上显示 8888 字样后，回到显示界面 50.2。

（3）先长按 M，再短按 M，进入连接宏界面 -Cn000，短按 ▲ 或 ▼，直至屏幕出现 Cn002，短按 OK，屏幕上显示 -Cn002，长按 M，屏幕显示 8888 字样后，回到显示界面 50.2。

（4）进入连接宏 Cn002 后，可以手动修改项目 2 表 2.5 中的参数。在这个步骤之前，由于进行了工厂复位操作，因此本步骤可跳过，直接进行第（5）步操作。

（5）按下启动按钮 SB1，调节电位器改变电动机运行速度；松开按钮 SB1，电动机减速停止。

备注：第（4）步设置一个参数的操作如下（以 P1058[0]=5.00 为例）。

短按 M，进行参数选择状态，短按 ▲ 或 ▼ 直至屏幕显示 P1058，短按 OK，屏幕上出现 in000，短按 ▲ 或 ▼ 选择下标值，P1058[0] 的下标为 0，此处选择 0，短按 OK，完成一个参数的设置。若需要修改多个参数，则继续短按 ▲ 或 ▼，重复上述的操作方法。全部参数设置完毕，长按 M，回到频率显示界面。

5. 电路调试

（1）不通电测试。

① 检查接线及接线端子要求同实训卡 1。

② 用万用表检查电路的通断情况。

（2）通电测试。

通电测试需要实训教师同意。合上刀开关 QS，引入三相电源，按下按钮 SB1，调节可变电阻阻值，观察变频器上显示的运转频率及三相电动机的转速变化。

（3）故障排除。要求同实训卡 1。

四、成绩评定

实训考核评分标准如表 23.2 所示。

表 23.2　实训考核评分标准

考核内容及依据		考 核 等 级				备注
接线与工艺（接错 2 条线以上不能考核） 等级考核依据：电路接线工艺及学生熟练程度		优（　）	良（　）	中（　）	差（　）	50%
电路检查（检查方法、步骤和工具使用） 等级考核依据：学生熟练程度		优（　）	良（　）	中（　）	差（　）	20%
通电调试（调试步骤） 等级考核依据：学生操作过程的规范性及学习状态		优（　）	良（　）	中（　）	差（　）	30%
教师（签字）：	总评	优（　）	良（　）	中（　）	差（　）	
学生（签字）：						

实训卡 15　外接开关量变频器控制电路的安装与调试

一、实训目标

掌握外接开关量变频控制电路及参数配置，会分析其组成及工作原理，能完成其安装与调试。

二、工作任务

根据外接开关量变频控制原理图，备齐工具、耗材，按工艺要求完成电气电路连接，并能进行电路的检查和故障排除。

三、实训指导

1. 分析电路

外接开关量变频控制原理图如图 24.1 所示。该电路的工作原理：按下启动按钮 SA1，利用开关 SA2、SA3 和 SA4 分别控制变频器运行频率，从而控制电动机运行速度。

2. 准备材料

（1）工具：螺钉旋具（十字、一字）、电笔、剥线钳、尖嘴钳、斜口钳等。
（2）仪表：兆欧表、万用表。
（3）器材：按照图 24.1 配齐所需电气元件，核对清单表（见表 24.1）。
（4）元器件检测：要求同实训卡 1。

表 24.1　外接开关量变频控制材料清单表

序号	材　料	数量	核对
1	刀开关或空开	1	
2	螺旋式熔断器	3	
3	选择开关	4	
4	接线端子排	若干	
5	安装网孔板或实验台	1	
6	西门子 V20 变频器	1	
7	三相电动机	1	
8	导线	若干	

注意：清单表核对，齐备打√，无打×，后续实训处理方法相同。

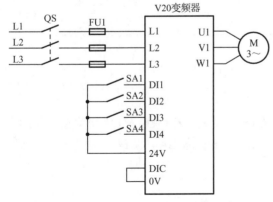

图 24.1　外接开关量变频控制原理图

3. 安装

（1）、（2）要求同实训卡 1。

(3) 安装电动机（星形接法）。
(4) 安装注意事项：三相交流电源最好不要直接接入变频器，而通过刀开关和熔断器引入。

4. 变频器参数设置

(1) 按接线图正确将线连好后，合上电源，准备设置变频器各参数。

(2) 对变频器进行工厂复位（P0010=30，P0970=1）后，需要对变频器重新上电。操作如下。

① P0010=30 的设置。先短按 ▲ 或 ▼ 直至屏幕显示 P0010，再短按 [OK]，进入数值修改状态，短按 ▲ 或 ▼ 将数值修改为 30，短按 [OK] 确认，屏幕上显示 P0010。

② P0970=1 的设置。先短按 ▲ 或 ▼ 直至屏幕显示 P0970，再短按 [OK]，进入数值修改状态，短按 ▲ 或 ▼ 将数值修改为 1，短按 [OK] 确认，屏幕上显示 8888 字样后，回到显示界面 50.2。

(3) 先长按 [M]，再短按 [M]，进入连接宏界面 -Cn000，短按 ▲ 或 ▼，直至屏幕出现 Cn003，短按 [OK]，屏幕上显示 -Cn003，长按 [M]，屏幕显示 8888 字样后，回到显示界面 50.2。进入连接宏 Cn003 后，设置如表 24.2 所示的参数，设置完毕，回到频率显示界面。参数设置操作方法可参考"外接模拟量变频控制"备注部分。

(4) 若采用 Cn003 默认的三个速度，则可跳过此步骤。

表 24.2　V20 变频器三速运行参数表

参 数 号	参 数 值	Cn003 默认值	单 位	说　明
P1001[0]	0.00～50.00	10	Hz	固定频率 1，低速
P1002[0]	0.00～50.00	15	Hz	固定频率 2，中速
P1003[0]	0.00～50.00	25	Hz	固定频率 3，高速
P0700[0]	2	2		以端子为命令源

5. 电路调试

(1) 不通电测试。要求同实训卡 1。

(2) 通电测试。

通电测试需要实训教师同意。合上刀开关 QS，引入三相电源，外接开关 SA1（DI1）启动，分别操作开关 SA2（DI2）、开关 SA3（DI3）和开关 SA4（DI4），观察电动机运行速度。

(3) 故障排除。要求同实训卡 1。

四、成绩评定

实训考核评分标准如表 24.3 所示。

表 24.3 实训考核评分标准

考核内容及依据		考 核 等 级				备注
接线与工艺（接错 2 条线以上不能考核） 等级考核依据：电路接线工艺及学生熟练程度		优（ ）	良（ ）	中（ ）	差（ ）	50%
电路检查（检查方法、步骤和工具使用） 等级考核依据：学生熟练程度		优（ ）	良（ ）	中（ ）	差（ ）	20%
通电调试（调试步骤） 等级考核依据：学生操作过程的规范性及学习状态		优（ ）	良（ ）	中（ ）	差（ ）	30%
教师（签字）： 学生（签字）：	总评	优（ ）	良（ ）	中（ ）	差（ ）	

第4部分

PLC 控制实训指导

说明：本部分进行的实训使用的西门子 PLC 型号为 S7-1200 系列，编程软件为西门子博途软件（版本 V14）。

实训卡 16　西门子博途软件的使用

一、实训目标

以单个 LED 控制为例,初步学会西门子博途软件的基本操作,学会项目创建、项目组态、程序编写、项目下载和项目调试整个流程的操作。

二、工作任务

PLC 连接 AC 220V 电源（L 和 N）和编程网线。打开软件,创建并保存项目"LED 控制",组态设备,编写 Q0.0 以 1Hz 频率闪烁的控制程序。程序编译成功后,下载至 PLC 并调试。

三、实训指导

1. 新建项目

打开软件,创建并保存项目"LED 控制"。练习 Portal 视图与项目视图的切换,并熟悉两种视图的主要操作。

单击图 25.1 中的左下角"项目视图"按钮,打开项目视图,如图 25.2 所示。单击图 25.2 中的左下角"Portal 视图"按钮,打开如图 25.1 所示的 Portal 视图。

图 25.1　Portal 视图

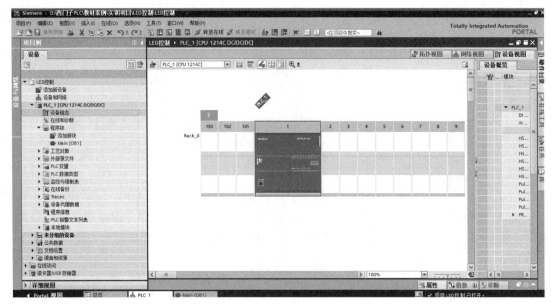

图 25.2　项目视图

2．项目组态

（1）组态 CPU，在如图 25.2 所示的"项目树"窗格中单击"LED 控制"按钮，在其下拉列表中双击"添加新设备"按钮，在弹出的对话框中选择"控制器"→"SIMATIC S7-1200"→"CPU"→"CPU 1214C DC/DC/Rly"（类型）→"6ES7 214-1HG40-0XB0"（订货号）选项，单击"确定"按钮，如图 25.3 所示。

图 25.3　添加 S7-1200 CPU

（2）设置编程计算机 IP 地址为"192.168.0.2"，如图 25.4 所示。

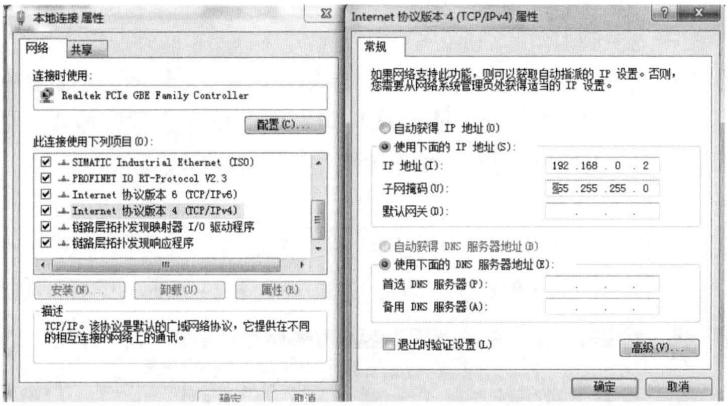

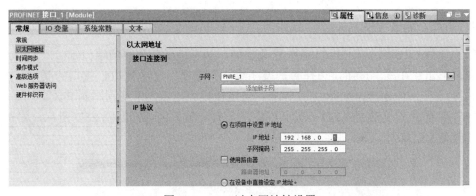

图 25.4　编程计算机 IP 地址设置

（3）PLC 以太网地址设置，如图 25.5 所示。在"PROFINET 接口_1[Module]"对话框的"属性"→"常规"选项卡中，选择"以太网地址"选项，添加新子网，子网的名称变为"PN/IE_1"，再设置 PLC_1 的 IP 地址为"192.168.0.1"，计算机和 PLC 的子网掩码均为"255.255.255.0"。

图 25.5　PLC 以太网地址设置

（4）启用时钟存储器字节，如图 25.6 所示。完成第（3）步后，选中 CPU，弹出巡视视图中的"属性"对话框，选择"常规"→"脉冲发生器（PTO/PWM）"→"系统和时钟存储器"选项，勾选"启用时钟存储器字节"复选框。

图 25.6　启用时钟存储器字节

3. 编程

（1）了解编程指令及操作。

打开"指令"对话框，查看基本指令、扩展指令、工艺指令和通信指令；向指令收藏夹中添加/删除指令，如图 25.7 所示，练习从收藏夹拖动指令到程序段 1，并设置指令操作数的地址。练习打开分支、嵌套闭合、添加程序段等常用编程操作。

（2）编写程序。

在"项目树"窗格中，选择"LED 控制"→"PLC_1"→"程序块"→"Main[OB1]"选项，打开程序编写界面，在 OB1 程序段 1 中编写如图 25.7 所示的控制程序。

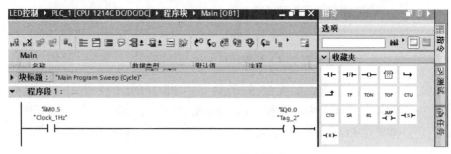

图 25.7　LED 控制程序

4. 下载、调试程序

（1）观察 CPU 模板上的 I/O 点数量及类型，状态指示灯和通信端口等。

（2）单击"在线"按钮，选择"扩展在线…"选项，设置 PG/PC 接口的类型、PG/PC 接口、接口/子网的连接，如图 25.8 所示。转至在线成功后，下载程序到 PLC。

（3）观看 PLC 自带的 LED（Q0.0）是否以 1Hz 频率闪烁；如图 25.7 所示，尝试修改程序，改变 LED 闪烁频率，并下载调试。

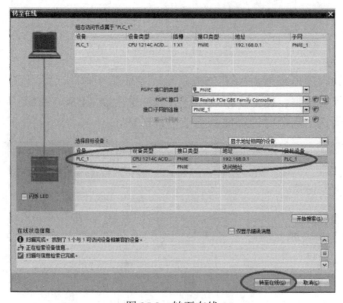

图 25.8　转至在线

四、成绩评定

实训考核评分标准如表 25.1 所示。

表 25.1 实训考核评分标准

考核内容及依据		考核等级				备注
接线与工艺（PLC 电源、网线接错不能考核） 等级考核依据：电路接线工艺及学生熟练程度		优 （ ）	良 （ ）	中 （ ）	差（ ）	20%
PLC 组态、编程（组态及程序正确性、操作步骤） 等级考核依据：学生熟练程度		优 （ ）	良 （ ）	中 （ ）	差（ ）	30%
程序调试（下载、调试、改错） 等级考核依据：学生操作过程的规范性及学习状态		优 （ ）	良 （ ）	中 （ ）	差（ ）	50%
教师（签字）： 学生（签字）：	总评	优 （ ）	良 （ ）	中 （ ）	差（ ）	

实训卡 17　基本指令编程

一、实训目标

学会使用基本指令中的位运算指令,完成逻辑"与"、逻辑"或"、逻辑"异或"等逻辑运算;使用 TON 指令编写定时程序;使用 CTU 指令编写计数程序,并下载、调试、修改程序。

二、工作任务

(1)完成图 26.1 中的硬件电路连接,PLC 连接 AC 220V 电源(L 和 N)和编程网线。

(2)打开软件,创建并保存项目"基本指令",组态设备,编写程序实现:用 Q0.0 指示 I0.0 和 I0.1 的"逻辑与"结果,Q0.1 指示 I0.0 和 I0.1 的"逻辑或"结果,Q0.2 指示 I0.0 和 I0.1 的"逻辑异或"结果,Q0.3 指示 I0.0 和 I0.1 的"逻辑同或"结果,Q0.4 指示 I0.2 按钮是否按下了 10 次,Q0.5 指示 I0.3 开关闭合的时间是否达到了 1s。

(3)程序编译成功后,下载至 PLC 并调试。

三、实训指导

1. 硬件连接

基本指令练习电路图如图 26.1 所示,接线过程中注意开关和按钮的区别(开关接通,触点会保持接通状态,直到断开开关;按钮按下触点接通,按钮松开触点断开)。

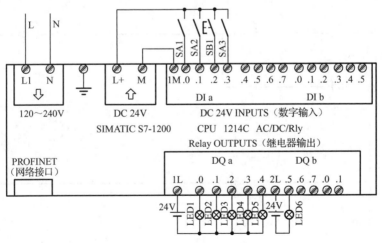

图 26.1　基本指令练习电路图

2. 新建项目并组态

(1)打开软件,创建并保存项目"基本指令"。
(2)组态 CPU 和设置编程网络地址的操作同实训卡 16。

3. 编程

在"项目树"窗格中,选择"基本指令"→"PLC_1"→"程序块"→"Main[OB1]"选项,打开程序编写界面,在 OB1 中编写如图 26.2 所示的控制程序。程序段 1～4 为四种逻辑运算控制程序。

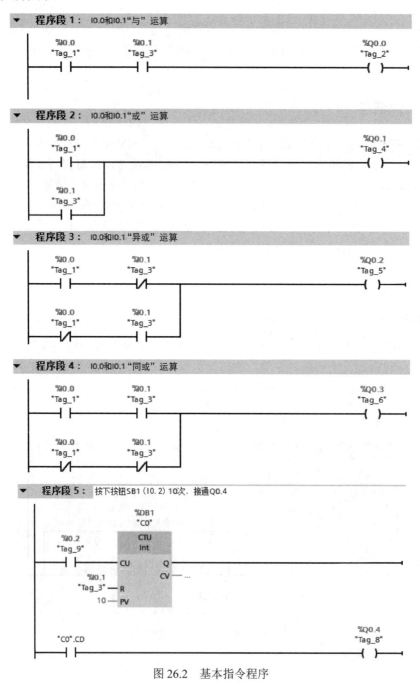

图 26.2 基本指令程序

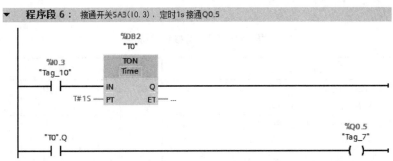

图 26.2　基本指令程序（续）

4．下载、调试程序

（1）PLC 转至在线，下载程序到 PLC，操作同实训卡 16。

（2）分别操作开关 SA1 和 SA2，观察程序段 1～4 的运行；按下 SB1 按钮 10 次，观察 CPU 上 Q0.4 的状态；接通开关 SA3，观察 Q0.5 的状态（以上程序段，写完一段下载调试一段），并填写表 26.1。

表 26.1　实验现象记录表

输　　入		输出（填写亮或灭）					
SA1 (I0.0)	SA2 (I0.1)	LED1 (Q0.0)	LED2 (Q0.1)	LED3 (Q0.2)	LED4 (Q0.3)	LED5 (Q0.4)	LED6 (Q0.5)
断开	断开					—	—
闭合	断开					—	—
断开	闭合					—	—
闭合	闭合					—	—
SB1(I0.2)		LED1 (Q0.0)	LED2 (Q0.1)	LED3 (Q0.2)	LED4 (Q0.3)	LED5 (Q0.4)	LED6 (Q0.5)
按下次数<10		—	—	—	—		—
按下次数≥10		—	—	—	—		—
SA3(I0.3)		LED1 (Q0.0)	LED2 (Q0.1)	LED3 (Q0.2)	LED4 (Q0.3)	LED5 (Q0.4)	LED6 (Q0.5)
接通时间<10 秒		—	—	—	—	—	
接通时间≥10 秒		—	—	—	—	—	

（3）动手做一做：修改程序段 5 的计数次数，修改程序段 6 的定时时间及指令类型并调试。

四、成绩评定

实训考核评分标准如表 26.2 所示。

表 26.2 实训考核评分标准

考核内容及依据		考 核 等 级				备注
接线与工艺（电路 2 处接错不能考核） 等级考核依据：电路接线工艺及学生熟练程度		优 （　）	良 （　）	中 （　）	差（　）	20%
PLC 组态、编程（组态及程序正确性、操作步骤） 等级考核依据：学生熟练程度		优 （　）	良 （　）	中 （　）	差（　）	30%
程序调试（下载、调试、改错、动手做一做） 等级考核依据：学生操作过程的规范性及学习状态		优 （　）	良 （　）	中 （　）	差（　）	50%
教师（签字）： 学生（签字）：	总评	优 （　）	良 （　）	中 （　）	差（　）	

实训卡 18 定时与计数编程

一、实训目标

学会使用基本指令中的 TON 指令、CTU 指令和比较指令。

二、工作任务

（1）完成如图 27.1 所示的硬件电路连接，PLC 连接 AC 220V 电源（L 和 N）和编程网线。

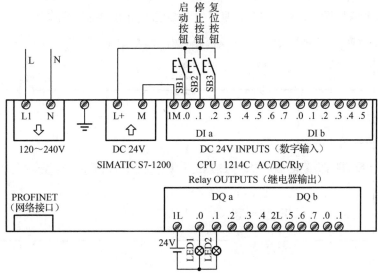

图 27.1 定时与计数电路图

（2）打开软件，创建并保存项目"定时与计数"，组态设备，编写程序实现：按下启动按钮 SB1，延时 5s，LED1 亮，计数器加 1；按下停止按钮 SB2，LED1 灭；LED1 点亮 5 次时，LED2 亮；按下复位按钮 SB3，LED1 和 LED2 均熄灭。

（3）程序编译成功后，下载至 PLC 并调试。

三、实训指导

1. 硬件连接

（1）定时与计数电路图如图 27.1 所示，阅读电路图并接线。

（2）定时与计数控制 I/O 地址分配表如表 27.1 所示。

表 27.1 定时与计数控制 I/O 地址分配表

输入元件	符号	输入地址	输出元件	符号	输出地址
启动按钮	SB1	I0.0	指示灯 1	LED1	Q0.0

续表

输入元件	符号	输入地址	输出元件	符号	输出地址
停止按钮	SB2	I0.1	指示灯2	LED2	Q0.1
复位按钮	SB3	I0.2			

2. 新建项目并组态

（1）打开软件，创建并保存项目"定时与计数"。

（2）组态 CPU 和设置编程网络地址的操作同实训卡 16。

3. 编程

在"项目树"窗格中，选择"定时与计数"→"PLC_1"→"程序块"→"Main[OB1]"选项，打开程序编写界面，在 OB1 中编写如图 27.2 所示的控制程序。

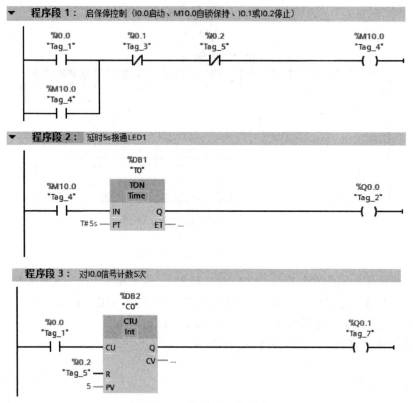

图 27.2 定时与计数程序

4. 下载、调试程序

（1）PLC 转至在线，下载程序到 PLC，操作同实训卡 1。

（2）按下 SB1 按钮 5 次（每次间隔 5s 以上），观察 CPU 上 Q0.0 和 Q0.1 的状态，再测试停止和复位功能。

（3）动手做一做：删除程序段 3，改为计数器输出信号控制 Q0.1，计满 10 次 LED2 亮。

四、成绩评定

实训考核评分标准如表 27.2 所示。

表 27.2 实训考核评分标准

考核内容及依据		考 核 等 级				备注
接线与工艺（电路 2 处接错不能考核）		优（ ）	良（ ）	中（ ）	差（ ）	20%
等级考核依据：电路接线工艺及学生熟练程度						
PLC 组态、编程（组态及程序正确性、操作步骤）		优（ ）	良（ ）	中（ ）	差（ ）	30%
等级考核依据：学生熟练程度						
程序调试（下载、调试、改错、动手做一做）		优（ ）	良（ ）	中（ ）	差（ ）	50%
等级考核依据：学生操作过程的规范性及学习状态						
教师（签字）：	总评	优（ ）	良（ ）	中（ ）	差（ ）	
学生（签字）：						

实训卡 19　单台电动机三地启/停控制

一、实训目标

学会采用 PLC 完成单台电动机三地启/停控制，会根据电路图连线，会根据 I/O 地址分配表及控制要求编写控制程序(学会在程序设计中使用接触器触点实现软件自锁)，并下载、调试、修改程序。

二、工作任务

（1）完成如图 28.1 所示的硬件电路连接，PLC 连接 AC 220V 电源（L 和 N）和编程网线。

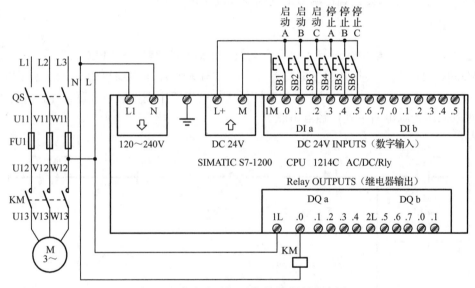

图 28.1　单台电动机三地启/停控制电路图

（2）打开软件，创建并保存项目"单台电动机三地启/停控制"，组态设备，编写程序实现：按下启动 A、启动 B 或者启动 C 中的一个按钮，启动三相电动机；按下停止 A、停止 B 或者停止 C 中的一个按钮，停止三相电动机。

（3）程序编译成功后，下载至 PLC 并调试。

三、实训指导

1. 硬件连接

单台电动机三地启/停控制电路图如图 28.1 所示，阅读电路图并接线。
单台电动机三地启/停控制 I/O 地址分配表如表 28.1 所示。

表 28.1 单台电动机三地启/停控制 I/O 地址分配表

输 入 元 件	符　号	输 入 地 址	输 出 元 件	符　号	输 出 地 址
启动 A	SB1	I0.0	接触器线圈	KM	Q0.1
启动 B	SB2	I0.1			
启动 C	SB3	I0.2			
停止 A	SB4	I0.3			
停止 B	SB5	I0.4			
停止 C	SB6	I0.5			

2．新建项目并组态

（1）打开软件，创建并保存项目"单台电动机三地启/停控制"。
（2）组态 CPU 和设置编程网络地址的操作同实训卡 16。

3．编程

在"项目树"窗格中，选择"单台电动机三地启/停控制"→"PLC_1"→"程序块"→"Main[OB1]"选项，打开程序编写界面，在 OB1 程序段 1 中编写如图 28.2 所示的控制程序。注意程序中启动触点"或"运算对应低压控制电路中硬件触点并联，停止触点"与"运算对应低压控制电路中硬件触点串联。

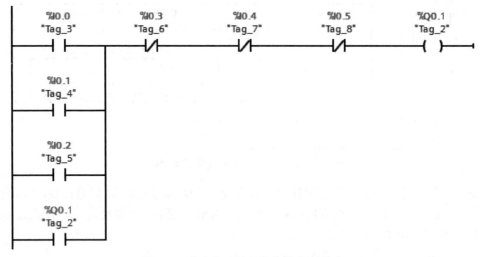

图 28.2 单台电动机三地启/停控制程序

4．下载、调试程序

（1）PLC 转至在线，下载程序到 PLC，操作同实训卡 16。
（2）分别操作启动 A/B/C 按钮，观察交流接触器 KM 线圈（Q0.1）是否吸合，电动机是否转动；在电动机转动时，分别操作停止 A/B/C 按钮，观察电动机是否停止。
（3）动手做一做：要实现单台电动机四地启/停控制，需要修改电路图、I/O 地址分配表和程序。

四、成绩评定

实训考核评分标准如表 28.2 所示。

表 28.2 实训考核评分标准

考核内容及依据		考 核 等 级				备注
接线与工艺（电路 2 处接错不能考核）		优（ ）	良（ ）	中（ ）	差（ ）	20%
等级考核依据：电路接线工艺及学生熟练程度						
PLC 组态、编程（组态及程序正确性、操作步骤）		优（ ）	良（ ）	中（ ）	差（ ）	30%
等级考核依据：学生熟练程度						
程序调试（下载、调试、改错、动手做一做）		优（ ）	良（ ）	中（ ）	差（ ）	50%
等级考核依据：学生操作过程的规范性及学习状态						
教师（签字）：	总评	优（ ）	良（ ）	中（ ）	差（ ）	
学生（签字）：						

实训卡 20 四人抢答器控制

一、实训目标

学会采用 PLC 完成四人抢答器控制，会根据电路图连线，会根据 I/O 地址分配表及控制要求编写控制程序（学会使用软互锁、秒脉冲），并下载、调试、修改程序。

二、工作任务

（1）完成如图 29.1 所示的硬件电路连接，PLC 连接 AC 220V 电源（L 和 N）和编程网线。

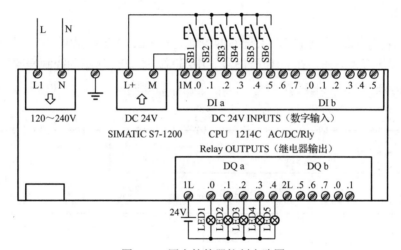

图 29.1 四人抢答器控制电路图

（2）打开软件，创建并保存项目"四人抢答器控制"，组态设备，编写程序实现：主持人按开始按钮 SB5，指示灯亮，才可以抢答，抢答成功对应指示灯闪烁，其余人不能抢答。

（3）程序编译成功后，下载至 PLC 并调试。

三、实训指导

1. 硬件连接

四人抢答器控制电路图如图 29.1 所示，阅读电路图并接线。

四人抢答器控制 I/O 地址分配表如表 29.1 所示。

表 29.1 四人抢答器控制 I/O 地址分配表

输入元件	符 号	输入地址	输出元件	符 号	输出地址
抢答 A	SB1	I0.0	A 抢答指示灯	LED1	Q0.0
抢答 B	SB2	I0.1	B 抢答指示灯	LED2	Q0.1

续表

输入元件	符号	输入地址	输出元件	符号	输出地址
抢答 C	SB3	I0.2	C 抢答指示灯	LED3	Q0.2
抢答 D	SB4	I0.3	D 抢答指示灯	LED4	Q0.3
主持人开始	SB5	I0.4	开始抢答指示灯	LED5	Q0.4
主持人复位	SB6	I0.5			

2．新建项目并组态

（1）打开软件，创建并保存项目"四人抢答器控制"。

（2）组态 CPU（注意勾选"启用时钟存储器字节"复选框），设置编程网络地址的操作同实训卡 16。

3．编程

在"项目树"窗格中，选择"四人抢答器控制"→"PLC_1"→"程序块"→"Main[OB1]"选项，打开程序编程界面，在 OB1 程序段 1 中编写如图 29.2 所示的控制程序。

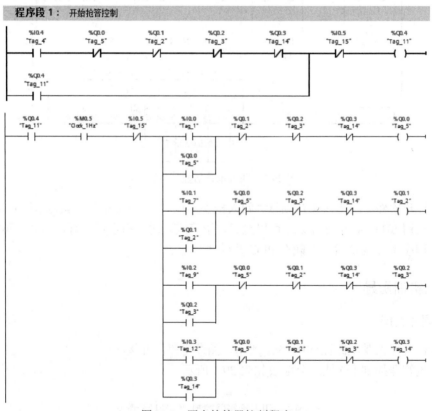

图 29.2　四人抢答器控制程序

4．下载、调试程序

（1）PLC 转至在线，下载程序到 PLC，操作同实训卡 16。

（2）四人进行抢答测试，观察指示灯是否正常。

（3）动手做一做：要实现三人或五人抢答器控制，需要修改电路图、I/O 地址分配表和程序。

四、成绩评定

实训考核评分标准如表 29.2 所示。

表 29.2 实训考核评分标准

考核内容及依据		考核等级				备注
接线与工艺（电路 2 处接错不能考核）		优（ ）	良（ ）	中（ ）	差（ ）	20%
等级考核依据：电路接线工艺及学生熟练程度						
PLC 组态、编程（组态及程序正确性、操作步骤）		优（ ）	良（ ）	中（ ）	差（ ）	30%
等级考核依据：学生熟练程度						
程序调试（下载、调试、改错、动手做一做）		优（ ）	良（ ）	中（ ）	差（ ）	50%
等级考核依据：学生操作过程的规范性及学习状态						
教师（签字）：	总评	优（ ）	良（ ）	中（ ）	差（ ）	
学生（签字）：						

实训卡 21　电动机点动与长动控制

一、实训目标

学会采用 PLC 完成电动机点动与长动控制，会根据电路图连线，会根据 I/O 地址分配表及控制要求编写控制程序（学会使用自锁、辅助存储位），并下载、调试、修改程序。

二、工作任务

（1）完成如图 30.1 所示的硬件电路连接，PLC 连接 AC 220V 电源（L 和 N）和编程网线。

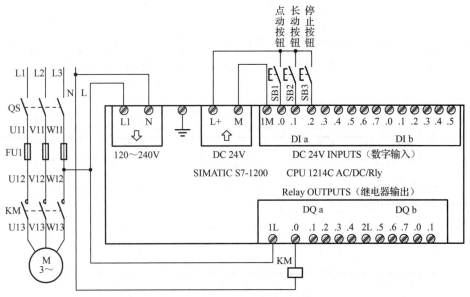

图 30.1　点动与长动控制电路图

（2）打开软件，创建并保存项目"点动与长动控制"，组态设备，编写程序实现：按下 SB2，电动机长动，直到按下 SB3 才停止；按下 SB1，电动机旋转，松开则电动机停止。

（3）程序编译成功后，下载至 PLC 并调试。

三、实训指导

1．硬件连接

点动与长动控制电路图如图 30.1 所示，阅读电路图并接线。
电动机点动与长动控制 I/O 地址分配表如表 30.1 所示。

表 30.1　电动机点动与长动控制 I/O 地址分配表

输 入 元 件	符　号	输 入 地 址	输 出 元 件	符　号	输 出 地 址
点动按钮	SB1	I0.0	接触器线圈	KM	Q0.0
长动按钮	SB2	I0.1			
停止按钮	SB3	I0.2			
辅助存储位		M10.0			

2．新建项目并组态

（1）打开软件，创建并保存项目"点动与长动控制"。

（2）组态 CPU（注意勾选"启用时钟存储器字节"复选框），设置编程网络地址的操作同实训卡 16。

3．编程

在"项目树"窗格中，选择"点动与常动控制"→"PLC_1"→"程序块"→"Main[OB1]"选项，打开程序编写界面，在 OB1 程序段 1 中编写如图 30.2 所示的控制程序。

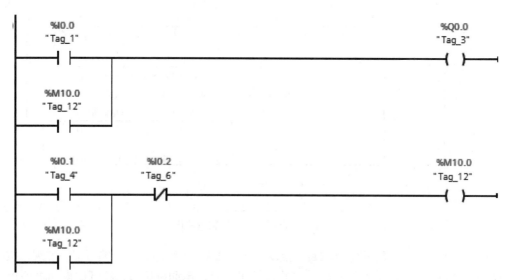

图 30.2　点动与长动控制程序

注意：由于 MB0 和 MB1 被系统使用，所以在使用辅助存储位的时候，不要使用这两字节，建议从 MB10 开始，如本程序中使用的是 MB10 字节的 M10.0 位存储长动状态。M10.0 与 I0.0 "或"运算，控制输出 Q0.0。

4．下载、调试程序

（1）PLC 转至在线，下载程序到 PLC，操作同实训卡 16。

（2）依次按下 SB2、SB3 和 SB1，观察电动机的状态。

（3）动手做一做：修改程序使用的辅助存储位，观察程序运行结果。

四、成绩评定

实训考核评分标准如表 30.2 所示。

表 30.2　实训考核评分标准

考核内容及依据		考　核　等　级				备注
接线与工艺（电路 2 处接错不能考核） 等级考核依据：电路接线工艺及学生熟练程度		优（　）	良（　）	中（　）	差（　）	20%
PLC 组态、编程（组态及程序正确性、操作步骤） 等级考核依据：学生熟练程度		优（　）	良（　）	中（　）	差（　）	30%
程序调试（下载、调试、改错、动手做一做） 等级考核依据：学生操作过程的规范性及学习状态		优（　）	良（　）	中（　）	差（　）	50%
教师（签字）： 学生（签字）：	总评	优（　）	良（　）	中（　）	差（　）	

实训卡 22 电动机正、反转控制

一、实训目标

学会采用 PLC 完成电动机正、反转控制，会根据电路图连线，会根据 I/O 地址分配表及控制要求编写控制程序（学会使用软互锁、秒脉冲），并下载、调试、修改程序。

二、工作任务

（1）完成如图 31.1 所示的硬件电路连接，PLC 连接 AC 220V 电源（L 和 N）和编程网线。

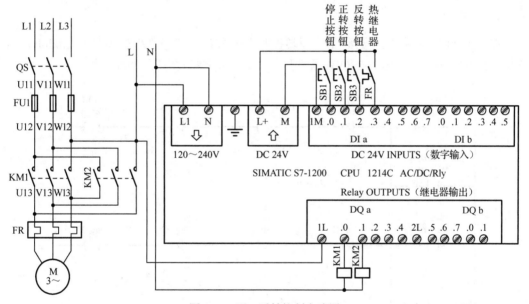

图 31.1 正、反转控制电路图

（2）打开软件，创建并保存项目"正、反转控制"，组态设备，编写程序实现：按下正转按钮 SB2，电动机正转；按下反转按钮 SB3，电动机反转；按下停止按钮 SB1，电动机停止。

（3）程序编译成功后，下载至 PLC 并调试。

三、实训指导

1. 硬件连接

正、反转控制电路图如图 31.1 所示，阅读电路图并接线。

正、反转控制 I/O 地址分配表如表 31.1 所示。

表 31.1　正、反转控制 I/O 地址分配表

输入元件	符号	输入地址	输出元件	符号	输出地址
停止按钮	SB1	I0.0	正转接触器线圈	KM1	Q0.0
正转按钮	SB2	I0.1	反转接触器线圈	KM2	Q0.1
反转按钮	SB3	I0.2			
热继电器	FR	I0.3			

2．新建项目并组态

（1）打开软件，创建并保存项目"正、反转控制"。

（2）组态 CPU（注意勾选"启用时钟存储器字节"复选框），设置编程网络地址的操作同实训卡 16。

3．编程

在"项目树"窗格中，选择"正、反转控制"→"PLC_1"→"程序块"→"Main[OB1]"选项，打开程序编写界面，在 OB1 程序段 1 中编写如图 31.2 所示的控制程序。

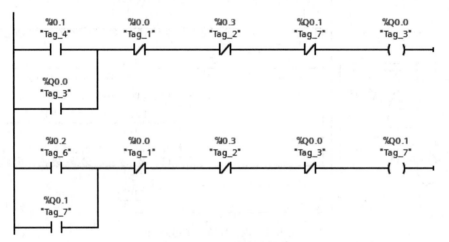

图 31.2　正、反转控制程序

4．下载、调试程序

（1）PLC 转至在线，下载程序到 PLC，操作同实训卡 16。

（2）操作正转、反转和停止按钮，观察电动机转向是否正确。

（3）动手做一做：正转时指示灯以 1Hz 频率闪烁，反转时指示灯以 2Hz 频率闪烁，修改电路图、I/O 地址分配表和程序实现此要求。

四、成绩评定

实训考核评分标准如表 31.2 所示。

表 31.2　实训考核评分标准

考核内容及依据		考　核　等　级				备注
接线与工艺（电路 2 处接错不能考核）		优（　）	良（　）	中（　）	差（　）	20%
等级考核依据：电路接线工艺及学生熟练程度						
PLC 组态、编程（组态及程序正确性、操作步骤）		优（　）	良（　）	中（　）	差（　）	30%
等级考核依据：学生熟练程度						
程序调试（下载、调试、改错、动手做一做）		优（　）	良（　）	中（　）	差（　）	50%
等级考核依据：学生操作过程的规范性及学习状态						
教师（签字）：	总评	优（　）	良（　）	中（　）	差（　）	
学生（签字）：						

实训卡 23　自动往返小车控制

一、实训目标

学会采用 PLC 完成自动往返小车控制，会根据电路图连线，会根据 I/O 地址分配表及控制要求编写控制程序（学会使用软互锁、秒脉冲），并下载、调试、修改程序。

二、工作任务

（1）完成如图 32.1 所示的硬件电路连接，PLC 连接 AC 220V 电源（L 和 N）和编程网线。

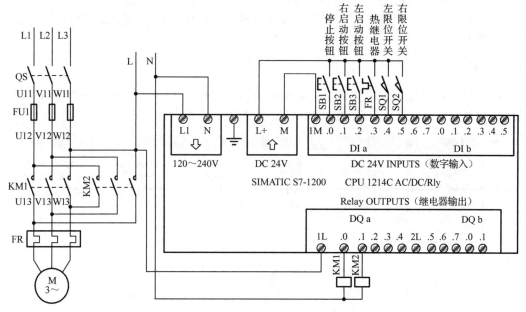

图 32.1　自动往返小车控制电路图

（2）打开软件，创建并保存项目"自动往返小车控制"，组态设备，编写程序实现：按下左启动按钮 SB2，小车左行；按下右启动按钮 SB3，小车右行；小车根据限位开关信号自动来回运转，直到按下停止按钮 SB1，小车才停止。

（3）程序编译成功后，下载至 PLC 并调试。

三、实训指导

1. 硬件连接

自动往返小车控制电路图如图 32.1 所示，阅读电路图并接线。
自动往返小车控制 I/O 地址分配表如表 32.1 所示。

表 32.1 自动往返小车控制 I/O 地址分配表

输入元件	符号	输入地址	输出元件	符号	输出地址
停止按钮	SB1	I0.0	右行接触器	KM1	Q0.0
右启动按钮	SB2	I0.1	左行接触器	KM2	Q0.1
左启动按钮	SB3	I0.2			
热继电器	FR	I0.3			
左限位开关	SQ1	I0.4			
右限位开关	SQ2	I0.5			

2．新建项目并组态

（1）打开软件，创建并保存项目"自动往返小车控制"。

（2）组态 CPU（注意勾选"启用时钟存储器字节"复选框），设置编程网络地址的操作同实训卡 16。

3．编程

在"项目树"窗格中，选择"自动往返小车控制"→"PLC_1"→"程序块"→"Main[OB1]"选项，打开程序编写界面，在 OB1 中编写如图 32.2 所示的控制程序。

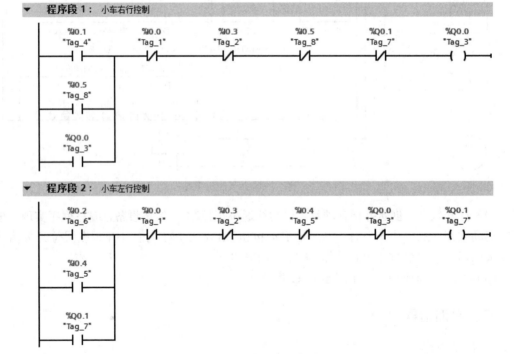

图 32.2 自动往返小车控制程序

4．下载、调试程序

（1）PLC 转至在线，下载程序到 PLC，操作同实训卡 16。

（2）操作左启动、右启动和停止按钮（限位开关手动操作），观察电动机转向是否正确。

（3）动手做一做：修改程序，在碰到两个限位开关时，延时 10s 再反向运行。

四、成绩评定

实训考核评分标准如表 32.2 所示。

表 32.2　实训考核评分标准

考核内容及依据		考 核 等 级				备注
接线与工艺（电路 2 处接错不能考核）		优（ ）	良（ ）	中（ ）	差（ ）	20%
等级考核依据：电路接线工艺及学生熟练程度						
PLC 组态、编程（组态及程序正确性、操作步骤）		优（ ）	良（ ）	中（ ）	差（ ）	30%
等级考核依据：学生熟练程度						
程序调试（下载、调试、改错、动手做一做）		优（ ）	良（ ）	中（ ）	差（ ）	50%
等级考核依据：学生操作过程的规范性及学习状态						
教师（签字）：	总评	优（ ）	良（ ）	中（ ）	差（ ）	
学生（签字）：						

实训卡 24　星-三角降压启动控制

一、实训目标

学会采用 PLC 完成星-三角降压启动控制，会根据电路图连线，会根据 I/O 地址分配表及控制要求编写控制程序（学会使用 TON 实现延时切换电动机运行方式），并下载、调试、修改程序。

二、工作任务

（1）完成如图 33.1 所示的硬件电路连接，PLC 连接 AC 220V 电源（L 和 N）和编程网线。

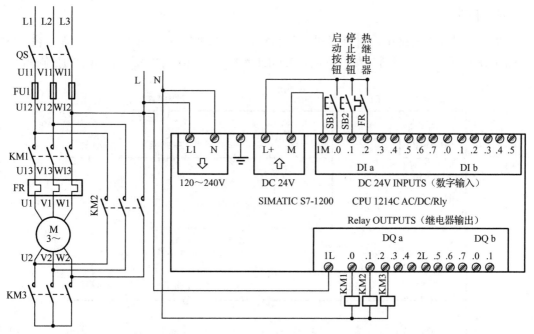

图 33.1　星-三角降压启动控制电路图

（2）打开软件，创建并保存项目"星-三角降压启动控制"，组态设备，编写程序实现：按下启动按钮 SB1，电动机星形运转，转速较低；延时 10s 后切换到三角形运转，转速较高，按下停止按钮 SB2，电动机停止。

（3）程序编译成功后，下载至 PLC 并调试。

三、实训指导

1. 硬件连接

星-三角降压启动控制电路图如图 33.1 所示，阅读电路图并接线。

星-三角降压启动控制 I/O 地址分配表如表 33.1 所示。

表 33.1 星-三角降压启动控制 I/O 地址分配表

输 入 元 件	符 号	输 入 地 址	输 出 元 件	符 号	输 出 地 址
启动按钮	SB1	I0.0	接触器线圈	KM1	Q0.0
停止按钮	SB2	I0.1	接触器线圈（三角形）	KM2	Q0.1
热继电器	FR	I0.2	接触器线圈（星形）	KM3	Q0.2

2．新建项目并组态

（1）打开软件，创建并保存项目"星-三角降压启动控制"。

（2）组态 CPU（注意勾选"启用时钟存储器字节"复选框），设置编程网络地址的操作同实训卡 16。

3．编程

在"项目树"窗格中，选择"星-三角降压启动控制"→"PLC_1"→"程序块"→"Main[OB1]"选项，打开程序编写界面，在 OB1 程序段 1 中编写如图 33.2 所示的控制程序。

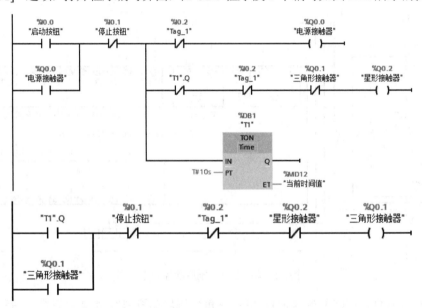

图 33.2 星-三角降压启动控制程序

4．下载、调试程序

（1）PLC 转至在线，下载程序到 PLC，操作同实训卡 16。

（2）操作启动和停止按钮，观察电动机是否实现星-三角控制功能。

（3）动手做一做：修改定时器时间，观察运行效果；若使用 TP 指令，则修改程序实现此要求。

四、成绩评定

实训考核评分标准如表 33.2 所示。

表 33.2 实训考核评分标准

考核内容及依据		考 核 等 级				备注
接线与工艺（电路 2 处接错不能考核） 等级考核依据：电路接线工艺及学生熟练程度		优（ ）	良（ ）	中（ ）	差（ ）	20%
PLC 组态、编程（组态及程序正确性、操作步骤） 等级考核依据：学生熟练程度		优（ ）	良（ ）	中（ ）	差（ ）	30%
程序调试（下载、调试、改错、动手做一做） 等级考核依据：学生操作过程的规范性及学习状态		优（ ）	良（ ）	中（ ）	差（ ）	50%
教师（签字）：	总评	优（ ）	良（ ）	中（ ）	差（ ）	
学生（签字）：						

实训卡 25 循环流水灯控制

一、实训目标

学会采用 PLC 完成循环流水灯控制，会根据电路图连线，会根据 I/O 地址分配表及控制要求编写控制程序（学会使用循环移位指令、第一次扫描存储位、秒脉冲），并下载、调试、修改程序。

二、工作任务

（1）完成如图 34.1 所示的硬件电路连接，PLC 连接 AC 220V 电源（L 和 N）和编程网线。

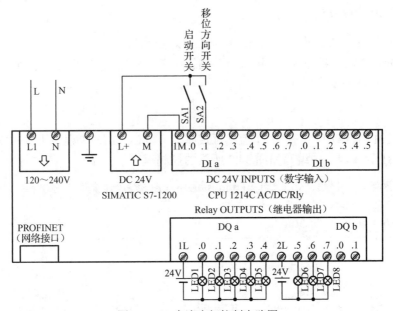

图 34.1 8 个流水灯控制电路图

（2）打开软件，创建并保存项目"8 个流水灯控制"，组态设备，编写程序实现：QB0 的初始值为 1，接通启动开关 SA1，利用移位方向开关 SA2 切换流水灯移动的方向。

（3）程序编译成功后，下载至 PLC 并调试。

三、实训指导

1．硬件连接

8 个流水灯控制电路图如图 34.1 所示，阅读电路图并接线。
8 个流水灯控制 I/O 地址分配表如表 34.1 所示。

表 34.1 8个流水灯控制 I/O 地址分配表

输入元件	符号	输入地址	输出元件	符号	输出地址
启动开关	SA1	I0.0	指示灯 1	LED1	Q0.0
移位方向开关	SA2	I0.1	指示灯 2	LED2	Q0.1
			指示灯 3	LED3	Q0.2
			指示灯 4	LED4	Q0.3
			指示灯 5	LED5	Q0.4
			指示灯 6	LED6	Q0.5
			指示灯 7	LED7	Q0.6
			指示灯 8	LED8	Q0.7

2．新建项目并组态

（1）打开软件，创建并保存项目"8个流水灯控制"。

（2）组态 CPU（注意勾选"启用系统存储器字节"和"启用时钟存储器字节"复选框），设置编程网络地址的操作同实训卡 16。

3．编程

在"项目树"窗格中，选择"8个流水灯控制"→"PLC_1"→"程序块"→"Main[OB1]"选项，在 OB1 程序段 1 中编写如图 34.2 所示的控制程序。

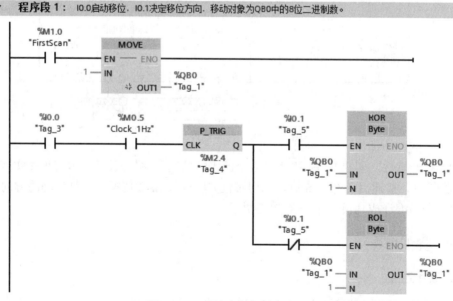

图 34.2 8个流水灯控制程序

4．下载、调试程序

（1）PLC 转至在线，下载程序到 PLC，操作同实训卡 16。

（2）接通启动开关，观察 8 个 LED 变化情况；接通移位方向开关，观察流水灯方向。

（3）动手做一做：修改 QB0 的初始值，每次亮 2 个灯，观察灯运行情况；试使用定时器指令实现此程序功能。

四、成绩评定

实训考核评分标准如表 34.2 所示。

表 34.2 实训考核评分标准

考核内容及依据	考 核 等 级				备注
接线与工艺（电路 2 处接错不能考核） 等级考核依据：电路接线工艺及学生熟练程度	优 （　）	良 （　）	中 （　）	差（　）	20%
PLC 组态、编程（组态及程序正确性、操作步骤） 等级考核依据：学生熟练程度	优 （　）	良 （　）	中 （　）	差（　）	30%
程序调试（下载、调试、改错、动手做一做） 等级考核依据：学生操作过程的规范性及学习状态	优 （　）	良 （　）	中 （　）	差（　）	50%
教师（签字）： 学生（签字）：	总评	优 （　）	良 （　）	中 （　）	差（　）

实训卡 26 三传送带控制

一、实训目标

学会采用 PLC 完成三传送带控制，会根据电路图连线，会根据 I/O 地址分配表及控制要求编写控制程序（学会使用顺序功能图编写控制程序），并下载、调试、修改程序。

二、工作任务

（1）根据控制要求，在图 35.1 的基础上补充主电路，并完成接线。控制要求如下：

3 条传送带顺序相连，按下启动按钮 I0.2，1 号传送带开始运行，5s 后 2 号传送带自动启动，再过 5s 后 3 号传送带自动启动。按了停止按钮 I0.3 后，先停 3 号传送带，5s 后停 2 号传送带，再过 5s 停 1 号传送带，传送带工作示意图及时序图如图 35.2 所示。

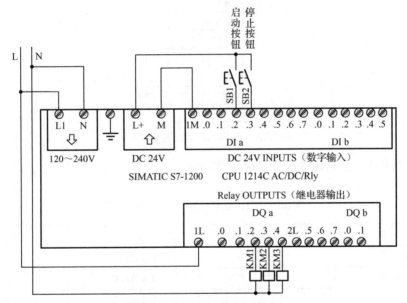

图 35.1 三传送带控制电路图

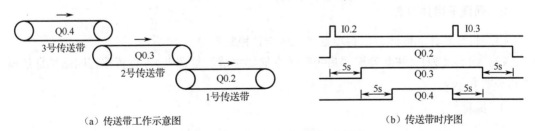

（a）传送带工作示意图　　　　　　　　　　（b）传送带时序图

图 35.2 传送带工作示意图及时序图

（2）连接 PLC 电源（L 和 N）和编程网线。打开软件，创建并保存项目"三传送带控制"，组态设备，编写程序实现传送带的功能。

（3）程序编译成功后，下载至 PLC 并调试。

三、实训指导

1．硬件连接

三传送带控制电路图如图 35.1 所示，主电路未画出，自己补充完整并接线。三传送带控制顺序功能图如图 35.3 所示。

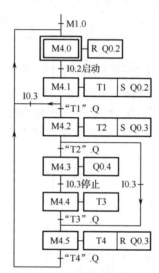

图 35.3　三传送带控制顺序功能图

三传送带控制 I/O 地址分配表如表 35.1 所示。

表 35.1　三传送带控制 I/O 地址分配表

输入元件	输入地址	输出元件	输出地址
启动按钮 SB1	I0.2	1 号传送带	Q0.2
停止按钮 SB2	I0.3	2 号传送带	Q0.3
		3 号传送带	Q0.4

2．新建项目并组态

（1）打开软件，创建并保存项目"三传送带控制"。

（2）组态 CPU（注意勾选"启用时钟存储器字节"复选框），设置编程网络地址的操作同实训卡 16。

3．编程

在"项目树"窗格中，选择"三传送带控制"→"PLC_1"→"程序块"→"Main[OB1]"选项，打开程序编写界面，根据图 35.3 所示的顺序功能图编写控制程序。

4．下载、调试程序

（1）PLC 转至在线，下载程序到 PLC，操作同实训卡 16。

（2）操作启动按钮，观察三个接触器通断情况及电动机运行情况，操作停止按钮，观察传送带是否按照要求停止。

（3）动手做一做：如果为四传送带控制，就修改电路图程序实现此要求。

四、成绩评定

实训考核评分标准如表 35.2 所示。

表 35.2　实训考核评分标准

考核内容及依据		考　核　等　级				备注
接线与工艺（电路 2 处接错不能考核） 等级考核依据：电路接线工艺及学生熟练程度		优 （　）	良 （　）	中 （　）	差（　）	20%
PLC 组态、编程（组态及程序正确性、操作步骤） 等级考核依据：学生熟练程度		优 （　）	良 （　）	中 （　）	差（　）	30%
程序调试（下载、调试、改错、动手做一做） 等级考核依据：学生操作过程的规范性及学习状态		优 （　）	良 （　）	中 （　）	差（　）	50%
教师（签字）： 学生（签字）：	总评	优 （　）	良 （　）	中 （　）	差（　）	

实训卡 27 交通灯控制

一、实训目标

学会采用 PLC 完成交通灯控制，会根据电路图连线，会根据 I/O 地址分配表及控制要求编写控制程序（学会根据时序图编写控制程序），并下载、调试、修改程序。

二、工作任务

（1）完成如图 36.1 所示的硬件电路连接，PLC 连接 AC 220V 电源（L 和 N）和编程网线。

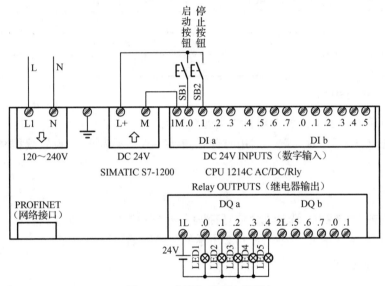

图 36.1 交通灯控制电路图

（2）打开软件，创建并保存项目"交通灯控制"，组态设备，编写程序实现：车道红灯亮 20s（人行道绿灯亮 15s，闪烁 5s，车道绿灯和人行道红灯均灭 20s）；人行道红灯亮 40s（此时车道绿灯亮 30s，闪烁 5s，对应的车道红灯和人行道绿灯均灭 40s）；在车道绿灯闪烁 5s 后，车道黄灯亮 5s。交通灯控制时序图如图 36.2 所示。

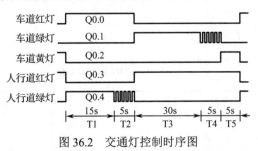

图 36.2 交通灯控制时序图

(3) 程序编译成功后，下载至 PLC 并调试。

三、实训指导

1. 硬件连接

交通灯控制电路图如图 36.1 所示，阅读电路图并接线。
交通灯控制 I/O 地址分配表如表 36.1 所示。

表 36.1　交通灯控制 I/O 地址分配表

输入元件	输入地址	输出元件	输出地址
启动按钮 SB1	I0.0	车道红灯 LED1	Q0.0
停止按钮 SB2	I0.1	车道绿灯 LED2	Q0.1
		车道黄灯 LED3	Q0.2
		人行道红灯 LED4	Q0.3
		人行道绿灯 LED5	Q0.4

2. 新建项目并组态

（1）打开软件，创建并保存项目"交通灯控制"。
（2）组态 CPU（注意勾选"启用时钟存储器字节"复选框），设置编程网络地址的操作同实训卡 16。

3. 编程

在"项目树"窗格中，选择"交通灯控制"→"PLC_1"→"程序块"→"Main[OB1]"选项，打开程序编写界面，根据图 36.2 所示的时序图编写控制程序。

4. 下载、调试程序

（1）PLC 转至在线，下载程序到 PLC，操作同实训卡 16。
（2）操作启动按钮，观察交通灯运行情况，操作停止按钮，观察交通灯能否按要求停止。
（3）动手做一做：修改程序，改变每个方向红、绿灯的时间。

四、成绩评定

实训考核评分标准如表 36.2 所示。

表 36.2　实训考核评分标准

考核内容及依据	考核等级			备注
接线与工艺（电路 2 处接错不能考核） 等级考核依据：电路接线工艺及学生熟练程度	优 （　）	良 （　）	中 （　）	差（　）	20%

续表

考核内容及依据		考 核 等 级				备注
PLC 组态、编程（组态及程序正确性、操作步骤） 等级考核依据：学生熟练程度		优 （　）	良 （　）	中 （　）	差（　）	30%
程序调试（下载、调试、改错、动手做一做） 等级考核依据：学生操作过程的规范性及学习状态		优 （　）	良 （　）	中 （　）	差（　）	50%
教师（签字）： 学生（签字）：	总评	优 （　）	良 （　）	中 （　）	差（　）	

实训卡 28 变频器控制

一、实训目标

学会采用 PLC 完成变频器控制，会根据电路图连线，会根据 I/O 地址分配表及控制要求（S7-1200 PLC 通过 PLC 数字量输出控制变频器的启动和停止，通过模拟量输出调节变频器运行频率，通过变频器的输出端子反馈运行状态给 PLC）编写变频器控制程序，并下载、调试、修改程序。

二、工作任务

（1）完成如图 37.1 所示的硬件电路连接，连接 PLC 电源（L 和 N）和编程网线。
（2）打开软件，创建并保存项目"变频器控制"，组态设备，编写控制程序。
（3）程序编译成功后，下载至 PLC 并调试。

三、实训指导

1. 硬件连接

（1）实训环境。
① CPU1214C AC/DC/Rly，1 台，订货号：6ES7 214-1BG40-0XB0，注意和案例 9-1 不同。
② 模拟量 I/O 模块，1 台，订货号：6ES7 234-4HE32-0XB0。
③ V20 变频器，1 台，订货号：6SL3210-5BB11-2UV0。
④ 编程计算机，1 台，已安装博途 V14 软件。
（2）电路连接。
变频器控制电路图如图 37.1 所示，阅读电路图并接线。
（3）I/O 地址分配表。
变频器控制 I/O 地址分配表如表 37.1 所示。

表 37.1 变频器控制 I/O 地址分配表

输 入 元 件	输 入 地 址	输 出 元 件	输 出 地 址
启动按钮 SB1	I0.0	变频器启动控制	Q0.5
停止按钮 SB2	I0.1	模拟量输出	QW96
变频器运行状态	I0.2	频率给定存储器	MW20
		辅助存储器	MD30

2. 新建项目并组态

（1）打开软件，创建并保存项目"变频器控制"。

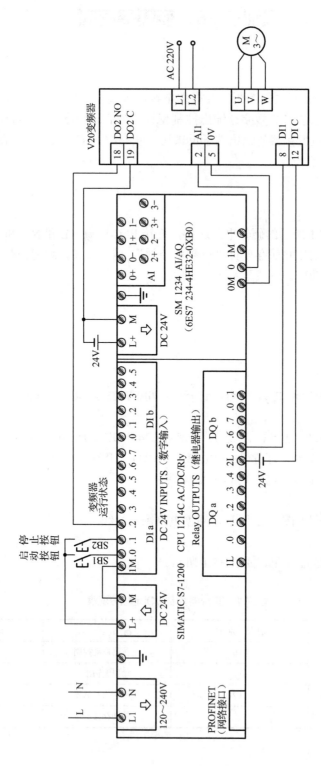

图 37.1 变频器控制电路图

(2) 组态 CPU 和模拟量模块（参考案例 9-1），设置编程网络地址操作同实训卡 16。

3. 编程

在"项目树"窗格中，选择"变频器控制"→"PLC_1"→"程序块"→"Main[OB1]"选项，打开程序编写界面，根据控制要求编写控制程序（参考案例 9-1）。

4. 下载、调试程序

（1）PLC 转至在线，下载程序到 PLC，操作同实训卡 16。

（2）通过面板设置变频器运行参数，操作启动、停止按钮，在程序中修改模拟量的值，观察变频器及电动机运行情况。

（3）动手做一做：尝试修改变频器的参数。

四、成绩评定

实训考核评分标准如表 37.2 所示。

表 37.2 实训考核评分标准

考核内容及依据		考 核 等 级			备注
接线与工艺（电路 2 处接错不能考核）		优（ ）	良（ ）	中（ ）	20%
等级考核依据：电路接线工艺及学生熟练程度				差（ ）	
PLC 组态、编程（组态及程序正确性、操作步骤）		优（ ）	良（ ）	中（ ）	30%
等级考核依据：学生熟练程度				差（ ）	
程序调试（下载、调试、改错、动手做一做）		优（ ）	良（ ）	中（ ）	50%
等级考核依据：学生操作过程的规范性及学习状态				差（ ）	
教师（签字）：	总评	优（ ）	良（ ）	中（ ）	差（ ）
学生（签字）：					

实训卡 29　运动控制

一、实训目标

学会采用 PLC 完成运动控制，会根据电路图连线并完成运动控制组态，会根据 I/O 地址分配表及控制要求编写简单的运动控制程序，并下载、调试、修改程序。

二、工作任务

（1）根据控制要求完成如图 38.1 所示的接线，连接 PLC 电源（L 和 N）和编程网线。

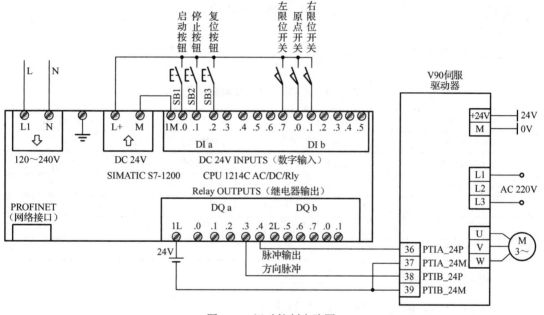

图 38.1　运动控制电路图

（2）打开软件，创建并保存项目"运动控制"，组态设备，编写程序实现工作台的运动控制功能。V90 伺服运动控制示意图如图 38.2 所示，按下回原点按钮后，工作台回到原点。按下启动按钮后，工作台以 10.0mm/s 的速度从原点移动到距离原点 100mm 处停止。若在运行中按下停止按钮，则停止轴的运行；当再次按下启动按钮时，工作台继续运行到 100mm 处停止。

图 38.2　V90 伺服运动控制示意图

（3）程序编译成功后，下载至 PLC 并调试。

三、实训指导

1. 硬件连接

（1）实训环境。

① CPU 1214C AC/DC/Rly，1台，订货号为6ES7 214-1BG40-0XB0，注意和案例9-4不同。

② 伺服驱动器V90，1台，订货号为6SL3210-5FB10-4UA1；S-1FL6伺服电动机，1台，订货号为1FL6024-2AF21-1AA1。

③ 编程计算机，1台，已安装博途V14及以上版本软件。

（2）电路连接。

运动控制电路图如图38.1所示，阅读电路图并接线。

（3）I/O地址分配表。

运动控制I/O地址分配表如表38.1所示。

表38.1 运动控制I/O地址分配表

输 入 元 件	输 入 地 址	输 出 元 件	输 出 地 址
启动按钮SB1	I0.0	脉冲输出	Q0.4
停止按钮SB2	I0.1	方向脉冲	Q0.3
复位按钮SB3	I0.2		
左限位开关	I0.7		
原点开关	I1.0		
右限位开关	I1.1		

2. 新建项目并组态

（1）打开软件，创建并保存项目"运动控制"。

（2）组态CPU（参考案例9-4），设置编程网络地址的操作同实训卡16。

3. 编程

在"项目树"窗格中，选择"运动控制"→"PLC_1"→"程序块"→"Main[OB1]"选项，打开程序编写界面，根据控制要求编写控制程序（参考案例9-4）。

4. 下载、调试程序

（1）PLC转至在线，下载程序到PLC，操作同实训卡16。

（2）操作启动、复位、停止按钮，观察伺服电动机启/停运行情况，操作限位开关和原点开关，观察工作台运行位置。

（3）动手做一做：尝试修改伺服电动机的运行速度和运行距离。

四、成绩评定

实训考核评分标准如表 38.2 所示。

表 38.2 实训考核评分标准

考核内容及依据		考 核 等 级				备注
接线与工艺（电路 2 处接错不能考核） 等级考核依据：电路接线工艺及学生熟练程度		优 （ ）	良 （ ）	中 （ ）	差（ ）	20%
PLC 组态、编程（组态及程序正确性、操作步骤） 等级考核依据：学生熟练程度		优 （ ）	良 （ ）	中 （ ）	差（ ）	30%
程序调试（下载、调试、改错、动手做一做） 等级考核依据：学生操作过程的规范性及学习状态		优 （ ）	良 （ ）	中 （ ）	差（ ）	50%
教师（签字）： 学生（签字）：	总评	优 （ ）	良 （ ）	中 （ ）	差（ ）	

实训卡 30　触摸屏控制

一、实训目标

学会采用 PLC 完成触摸屏控制，会根据电路图连线，会根据 I/O 地址分配表及控制要求制作触摸屏控制画面、编写控制程序，并下载、调试、修改程序。

二、工作任务

（1）连接 PLC 电源（L 和 N）和编程网线，连接触摸屏（网线）。

（2）打开软件，创建并保存项目"PLC_HMI_V14"，组态设备（PLC 和 HMI），制作触摸屏画面并编写控制程序。

（3）程序编写成功后，下载至 PLC 并调试。

三、实训指导

1. 新建项目并组态

（1）打开软件，创建并保存项目"触摸屏控制"。

（2）组态 CPU（注意勾选"启用时钟存储器字节"复选框），设置编程网络地址的操作同实训卡 16。

（3）组态触摸屏，启动画面制作如图 39.1 所示，并参考知识卡 20 为各个画面对象设置属性。

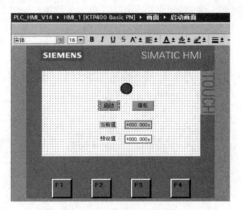

图 39.1　启动画面制作

2. 变量表制作

变量表制作参考知识卡 20。

3. 编程

在"项目树"窗格中，选择"PLC_HMI_V14"→"PLC_1"→"程序块"→"Main[OB1]"选项，打开程序编写界面，编写如图 39.2 所示的控制程序。

4．下载、调试程序

（1）PLC 转至在线，下载程序到 PLC，操作同实训卡 16。

（2）操作触摸屏启动和停止按钮，观察触摸屏上当前值变化情况。

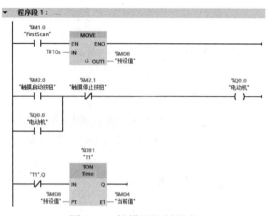

图 39.2　触摸屏控制程序

（3）动手做一做：

① 在"项目树"窗格中，选择"PLC_HMI_V14"→"HMI_1"→"画面"→"添加新画面"选项，制作如图 39.3 所示的欢迎画面：添加"姓名："和"学号："两个文本域，添加"进入"按钮，添加"日期/时间"域。

图 39.3　制作欢迎画面

② 单击"进入"按钮，在其"属性"对话框中选择"事件"→"单击"→"添加函数"选项，在其右侧区域选择"激活屏幕"→"画面名称"→"启动画面"选项。

③ 制作完成后，在左侧"项目树"窗格中选中该画面，在右键菜单中选择"定义为起

始画面"选项（设置完成，该画面图标中会显示绿色向右的小箭头，如图 39.3 虚线框内所示）。

④ 保存并编译项目，下载程序并观察能否在欢迎画面中单击"进入"按钮，打开"启动画面"。

四、成绩评定

实训考核评分标准如表 39.1 所示。

表 39.1 实训考核评分标准

考核内容及依据		考 核 等 级				备注
接线与工艺（电路 2 处接错不能考核） 等级考核依据：电路接线工艺及学生熟练程度		优 （ ）	良 （ ）	中 （ ）	差（ ）	20%
PLC 及 HMI 组态、编程（组态及程序正确性、操作步骤） 等级考核依据：学生熟练程度		优 （ ）	良 （ ）	中 （ ）	差（ ）	30%
程序调试（下载、调试、改错、动手做一做） 等级考核依据：学生操作过程的规范性及学习状态		优 （ ）	良 （ ）	中 （ ）	差（ ）	50%
教师（签字）： 学生（签字）：	总评	优 （ ）	良 （ ）	中 （ ）	差（ ）	

参考文献

[1] 廖常初. S7-1200 PLC 编程及应用[M]. 3 版. 北京：机械工业出版社，2017.
[2] 侍寿永. 西门子 S7-1200 PLC 编程及应用教程[M]. 北京：机械工业出版社，2018.
[3] 向晓汉. 西门子 S7-1200 PLC 学习手册[M]. 北京：化学工业出版社，2018.
[4] 陈建明，白磊. 电气控制与 PLC 原理及应用-西门子 S7-1200 PLC[M]. 北京：机械工业出版社，2020.
[5] 王春峰，段向军. 可编程控制器应用技术项目式教程（西门子 S7-1200）[M]. 北京：电子工业出版社，2019.
[6] 王淑芳. 电气控制与 S7-1200 PLC 应用技术[M]. 北京：机械工业出版社，2016.
[7] 芮庆忠，黄诚. 西门子 S7-1200 PLC 编程及应用[M]. 北京：电子工业出版社，2020.
[8] 西门子（中国）有限公司. S7-1200 可编程控制器系统手册[A]. 2015.
[9] 西门子（中国）有限公司. S7-1200 可编程控制器产品样本[A]. 2019.
[10] 西门子（中国）有限公司. V20 变频器入门指南[A]. 2012.
[11] 西门子（中国）有限公司. V90 伺服驱动器操作手册[A]. 2013.